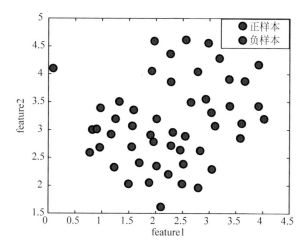

图 5.5 二维样本可视化图

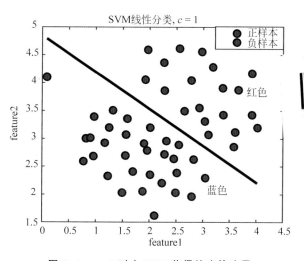

图 5.6 $c=1$ 时由 SVM 获得的决策边界

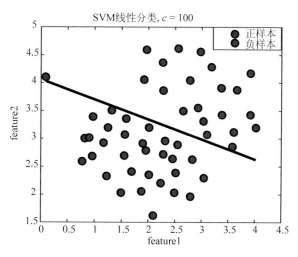

图 5.7 $c=100$ 时由 SVM 获得的决策边界

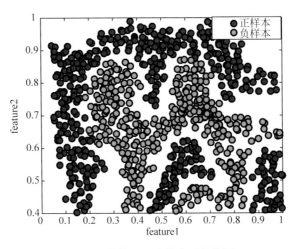

图 5.8　线性不可分样本可视化图

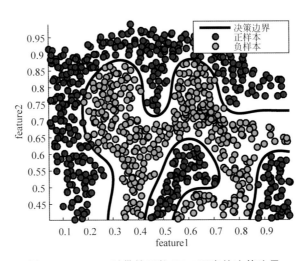

图 5.9　γ=100 时带核函数 SVM 画出的决策边界

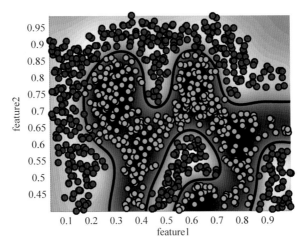

图 5.10　γ=100 时带核函数 SVM 画出的填充颜色后的决策边界

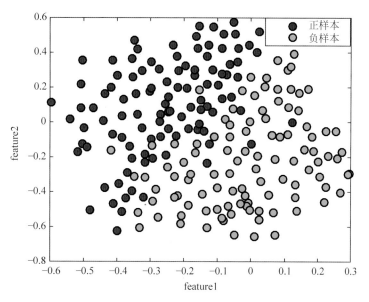

图 5.11　线性不可分样本可视化图

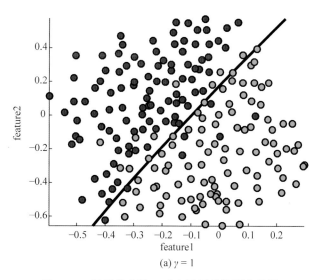

(a) $\gamma = 1$

图 5.12　不同的参数 γ 对应不同的模型分界线

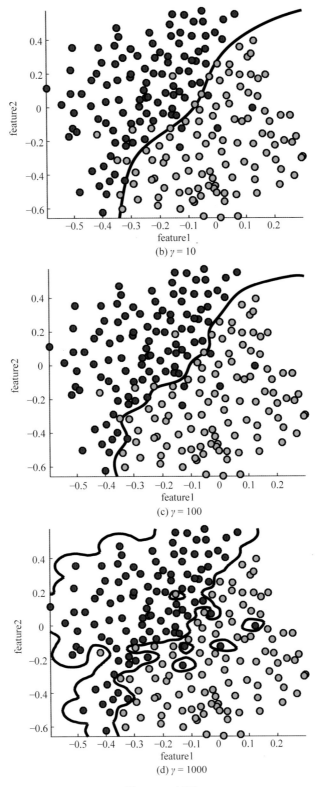

(b) $\gamma = 10$

(c) $\gamma = 100$

(d) $\gamma = 1000$

图 5.12 (续)

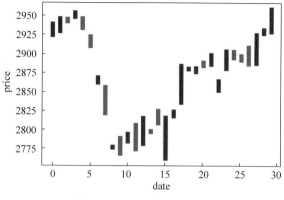

图 6.13　股票价格柱形图

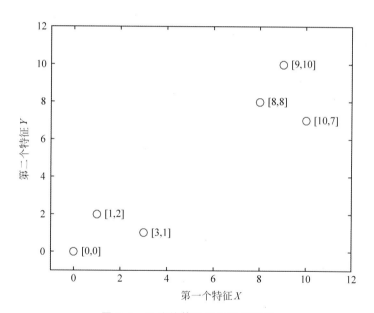

图 8.1　*K* 均值算法数据可视化图

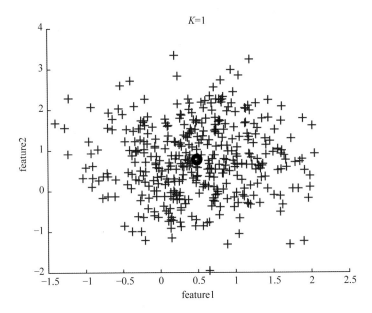

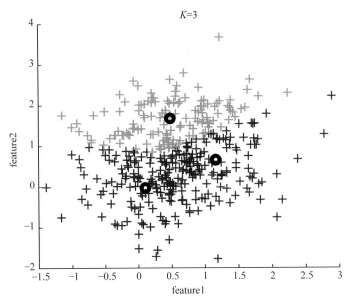

图 8.2 不同 K 值对应的聚类结果图

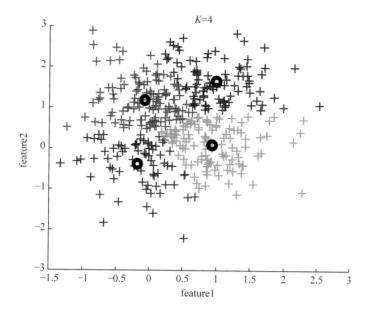

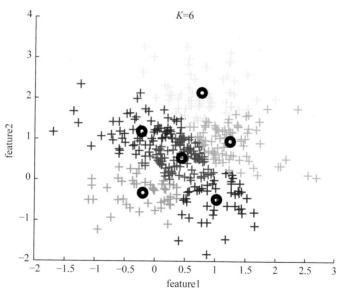

图 8.2 （续）

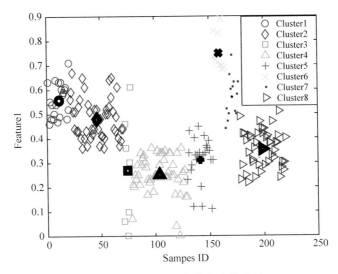

图 8.3　第一个特征与簇中心关系图

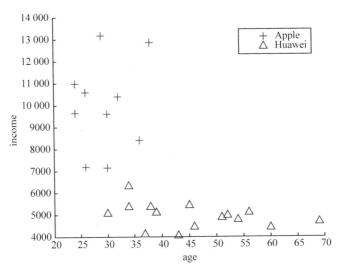

图 10.1　客户购买手机类型和年龄与收入的数据可视化图形

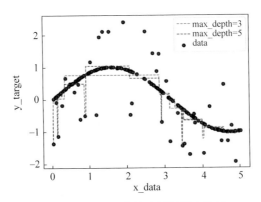

图 13.5　不同深度的决策树拟合结果

人工智能

科学与技术丛书

ALGORITHM AND APPLICATION OF MACHINE LEARNING

机器学习
算法与应用

（微课视频版）

杨云　段宗涛◎编著
Yang Yun　Duan Zongtao

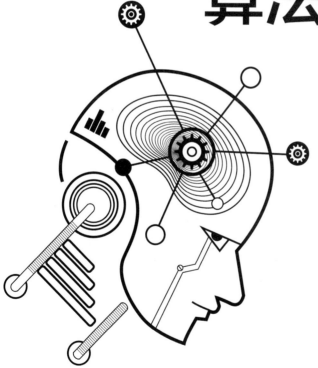

清華大学出版社

北京

内 容 简 介

本书内容涵盖经典的有监督机器学习算法、无监督机器学习算法、强化学习算法和深度机器学习算法，阐述从浅层学习到深度学习，从简单的线性模型到复杂的神经网络非线性模型的原理与应用。书中每个章节均遵循先简介理论基础，再构建数学模型，然后辅以实例分析，最后设计源码实现，从理论到实践的讲解原则。每个章节可独立阅读，也可从前向后、从简到难、循序渐进地学习。本书的最大特色在于对机器学习算法的嵌入式应用，特别是对难以并行化的深度学习算法及其在 ARM 处理器和 FPGA 硬件平台的实现步骤的介绍。

本书适合作为高等院校人工智能、物联网工程、计算机、软件工程专业高年级本科生、研究生的教材，同时可供对机器学习算法理论有所了解的广大开发人员、科技工作者和研究人员参考。

图书在版编目（CIP）数据

机器学习算法与应用：微课视频版/杨云，段宗涛编著. —北京：清华大学出版社，2020.4（2022.6重印）
（人工智能科学与技术丛书）
ISBN 978-7-302-55064-8

Ⅰ．①机… Ⅱ．①杨… ②段… Ⅲ．①机器学习－算法 Ⅳ．①TP181

中国版本图书馆 CIP 数据核字（2020）第 039403 号

责任编辑：刘　星　李　晔
封面设计：李召霞
责任校对：李建庄
责任印制：宋　林

出版发行：清华大学出版社
　　　　　网　　址：http://www.tup.com.cn，http://www.wqbook.com
　　　　　地　　址：北京清华大学学研大厦 A 座　　　　　　　**邮　　编：**100084
　　　　　社 总 机：010-83470000　　　　　　　　　　　　　**邮　　购：**010-62786544
　　　　　投稿与读者服务：010-62776969，c-service@tup.tsinghua.edu.cn
　　　　　质量反馈：010-62772015，zhiliang@tup.tsinghua.edu.cn
　　　　　课件下载：http://www.tup.com.cn，010-83470236
印 装 者：三河市君旺印务有限公司
经　　销：全国新华书店
开　　本：185mm×260mm　　**印　张：**18.75　　**彩　插：**4　　**字　　数：**468 千字
版　　次：2020 年 7 月第 1 版　　　　　　　　　　　　　　　**印　　次：**2022 年 6 月第 4 次印刷
定　　价：79.00 元

产品编号：084879-01

前言
PREFACE

人工智能如同长生不老和登陆火星一样,是人类最美好的梦想之一。从 20 世纪 50 年代著名的图灵测试提出至今,人工智能经历学科寒冬,迎来了新的春天,然而到目前为止,尚未有一台计算机能获取智慧生命的真正的"自我意识"。

人工智能的核心技术是机器学习算法,尤其是深度学习算法,自从 21 世纪初获得突破性研究进展之后,机器学习算法已经成为各研究领域的热门话题。无论在科研还是工程领域,拥有了机器学习以及深度学习算法,就似乎真的找到了如何让机器自主获取智慧的那扇神奇之门。人类想让机器获得并提升智能,媲美甚至超越人类智慧。物联网为机器提供了丰富的知识,让机器能像人一样,获取物理环境中的丰富信息,制订计划和策略,并做出智能的抉择,这是机器学习研究的重要目标。

无处不在的物联网传感器,为机器学习算法提供了大量丰富的原始数据,数字图像传感器如同人的眼睛,声音传感器如同人的耳朵,还有数十亿种温度、压力、流量、气体和火焰等传感器,存在于物联网的嵌入式设备中,实时采集海量数据。面对如此庞大的信息,机器学习这个大脑需要像初生的婴儿一样,从海量数据和知识中学习智慧,训练高度的特征抽象能力、知识表示能力和分类预测能力,才能做出媲美甚至超越人类智慧的最优决策。然而,物联网数据通过各种复杂的传感器收集,包含大量噪声,同时绝大部分物联网设备的存储和计算能力有限,如何设计有效的机器学习算法,处理物联网传感器采集的粗糙原始数据,如何嵌入机器学习算法,尤其是深度学习算法,使得物联网设备拥有真正的智能,是未来机器学习算法在物联网应用中面临的重大挑战和机遇。

本书的学习要求具备熟练的编程技能、基本线性代数(向量、矩阵、矩阵向量乘法)知识和基本概率(随机变量、基本属性的概率)相关知识。虽然完成本书学习不必熟悉基本的微积分(导数和偏导数)知识,但是如果有相关基础知识将有助于更深入地理解算法。作为一名普通的教学和科研工作者,当所研究的方向再次获得关注时,希望在人人谈学习、处处要深度的时刻,为人工智能、物联网、计算机与自动控制方向的学生和工程师们,提供一些有益的参考资料,这正是本书出版的初衷。

本书提供以下相关配套资源:

- 程序代码、教学课件(PPT)、习题答案、教学大纲等资料,请扫描此处二维码或到清华大学出版社官方网站本书页面下载。

配套资源下载

- 微课视频，请扫描书中对应位置二维码观看。

本书适用但不局限于对人工智能和机器学习算法感兴趣的读者，特别适合作为人工智能、物联网工程、计算机科学与技术、自动控制以及相关专业的本科生、研究生，相关领域科研人员和工程技术人员的参考书。

本书初稿写于笔者在美国访学期间，在异国他乡，将对家乡和亲人的思念寄予文字，结集成册，谨以此书献给长安城内年迈的父母，替我分担照顾父母的兄姐，鼎力支持的丈夫和孜孜求学的儿子。

同时感谢 University of Florida 的 Mark M. Tehranipoor 教授和 Yier Jin 教授对本书的支持，感谢他们给本书提供的科研资料和开发平台。感谢访学 Florida Institute for Cybersecurity (FICS) Research 实验室的杨坤、石启航、郭小龙、王寰宇、杨朔、何淼、Fahim、Niton 等博士和博士后对本书提出的宝贵意见。

感谢长安大学的倪园园、杨继海、张凯、唐蕾、康军、王青龙、李东海、樊娜、朱依水、王璐阳、马骏驰、闵海根、孙朋朋等硕士、博士和老师在本书的资料整理及校对过程中所付出的辛勤劳动。由于研究方向局限，书中实例分析尽量覆盖各学科，然而也难免偏向智能交通应用，书中错误与不妥之处还望读者多多指正，有兴趣的读者朋友可发送邮件到：workemail6@163.com。

编　者
2020 年 4 月于西安

目 录
CONTENTS

配套资源下载

机器学习简介

机器指的是计算机或移动终端等由硬件和软件构成,可以实现存储和处理数据的无生命设备。学习是以人类为代表的智慧生物与生俱来的能力,让冰冷的机器拥有学习能力,从而获得类似人类的智慧,是人类的美好梦想之一。如同已经实现的飞行梦、车轮梦和登月梦,人类在忧虑登陆火星是否会遭遇外星生物的同时,从未停止探索宇宙边界的脚步;在惶恐人工智能控制甚至覆灭人类的同时,仍然将好奇之手伸向机器学习,试图打开机器智慧的潘多拉魔盒。

1.1 什么是机器学习

机器能否像人类一样具有学习能力呢？1959 年美国的塞缪尔(Samuel)设计了一个下棋程序,这个程序具有学习能力,可以在不断的对弈中提升自己的棋艺。此后,战胜人类棋手成为机器的目标,终于在 2016 年 3 月,谷歌的 AlphaGo 挑战围棋世界冠军李世石九段,对弈结果机器以 4∶1 的绝对优势胜出,由此引发了全球的机器智能是否已经超越人类的热议。机器学习算法作为 AlphaGo 的核心技术,也随之成为人们关注的焦点。

机器学习(Machine Learning)是一门专门研究计算机模拟或实现人类的学习行为,重新组织已有的知识结构,并获取新的知识或技能,进而使之不断改善自身性能的学科。1998年,Tom Mitchell 对机器学习,在解决解存在且唯一的适定问题时给出明确定义:首先定义任务 T、经验 E、表现 P,如果机器有一个任务 T,随着经验 E 的增多,表现 P 也会变好,则表示机器正在经验 E 中学习。以邮件处理程序来检测一封邮件是否是垃圾邮件为例,在学习程序中对任务、经验和表现的定义为:

(1) 任务 T——将邮件分类为垃圾和正常。

(2) 经验 E——学习用户对邮件是垃圾和正常的分类知识。

(3) 表现 P——机器将新邮件分类为垃圾和正常的正确率。

机器学习历经了数十年的发展历程,在图像识别、语音识别、视频理解、自然语言理解、天气预测、基因表达、内容推荐、信息隐藏和隐私保护、交通运输、军队后勤、智慧战场、航空航天等领域,为人类工作和生活提供便利,为国民经济建设,为国防现代化、科技化提供坚实的理论依据。机器学习解决问题的原理可以概括为:首先,采用传感器采集数据;其次,经过预处理和特征提取;最后,进行推理、预测和分类识别。以图像传感器为例,机器学习解决问题的原理如图 1.1 所示。

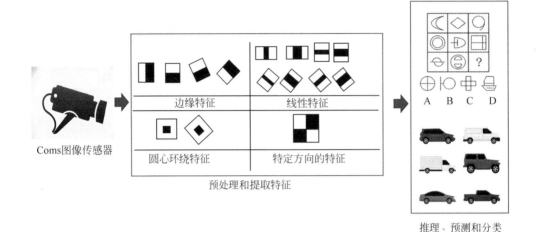

图 1.1 机器学习解决问题的原理

机器学习跨越计算机科学、模式识别和统计学等多个学科，是人工智能的核心理论，而机器学习最新的发展趋势是以海量数据为输入的深度学习。人工智能从早期的模仿人类的演绎、推理和解决问题能力，到现在的包含存储按照某种规则的推理和演习，让机器获得的知识表示方法；包含规划目标和实现目标的智能体的数学建模原理，采用演化算法和群体智能达到整体行为突破的智能规划方法；包含处理和运用自然语言，让机器和人无障碍交流的自然语言处理方法；包含机器感知、机器人控制、计算机视觉、语音识别和情感计算等，甚至更广泛的涉及人工智能的创造力和人类伦理问题研究。作为人工智能核心的机器学习算法，专注于让机器通过数据获取知识，并自动判断和推测相应的输出结果。机器学习主要分为有监督学习和无监督学习两大类，还有介于其间的半监督学习、辅助惩罚和奖励的强化学习。在传统的机器学习算法中，采用手工方法提取少量数据样本的特征，良好的特征直接决定了算法的准确性。人工提取特征是一项费时费力的工程，且只有在专业技术人员具有足够的经验和运气的情况下，才能获取稳定和表达能力强的特征。目前最新的机器学习模型，可从海量数据自动获取特征的深度学习算法，让数据自己开口说话，最终让系统具有发明和领悟的智慧能力。

人工智能、机器学习和深度学习的关系如图 1.2 所示。

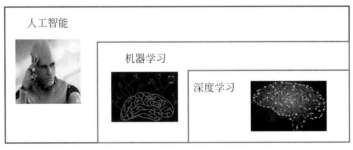

图 1.2 人工智能、机器学习与深度学习

1.2　有监督学习

有监督学习(**Supervised Learning**)通过对一部分已知对应关系的数据学习,生成表达数据映射关系的函数,再将未知的数据输入该函数,得到输出结果。典型的有监督学习算法包括决策树、支持向量机和人工神经网络等。有监督学习可以按照预测结果分为两大类:结果连续则为回归(Regression),结果离散则为分类(Classification)。

对于回归问题可以通过一个房屋价格预测的例子来说明。首先,获取房价和面积对应数据,每一条数据包含两个值,其中 x 为房子的面积,y 为对应的价格,目标为通过测量某房子的面积来预测其对应的市场价格。因为房子的面积对应的价格是历史数据,某个面积的房子对应一个已知的价格,这是一个典型的有监督学习。

表 1.1　某城市房屋销售数据

面积/m²	价格/万元
123	250
150	320
87	160
102	220
...	...

假设某城市一处房屋销售数据如表 1.1 所示。

根据表 1.1,可以做出房屋面积对应销售价格的关系如图 1.3 所示。

可以用一条曲线尽量准确地拟合历史记录数据。如果有新的房屋面积测量值,就可以用曲线上的点对应的纵坐标值作为房屋价格预测值。假设对应一个面积为 125m^2,其市场价格预测如图 1.4 所示。

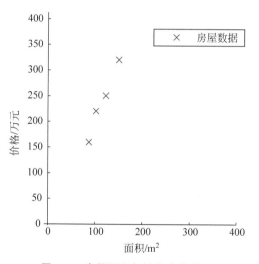

图 1.3　房屋面积与销售价格关系

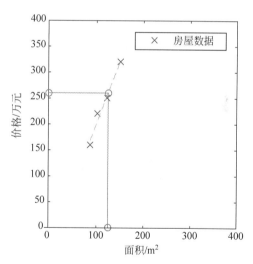

图 1.4　根据房屋面积预测市场价格

观察图 1.4 可知,对于面积为 125m^2 的房子,预测市场价格大约为 260 万元。

根据以上简单的例子,可以定义常用的概念。

(1) 训练集(Training set):输入的历史数据,对应该例子中的房屋销售记录表中的房屋面积;

(2) 标签(Label):输出的历史数据,对应该例子中的房屋销售记录表中的房屋市场价格;

(3) 模型(Model):假设映射关系 $H:x \mapsto y$,或者拟合函数,记作 $y = H(x)$,对应该例

子中的线性回归方程为 $y=kx+b$；

（4）训练数据规模（N）：由一组训练输入数据和对应输出数据组成的样本数量，对应该例子中房屋销售表中的行数；

（5）数据维度（D）：也称为模型的特征数（Features），对应该例子中的两个特征面积和价格，所以该例子数据为两维，输出结果为一维。

本例中用到了**线性回归（Linear Regression）**算法，假设特征和结果之间满足线性映射。线性模型也可以解决多维特征的数据预测问题，输出结果可以为一维离散值或一维连续值。对于多个特征可以用 $x_1,x_2,\cdots,x_n$ 描述每个特征，对于房价预测的例子如果加入更多的特征，如 $x_1=$ 房屋面积，$x_2=$ 房屋楼层，$x_3=$ 房屋朝向，等等，就可以得到更贴近实际价格的预测值。

对于分类问题，可以通过某医院肿瘤患者的历史数据来说明。首先对肿瘤大小进行记录，并对诊断结果分为良性和恶性两类，假设良性为 1，恶性为 0，则数据如表 1.2 所示。

根据表 1.2，可以做出肿瘤面积和诊断结果的关系如图 1.5 所示。

表 1.2　某医院肿瘤患者数据

肿瘤尺寸/cm²	诊断结果
475.9	0
386.1	0
566.3	1
501.5	0
409.0	1
224.5	1
143.5	1
530.2	0
565.4	0
609.9	0
...	...

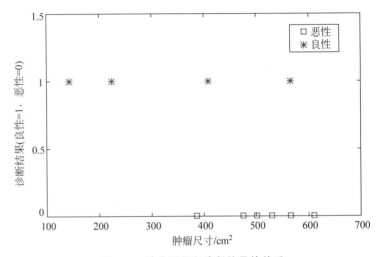

图 1.5　肿瘤面积和诊断结果的关系

可以用一条曲线尽量准确地拟合历史记录数据分类趋势。如果有新的肿瘤病例出现，就可以用曲线上的点对应的纵坐标值，作为诊断结果预测值。假设对应一个尺寸为 $300\mathrm{cm}^2$ 的肿瘤，其诊断结果预测如图 1.6 所示。观察图 1.6 可知，对于尺寸为 $300\mathrm{cm}^2$ 的肿瘤，预期诊断结果为 1，即为良性。

本例中用到了**逻辑回归（Logistic Regression）**算法，假设特征和结果之间满足对数映射，是在线性回归的基础上，引入一个输出限制在 [0,1] 范围内的逻辑函数，很好地弥补了线性回归对整个实数域敏感的不足，非常适合分类问题。

对于多个特征也可以用 $x_1,x_2,\cdots,x_n$ 描述每个特征。如果在上面的例子中加入更多的特征，如 $x_1=$ 肿瘤尺寸，$x_2=$ 年龄，$x_3=$ 性别，等等，就可以得到更贴近实际诊断结果的分类。逻辑回归除了可以解决二分类问题的二元回归模型外，还可以扩展到多类别逻辑回归模型，即类别标签可以取两个以上的值，例如鸢尾花数据集，包含 150 个数据样本，每个样本有 4 个特征，分别为花萼（Sepal）和花瓣（Petal）的长度和宽度，标签可分为 0、1、2 共 3 类，分

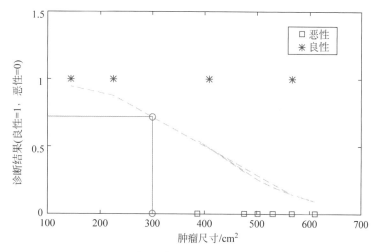

图1.6 根据肿瘤尺寸预测的诊断结果

别对应山鸢尾(Iris-setosa)、变色鸢尾(Iris-versicolor)和弗吉尼亚鸢尾(Iris-virginica),这是典型的三分类问题,除多元逻辑回归问题外,此后章节实例分析中多次使用鸢尾花数据集,或者鸢尾花数据集的子集来验证所建立模型的性能。再例如 MNIST 手写数字识别数据集,包含 60 000 个训练样本,10 000 个测试样本,需辨识的目标为 10 个不同的单数字,这也是典型的图像多分类问题。

1.3　无监督学习

无监督学习(**Unsupervised Learning**)不同于有监督学习方式,不需要用历史经验知识作为指导,而是不断地自主从数据本身的特性认知数据的特征,自主归纳和巩固,形成对知识的认知结果。在机器学习中,可以定义无监督学习为:不必为训练集样本提供对应类别的标签(Label)。常见的无监督学习包括聚类(相对于有监督学习中的分类)、降维等。

无监督学习的聚类分析算法起源于统计学中的分类学。人们通过大量的统计发现数据存在的内在规律,例如,对人类性格分类和消费者群体的聚类分析等,以及广泛应用的对图像中颜色的聚类分析。下面通过具体实例来理解无监督学习的聚类分析算法。

依然以某医院肿瘤患者的历史数据来说明。首先对肿瘤大小、患者年龄进行记录,这组数据中并未记录诊断结果,其数据如表 1.3 所示。

根据表 1.3,可以做出肿瘤尺寸和年龄的关系如图 1.7 所示。

根据肿瘤尺寸和患者年龄关系,可以自动将数据聚类成两大类,结果如图 1.8 所示。

根据以上有监督学习和无监督学习的对比,可以

表 1.3　某医院肿瘤患者数据

肿瘤尺寸/cm^2	患者年龄/岁
475.9	60
386.1	15
566.3	51
501.5	48
409.0	60
224.5	30
143.5	42
530.2	40
565.4	53
609.9	69
⋯	⋯

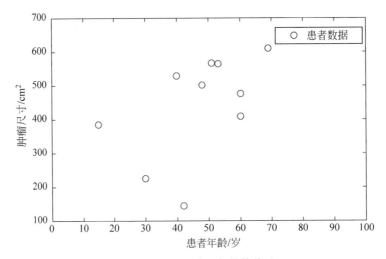

图 1.7　肿瘤尺寸和年龄的关系

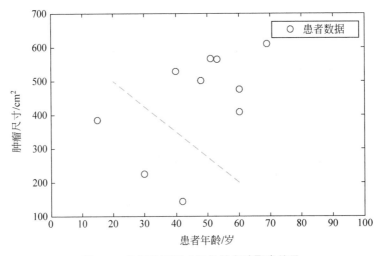

图 1.8　根据肿瘤尺寸和年龄自动聚类结果

定义：

（1）有监督学习的训练集。

train_dataset$=((x_{11},x_{12},\cdots,x_{1m},y_1),\cdots,(x_{i1},x_{i2},\cdots,x_{ij},\cdots,x_{im},y_i),\cdots,(x_{n1},x_{n2},\cdots,x_{nm},y_n))$。其中 x_{ij} 为输入特征，例如有监督学习分类实例中的肿瘤尺寸；其中 y_i 为标签，例如分类实例中的良性为 1，恶性为 0；其中 $i\in(1,2,\cdots,n)$，为训练集样本数；其中 $j\in(1,2,\cdots,m)$，为训练集样本的特征数。

（2）无监督学习的训练集。

train_dataset$=((x_{11},x_{12},\cdots,x_{1m}),\cdots,(x_{i1},x_{i2},\cdots,x_{ij},\cdots,x_{im}),\cdots,(x_{n1},x_{n2},\cdots,x_{nm}))$。其中 x_{ij} 为输入特征，例如无监督学习聚类实例中的 x_{i1} 为肿瘤尺寸，x_{i2} 为患者年龄；其中 $i\in(1,2,\cdots,n)$，为训练集样本数；其中 $j\in(1,2,\cdots,m)$，为训练集样本的特征数。

组合有监督学习和无监督学习，可构建**半监督学习**（**Semi-supervised Learning**）算法，即训练数据集中的一部分样本有标签，称为标记数据；另一部分样本无标签，称为未标记数据。半监督学习既可以减少有监督学习中对数据标记的工作量,又可以提高无监督学习分类的准确率,在机器学习实践中被广泛应用。具体采用哪种有监督学习与哪种无监督学习组合,需要紧密结合数据特征构建模型。本书将在此后章节基于具体实例,阐述半监督学习算法原理。

1.4　强化学习

相对于有监督学习和无监督学习,**强化学习**(**Reinforcement Learning**)一开始既没有数据也没有标签,需要通过对环境的一次又一次的尝试,获取数据和标签,然后再建立数据和标签之间的映射。典型的强化学习算法包括简单的价值奖惩行为的 Q 学习算法、SARSA 算法、深度 Q 网络等,有直接输出行为的基于策略的强化搜索 Policy Gradient 算法,还有从一个想象的虚拟环境中学习的 Model based RL 算法等。相对于有监督学习,强化学习既不需要历史经验数据来指导模型正确的输入对应正确的输出,也不需要精确校正次优化的行为,而是专注于在线规划,制定策略达到在未知领域探索,并在已知领域的服从之间获得平衡。所以,强化学习的过程,就是在"探索"和"服从"之间交替学习的过程。

基本的强化学习包括两个实体:一个称为个体(Agent);一个称为环境(Environment)。学习过程为两个实体之间的交互过程,在环境的某个状态 s_t 下,个体采取某个动作 a_t 进入下一个状态 s_{t+1},从而得到对应的奖惩 r_t。强化学习模型如图 1.9 所示。

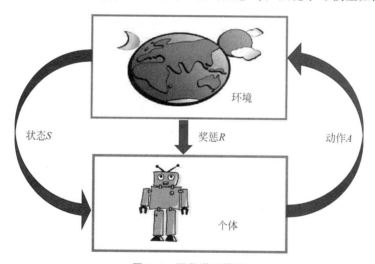

图 1.9　强化学习模型

强化学习模型一般包括:

(1) 环境状态集合 $S = (s_0, s_1, \cdots, s_n)$;

(2) 个体动作集合 $A = (a_0, a_1, \cdots, a_n)$;

(3) 奖惩集合 $R = (r_0, r_1, \cdots, r_m)$;

(4) 在环境状态之间转换的规则;

(5) 规定转换后的"奖励"和"惩罚"规则;

(6) 个体观测的规则。

其中环境状态和个体动作均为沿着时间轴离散的有限集合，规则一般采用随机生成，个体观测的规则一般分为：假设个体可以观测现有的全部环境状态，称为"完全可观测（Full Observability）"；假设个体仅可以观测现有的部分环境状态，称为"部分可观测（Partial Observability）"。此后章节将会通过实例来描述强化学习算法原理。

1.5 深度学习

深度学习（**Deep Learning**）一般采用多层非线性变换，通过对数据特征的自动抽象和逐层提取，来实现分类或者回归的学习目的。深度学习是目前机器学习中的重要分支，已经广泛应用的深度学习框架包括深度卷积神经网络、深度置信网络和循环神经网络等，在计算机视觉、语音识别和自然语言处理等领域获得了较好的效果。

深度学习起源于人工神经网络（Artificial Neural Network，ANN）中的多隐含层网络，同时结合机器学习中的分散表示（Distributed Representation）规则。假设数据是在不同的分散的特征因子的相互作用下生成的，再假设特征因子相互作用的过程是划分为多个层次的，将这样的数据输入到足够深度的多层神经网络中，从低层次的特征逐层学习到更高层次的特征，从而实现对数据的自动抽象。深度学习理论的提出，也受到大脑视觉信息处理分级原理中"抽象-迭代"的启发，视觉从对原始信号的像素输入瞳孔开始，先由大脑皮层 V1 区的一部分神经细胞抽象出边缘和方向，再由另外 V2 区的一部分神经细胞抽象出形状，最后再由 V3 或者 V4 区的其他神经细胞来判定原始信号中物体的类别。因此，在深度学习中，对人工智能中难以采用形式化描述，对人类来说又很容易实现的语音识别和图像分类等任务，这种模拟人类大脑逻辑思维的机器学习框架表现非常好。深度学习模型一般通过多层简单结构，逐层地迭代出复杂的概念。在图 1.10 中，通过多层感知机（Multilayer Perceptron，MLP）对原始输入图像的认知过程来展示深度学习系统原理。

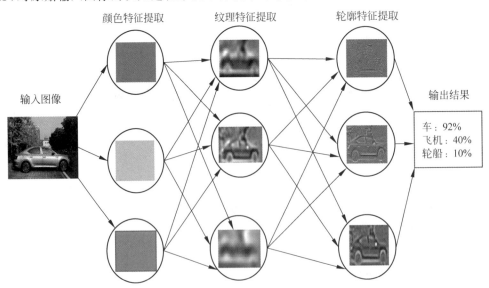

图 1.10 深度学习多层特征提取模型

总之,深度学习是一种特定类型的机器学习,具有强大的能力和灵活性,它将大千世界表示为嵌套的层次概念体系,能够使计算机系统从经验和数据中得到提高的技术。目前深度机器学习的发展显示,想要在复杂实际环境下构建可以运行的人工智能系统,深度学习毫无疑问是一种切实可行的方法。对于深度网络的应用,在此后的章节中也可以通过具体实例来展示其强大的逼近能力。

1.6 机器学习算法的应用趋势

1.6.1 机器学习算法在物联网的应用

机器学习与物联网是目前科研和工业领域最受关注的两大热点。随着人工智能领域对机器学习之深度学习的深入广泛研究,在理论和实验结果上获得了卓越成果,物联网中的嵌入式设备也迫切需要获得这种优秀的学习能力,需要成为真正的具有"智慧"的智能设备。物联网是由传感网络获取物理环境信息,通过互联网传输数据,再到云平台进行信息处理的端到端网络体系结构,一般划分为 3 层:数据感知层、网络传输层和应用层。以下分别讨论机器学习算法在物联网数据感知层、在物联网网络传输层、在物联网丰富多样的应用层等各层的具体应用。

1. 机器学习算法在物联网数据感知层的应用

物联网中存在着数以万计的传感器,无时无刻、无处不在地从物理环境连续采集各种数据。物联网中数据具有明显的特征:

(1)数量大。物联网时代的数据量远远超过互联网时代,例如,大城市所有十字路口的车流视频监控,可以 24 小时不间断地向信息中心发送车流数据。

(2)多样化。物联网时代的数据可以覆盖交通、物流、医疗、气候和安防等各种应用范畴。

(3)实时性。物联网数据从真实物理环境而来,通过高速骨干网络实时传输,具有很明显的真实性和实时性,例如,城市交通突发交通事故、银行突发恶性事件以及道路桥梁等突发故障。

由此可见,对大量、多样和实时的物联网数据,机器学习算法的设计具有很高的挑战性,加之物理环境各种复杂的噪声,使得采集数据、预处理数据和构建模型具有较高的难度。在具体应用中,多采用有监督机器学习融合无监督机器学习算法,构建半监督机器学习模型。首先,对传感器采集的粗糙原始数据必须进行预处理,从噪声中分离原始的非结构化数据,并映射为结构化数据;其次,基于物联网数据的实时性,要求对小部分随机数据进行手工标记,从而提高模型的预测可信度;最后,鉴于物联网传感器的群体感知特点,适当加入互为参考的数据校准,多传感器数据源的融合,以提高模型的预测精度和稳定性。

2. 机器学习算法在物联网网络传输层的应用

物联网传输层主要实现感知层与云平台的互联,一般由短距离无线通信和长距离有线通信两种网络构成,其中短距离无线通信,具有低带宽和低功耗的特点,主流通信协议包括 WIFI、BlueTooth 和 ZigBee 等。长距离通信一般接入互联网,具有高带宽-高速传输的特点,主流协议为 TCP/IP 等,随着移动通信网络 5G 和未来 6G 高带宽高速网络的发展,物联网将会实现端到端的无线高速移动通信大数据的实时传输方式。对于机器学习算法在物联网传输层的应用,首先,考虑目前短距离无线通信带宽的限制,对传感器高维度稀疏数据,在确保有效信息不会严重丢失的前提下,可采取降低维度的存储方式;其次,考虑长距离通信数据传输的安全性和完整性,可以采取训练在云端离线处理,测试在物联网边缘在线计算的分布式机器学习模型,从而发挥云平台强大的并行计算能力和嵌入式设备的实时处理优势;最后,也可以采用经典模型,例如微软图像处理的 ResNet 模型、谷歌自然语言处理的 Word2Vec 模型,均可以基于迁移学习算法,微调经典模型后,应用于嵌入式设备,从而加快模型的开发和设计进度。

3. 机器学习算法在物联网应用层的应用

物联网应用目前集中在城市交通、智慧建筑和远程诊疗三大领域,交通管理驱动着智慧城市的发展,提高居住舒适感受的需求推动了互联建筑的增多,改善生存长度和提升健康的远程诊疗也在逐步推进,预期未来在自动驾驶和车联网、矿山、油田挖掘设备的远程监控,动植物跟踪和监控,气象预测以及地震等自然灾害监控和预测中,物联网应用将大放光彩。对于机器学习在物联网应用层的应用,首先,在以数字监控为感知设备的应用中,如交通监控和远程诊疗物联网应用中,可采取图像处理类机器学习算法,例如浅层神经网络和深度卷积网络,可以较好地处理二维图像数据,也可扩展到三维带深度信息的神经网络;其次,在以计数和流量监控等为目的的应用中,如车流量和人流量控制的物联网应用中,在气象和地震预测中,可采用时序数据处理类机器学习算法,例如,浅层的 K 近邻算法和深度循环神经网络,可以较好地预测时序数据;再次,在自动驾驶和车联网应用中,考虑数据标记的复杂度和传感器异构性,推荐使用强化学习算法,也可融合图像和时序数据处理算法,引入注意力模式,构建复杂模型,提高对复杂非线性传感器数据的处理能力,借助未来车联网的高带宽传输,采用联合训练的方式,增强自动驾驶为目的的未来车联网网络的决策精度;最后,在物流业的应用中,例如,在射频 RFID 标签和阅读器的智能化中,可以采用轻量级的浅层机器学习算法,线性回归和支持向量机,并不需要复杂的深度学习算法,也可以很好地解决物流业中的标签安全和隐私相关问题。

1.6.2　机器学习算法在其他领域的应用

机器学习算法是实现人工智能的关键技术之一,也是将数据转换为有效知识的重要途径,在大数据背景下,机器学习模型的表现越来越优秀,从而被广泛应用到国民经济建设的各个领域。机器学习在金融领域的应用,如用于银行业务流程的智能客服机器人;用于客户安全检测的防欺诈系统,可分析持卡人的行为并预测其目的,从而精准发现并阻止欺诈行为。机器学算法在医疗领域的应用也非常活跃,如基于计算机视觉的图像和视频数据、应用深度神经网络模型开发的远程诊疗系统、自主机器人手术系统、药物真伪鉴别的检测系统、未来应用的个性化诊断与治疗系统等。以机器学习算法为基础实现的远程教学系统、学生主动性和个性管理系统,是机器学习算法在教育领域的成功应用。对自然语言处理的研究成果,用于新闻传播领域,如广泛应用的机器翻译系统,可为用户提供实时便捷的翻译服务;再如应用文本情感分析的机器人编辑,可快速编写和发布媲美人类编辑的新闻稿件。机器学习算法在工业制造领域的应用,如流水线的任务调度和负载均衡,生产系统的信息处理、环境监控和生产能耗智能管理,以及生产设备的仪表数据采集、智能启停等。机器学习算法也在军事领域产生了深远影响,从后勤服务到战场决策再到智慧兵器,例如,无人机和无人战车,甚至未来的机器人战士,以机器学习为核心的人工智能技术正在驱动军队和国防的智能化进程。智能交通是未来交通发展的必然趋势,机器学习算法广泛应用在实现智能交通的各个环节,例如,传统的车辆身份识别、车型识别、车辆行为分析、道路交通智能监控、重大交通事件检测等。随着5G通信技术在车联网研究领域的应用,无人驾驶成为机器学习算法应用的热点,例如,复杂交通场景中的车辆、行人、道路、交通信号灯和交通标志的识别与理解,车载娱乐系统中的手势识别、语言翻译、智能导航等,以及车载系统中的电控单元智能化,摄像头和激光雷达等传感器的数据融合等。又如目前最新的无人驾驶安全研究,机器学习算法可应用于车辆行驶行为分析与预测,车载电控系统和传感器驱动系统的硬件安全分析等。

总而言之,机器学习算法在物联网以及其他领域中的应用前景非常广阔,其中尤其物联网以服务人类生活为目标,期望实现万物互联的数字地球愿景,机器学习算法将是智慧地球具备智能的利器,而物联网也会让机器学习算法,无论是传统的浅层学习,还是新兴的深度学习,展现前所未有的价值。在物联网中应用、定制和完善,进而创造新的机器学习算法,是未来发展的必然趋势。

1.7 安装 MATLAB 或 Octave

视频讲解　　　视频讲解

本书大多数实例分析算法采用 MATLAB 或 Octave 环境验证,原因在于这两款开发平台的强大矩阵处理能力和数据可视化功能,便于教学和算法直观理解。其中 MATLAB 安装成功后,运行界面如图 1.11 所示。

关于 MATLAB 的使用和命令、函数接口,可以参考相关资料或书籍,或者 MATLAB 的帮助手册。由于 MATLAB 是商业软件,需要购买序列号才可以使用,因此,本书代码也可以在 Octave 开发平台运行,Octave 是开源的自由软件,可免费使用,是在无法获取正版 MATLAB 的学习条件下,目前最好的 MATLAB 替代自由软件。可从 GNU 网站自由下载 Octave 的安装包,安装 Octave 成功后,运行界面如图 1.12 所示。

在使用 MATLAB/Octave 实现机器学习算法时,涉及以下基本命令与函数。

(1) 基本命令:help/显示相关命令的简要帮助信息;doc/显示相关命令的详细帮助信息;length/返回矩阵较高一维的维数;save/保存数据到二进制文件 *.mat;mean/返回矩阵每列的均值;A(i,j)/返回矩阵 A 的第 i 行和第 j 列的数据;C=[A;B]/返回矩阵 A 和 B 按照行合并结果,存入矩阵 C 中,C 的列数与 A 和 B 均相同;[n,m]=size(A)/返回矩阵 A 的维度,A 为 n×m 矩阵。

(2) 基本运算:A+B/相同维度的矩阵或者向量相加(或者 B 为标量),即矩阵或者向量各位置处的数据对应相加(或者矩阵或向量各位置处的数据都加上标量);A.*B/矩阵或者向量点乘,即矩阵各位置处的数据对应相乘;A*B/矩阵相乘;Log(x)/对应数学的 ln(x)运算;Exp(x)/对应数学的 e^x;A'/对应数学上的矩阵 A 的转置,即 A^T;[value,index]=max(A)/求矩阵 A 的各个列的最大值,并返回该值和索引;A<3/判断矩阵中每

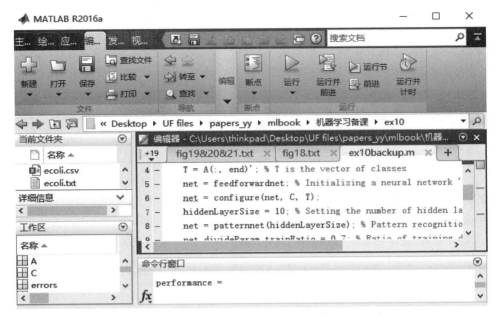

图 1.11　MATLAB 开发环境

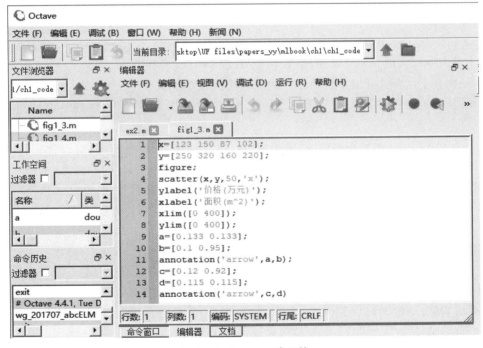

图 1.12　Octave 开发环境

个值是否小于 3，小于返回 1，否则返回 0，返回值与 A 矩阵维度相同；rand(n,m)/生成 n×m 的矩阵，矩阵内的值随机赋值为 0～1 的值；sum(A)/对矩阵 A 按列求和；sum(sum(A))/对矩阵 A 所有值求和；pinv(A)或者 inv(A)/求矩阵 A 的逆矩阵。

（3）可视化函数：plot(x,y)/以 x 为横轴、以 y 为纵轴，画曲线；scatter(x,y)/以 x 为横

轴、以 y 为纵轴,画数据散点图;surf(x,y,A)/以 x 为横轴、以 y 为纵轴,画矩阵 A 的三维图形;figure/创建画图窗口;hold on,hold off/保留或消除当前曲线,画下一条曲线;xlabel(),ylabel()/标定 x 轴和 y 轴说明;legend()/添加图例;title()/添加图片标题;xlim,ylim/限制 x 轴和 y 轴的量程;print/保存图片文件。

总而言之,在机器学习算法实现中,主流的开发环境除 MATLAB 和 Octave 两种相似的平台外,还有基于统计和计算的 R 和 S 语言的开发环境,其优点在于封装强,实现速度快,可快速实现系统模型的设计,但是运行速度较慢,交互与可视化较差,创建个性化算法的能力有限。基于通用解释的编程语言 Python 和通用可执行的编程语言 C/C++的开发平台(Python 具有开源,C/C++具有运行速度快的优势)与 MATLAB 和 Octave 相比,相同的算法实现需要更多的代码,对初学者入门要求较高,尤其 Python 目前正处在发展阶段,存在不成熟开发包的版本兼容困难。所以,本书首选 MATLAB 和 Octave 平台实例分析,鉴于其良好的可视化和交互功能,及其对算法数学原理的良好阐释,更利于机器学习算法理解与广泛应用。

1.8　Python 语言和 C/C++语言简介

为适应机器学习算法的工程应用,本书部分习题要求采用 Python 和 C/C++语言实现,更利于算法运行的效率和读者的提高学习。

1.8.1　Python 语言简介

视频讲解

Python 是一种更接近自然语言的解释型和面向对象的高级编程语言,也是一种免费开源的强封装语言,拥有丰富的内置库和第三方开发库,可移植性强,擅长数据处理、图形处理,自从 1989 年发明至今,在美国著名高校 MIT、Stanford 和 UCB,著名企业 Google、Youtube 和 Facebook,甚至美国航空航天局 NASA 的多个大型项目中被大量使用。如果选择 Python 语言实现项目开发,首先,在 Python 的官网 www.python.org 中下载最新版本安装包,例如 64 位 Windows 操作系统,可下载安装文件 python-3.7.4-amd64.exe,运行安装。注意,勾选 pip 组件,便于后续开发包的安装。其次,开发 Python 程序,可以在控制台运行,也可以在 Python 自带的 IDLE 界面开发,或者下载集成开发工具,例如常用的 Pycharm 等实现大型工程开发。本书所有实例均基于 IDLE 编辑、调试和运行,IDLE 界面如图 1.13 所示。

对于机器学习算法开发人员,相对于 MATLAB/Octave 语言的简单便捷,Python 虽然需要编写更多的代码实现数据处理,但是 Python 拥有丰富的第三方开发库,例如支持二维矩阵运算的 Numpy、覆盖主流有监督和无监督机器学习算法的 Sklearn、可处理三维张量的深度学习库 Tensorflow、模块化神经网络的 Keras、支持可视化的 Matplotlib 等。本书实例和练习主要基于机器学习库 Sklearn 实现,安装要求 Python 版本高于 2.7 或 3.3,Numpy 版本高于 1.8.2,数学支持库 Scipy 版本高于 0.13.3。其中涉及主要接口类和函数包括:

(1) 数据集——load_iris()导入鸢尾花数据集,load_boston()导入波士顿房屋价格数据集,load_digits()导入手写数字识别数据集,train_test_split() 函数将实验数据集划分为

图 1.13　Python 开发环境

训练集和测试集。

（2）随机样本生成——make_circles()生成环形数据，make_moon()生成半环形数据，make_blobs()生成指定特征数量、中心点数和范围的聚类算法测试数据。

（3）数据预处理——归一化接口 normalize()可快速处理密集类数组数据和稀疏矩阵，LinearDiscriminantAnalysis()函数实现线性判别分析，PCA()函数可提取原始数据中的主要特征，RBFSampler()为样本构建一个近似的高维映射。

（4）模型——线性回归 LinearRegression()，逻辑回归 LogisticRegression()，朴素贝叶斯 BernoulliNB()，支持向量机分类 SVC()、NuSVC()和 LinearSVC()，支持向量机回归 SVR()、NuSVR()和 LinearSVR()，神经网络分类 MLPClassifier()，神经网络回归 MLPRegressor()，K 近邻分类 KNeighborsClassifier()，K 近邻回归 KNeighborsRegressor()，K 均值聚类 KMeans()，决策树分类 DecisionTreeClassifier()，决策树回归 DecisionTreeRegressor()，高斯混合模型 GaussianMixture()，集成学习中的随机森林算法用于分类和回归的接口分别为 RandomForestClassifier()和 RandomForestRegressor()，自适应提升算法用于分类和回归的接口分别为 AdaBoostClassifier()和 AdaBoostRegressor()。

（5）模型训练、测试和评价——fit()实现模型训练，predict()实现模型测试，cross_val_score()函数可以交叉验证模型的表现，评价分类模型的精度 accuracy_score()，ROC 曲线 roc_curve()和混淆矩阵 confusion_matrix()，评价回归模型的均方误差 mean_squared_error()，平均绝对误差 mean_absolute_error()。

（6）可视化——基于 matplotlib 的 plot()函数实现基本二维波形图，scatter()实现散点图,show()显示所绘制图形,title()为图形添加标题,xlabel()和 ylabel()设置横轴和纵轴的标签,legend()为图形添加图例。

1.8.2　C/C++语言简介

C 语言是一种高效的结构化、模块化和可执行的高级编程语言,C++是 C 面向对象的扩展。C/C++相对于 MATLAB 和 Python 更灵活,可直接对硬件操作,生成高效率执行的目标代码,所以在物联网嵌入式设备中,考虑有限的存储和计算资源,常用 C/C++语言。而嵌入式 C/C++语言与所用平台紧密相关,本书中基于 Xilinx FPGA 平台实现机器学习算法,编程采用 Xilinx C/C++语言实现,并基于 Vivado HLS 封装为 IP 核,具体请参考第 15 章内容。

1.9　习题

1. 请简述人工智能、机器学习、深度学习、物联网以及四者的关系。

2. 物联网致力于实现万物互联的智慧地球,请设想一种物联网应用场景,并从感知层、网络层到应用层论述机器学习算法的应用趋势。

## 第 2 章

线 性 回 归

线性回归(Linear regression)是一种最简单的有监督机器学习模型,由于其计算量小,预测效果不错,成为很多复杂机器学习模型的基础。但是,线性回归假设输入与输出之间的映射服从线性关系,所以在非线性数据的逼近上存在明显不足。

2.1 线性回归模型

以下还是以预测房价的例子来说明线性回归模型的构建。首先,根据常识,房子的面积越大价格越高,所以可以用线性回归来解决这个问题。其次,预测房价需要构建一个模型,或许是最简单的单变量的直线模型。再次,将该地区的房子面积作为训练数据,输入到这个模型中,会得到一组预测价格。对比预测价格与对应面积的真实价格的差距,可以先设置一个阈值,如果差距高于阈值,则返回去调整模型的参数,直到差距较小,才认为这个模型比较好。最后,再给模型输入一个新的房屋面积,就可以得到该房屋相对接近真实价格的预测价格的值。根据房价问题的解决步骤,可以将有监督学习步骤表示为如图 2.1 所示的流程。

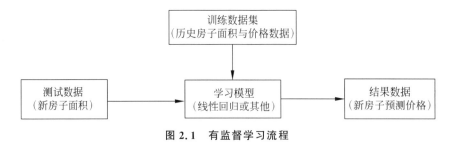

图 2.1　有监督学习流程

房价问题中的学习模型可选择线性函数,即直线函数,表示为:

$$H_\theta(x) = \theta_1 x_1 + \theta_0 \tag{2-1}$$

其中 $x_1 = (x_{11}, x_{12}, \cdots, x_{1n})$, $n \in \mathbf{N}$,为训练集中的输入量,n 为训练集中的样本数量。对应以上房价例子,x_1 为历史房屋面积,n 对应表格中数据行数,$n = 10$,因为只有一个特征输入,所以这个模型就是最简单的一元回归模型。其中函数 H 就是需要学习的映射关系,也可以认为是一种猜想(Hypothesis)。在模型的训练阶段,将历史数据输入模型,模型输出一个预测值。训练集中的实际值表示为 $y_1 = (y_{11}, y_{12}, \cdots, y_{1n})$，$n \in \mathbf{N}$，对应房屋例子中房屋面积的历史价格，也就是称为标签的"正确答案"，对比并计算预测值与实际值之间的差距，这个差距可以用一个代价函数（Cost function）或者损失函数（Loss function）来描述，在训练过程中尽量让代价函数尽可能小，其理想值是差距为 0，从而让模型输出的预测值更接近实际正确答案，通过反复迭代学习得到模型的参数 θ。对应在这个房价例子一元回归模型中的 θ_1 和 θ_0，也就是线性模型的斜率和截距。

第 1 章中通过房价预测的实例讨论了单变量的线性回归（Linear regression with one variable），然而现实世界错综复杂，一种现象常常与多个因素相关，因此需要建立多变量的线性回归模型，即多元线性回归（Linear regression with multiple variables）。

以下依然以房价和面积的关系为例进行讨论。根据常识，房价也由很多因素决定，比如除了面积以外，还与房间数量、所在楼层、地段、朝向、房龄、交通配套、购物环境以及是否学区房等因素相关。

假设某城市房价记录，包含面积、房间数量、所在楼层和房龄共 4 个关键特征的数据，如表 2.1 所示。

表 2.1 某城市房屋销售数据

面积/m²	房间数量	所在楼层	房龄/年	价格/万元
204	3	1	25	320
120	3	3	10	235
150	2	10	8	188
90	2	6	15	160
…	…	…	…	…

事实上，如果仅从面积来预测房屋价格，所构建的一元线性回归模型的误差还是比较大。可以增加更多的输入特征，比如房屋的朝向、楼层和地段等，构建多元回归模型，获得更接近实际房屋价格的预测值。多元线性回归模型表示为：

$$H_\theta(x) = \theta_3 x_3 + \theta_2 x_2 + \theta_1 x_1 + \theta_0 \tag{2-2}$$

为了便于表达，可以增加一个虚拟的输入特征，定义为：

$$x_0 = (x_{01} = 1, x_{02} = 1, \cdots, x_{0n} = 1), \quad n \in \mathbf{N}$$

以上多元回归模型就可以表示为：

$$H_\theta(x) = \theta_3 x_3 + \theta_2 x_2 + \theta_1 x_1 + \theta_0 x_0 = \sum_{i=0}^{m} \theta_i x_i \tag{2-3}$$

其中 $m \in \mathbf{N}$ 为训练集的特征维度，对应房屋价格例子中的几个输入特征，例如 $x_1 =$ 面积，$x_2 =$ 朝向，$x_3 =$ 楼层，$x_0 = 1$，其中 $m = 3$。上述变量也可以表示为矩阵形式：

$$\boldsymbol{\theta} = \begin{bmatrix} \theta_m \\ \vdots \\ \theta_2 \\ \theta_1 \\ \theta_0 \end{bmatrix} \Rightarrow \boldsymbol{\theta}^{\mathrm{T}} = \begin{bmatrix} \theta_m & \cdots & \theta_2 & \theta_1 & \theta_0 \end{bmatrix}, \quad \boldsymbol{x} = \begin{bmatrix} x_m \\ \vdots \\ x_2 \\ x_1 \\ x_0 \end{bmatrix}$$

则线性回归模型可以统一表示为：

$$H_\theta(\boldsymbol{x}) = \boldsymbol{\theta}^{\mathrm{T}} \boldsymbol{x} \qquad (2\text{-}4)$$

2.2 代价函数

代价函数或者损失函数是衡量学习模型的预测值与实际值之间误差的函数。这个误差称为模型误差（Model error），函数值越小表示误差越小，也就意味着预测值越接近实际值，认为所构建的模型性能越好。当然，最理想的误差值就是 0，这时的参数 $\boldsymbol{\theta}$ 值为模型参数（Model parameter）。

代价函数可以有不同的形式，对于回归问题，由于实现目标，是预测值尽可能接近真实值，所以选择误差的平方和函数作为回归问题的代价函数。选择误差平方而不直接用误差的原因在于：如果直接用误差简单累加，正负误差会相互抵消，所以采用平方误差累加。代价函数可以表示为：

$$\begin{aligned} J(\boldsymbol{\theta}) &= \frac{1}{n} \sum_{j=0}^{n} \left[H_\theta(x_j) - y_j \right]^2 \\ &= \frac{1}{n} \sum_{j=0}^{n} (\boldsymbol{\theta}^{\mathrm{T}} \boldsymbol{x} - \boldsymbol{y})^2 \end{aligned} \qquad (2\text{-}5)$$

其中 x_j 表示特征向量 $\boldsymbol{x}$ 中的第 j 元素，y_j 表示标签向量 $\boldsymbol{y}$ 中的第 j 元素，$H_\theta(x_j)$ 表示已知的预测函数，n 为训练集样本数量。为了便于求导之后化简，也可以将式（2-5）写为：

$$J(\boldsymbol{\theta}) = \frac{1}{2n} \sum_{j=0}^{n} (\boldsymbol{\theta}^{\mathrm{T}} \boldsymbol{x} - \boldsymbol{y})^2 \qquad (2\text{-}6)$$

下面通过一个简单的例子来说明代价函数的作用。假设有训练数据集 $\{(1,1),(2,2),(3,3)\}$，则特征向量 $\boldsymbol{x} = [1 \quad 2 \quad 3]$，标签向量 $\boldsymbol{y} = [1 \quad 2 \quad 3]$，如果选择一元线性回归模型，假设 $\theta_1 = 1$ 和 $\theta_0 = 0$，则有：

$$\begin{aligned} H_\theta(\boldsymbol{x}) &= \theta_1 x_1 + \theta_0 x_0 \\ &= 1 \times x_1 + 0 \times 1 \\ &= x_1 \end{aligned}$$

代价函数为：

$$\begin{aligned} J(1,0) &= \frac{1}{2 \times 3} \times \left[(H(1)-1)^2 + (H(2)-2)^2 + (H(3)-3)^2 \right] \\ &= 0 \end{aligned}$$

假设 $\theta_1 = 0.5$ 和 $\theta_0 = 0$，则有：

$$\begin{aligned} H_\theta(\boldsymbol{x}) &= \theta_1 x_1 + \theta_0 x_0 \\ &= 0.5 \times x_1 + 0 \times 1 \\ &= 0.5 x_1 \end{aligned}$$

代价函数为：

$$J(0.5,0) = \frac{1}{2 \times 3} \times \left[(H(1)-1)^2 + (H(2)-2)^2 + (H(3)-3)^2 \right]$$

$$= \frac{1}{2 \times 3} \times \left[(0.5 - 1)^2 + (1 - 2)^2 + (1.5 - 3)^2 \right]$$

$$\approx 0.58$$

假设 $\theta_1 = 2$ 和 $\theta_0 = 0$，则有：

$$H_{\boldsymbol{\theta}}(\boldsymbol{x}) = \theta_1 x_1 + \theta_0 x_0$$

$$= 2 \times x_1 + 0 \times 1$$

$$= 2x_1$$

代价函数为：

$$J(2, 0) = \frac{1}{2 \times 3} \times \left[(H(1) - 1)^2 + (H(2) - 2)^2 + (H(3) - 3)^2 \right]$$

$$= \frac{1}{2 \times 3} \times \left[(2 - 1)^2 + (4 - 2)^2 + (6 - 3)^2 \right]$$

$$\approx 2.33$$

由以上简单计算可知，在取代价函数最小值时，应该设置模型参数为 $\theta_1 = 1$ 和 $\theta_0 = 0$ 最合理，本例中的模型就是线性函数，$H_{\boldsymbol{\theta}}(\boldsymbol{x}) = x_1$。但是这样简单的模型，少量训练样本，可以采用穷举或者试探的方法，寻找代价函数的最小值，对于复杂的模型——多个特征、大量训练样本的情况，需要更有效的算法，才能够自动找出使得代价函数取得最小值的参数。而且，对于不同模型，代价函数可以不同，例如分类模型中常采用交叉熵（Cross Entropy）作为代价函数。同时，当代价函数采取复杂非线性函数时，找到的最小值是否为全局最优呢？如何自动快速地找到使得代价函数获得全局最优的参数，是机器学习以及深度学习中一个热点研究问题。目前最简单和有效的方法，就是接下来要介绍的梯度下降法。

2.3 梯度下降法

梯度下降（Gradient Descent）是一种用来求函数最小值的算法，所以，可以采用梯度下降法来达到寻找回归模型代价函数最小值的目的。梯度下降法的原理是：首先，从一组随机参数组合开始，假设为 $\boldsymbol{\theta} = (\theta_m, \cdots, \theta_1, \theta_0)$，例如从 $\boldsymbol{\theta} = \vec{0} = (0, \cdots, 0, 0)$ 开始计算代价函数；然后，再按照设置好的步长（Learning rate）调整参数，例如每次 $\boldsymbol{\theta}$ 增加 0.01，接下来再计算代价函数，重复迭代（Iteration）若干次后，直到代价函数 $J(\boldsymbol{\theta})$ 达到最小值为止。可以用以下伪代码来描述梯度下降的过程：

重复直到收敛
{
　　$\theta_i := \theta_i - \alpha \dfrac{\partial}{\partial \theta_i} J(\theta)$　（对于所有的 i）
}

其中，:= 为定义为，α 为步长或者称为学习率，$i \in (1, 2, \cdots, m)$。由于需要寻找代价函数的极小值，梯度方向又由 $J(\boldsymbol{\theta})$ 对 $\boldsymbol{\theta}$ 偏导数决定，因此梯度方向是偏导数的反方向，后面的小节会通过实例来说明梯度与偏导数方向的关系。其中迭代可以采用"批梯度下降"（Batch gradient descent），具体为对所有训练数据求得误差后，再对 $\boldsymbol{\theta}$ 更新，也可以采用增量梯度下降,具体为每一步都要对 θ 进行更新。"批梯度下降法"可以持续不断地收敛,而增量梯度下降法会出现在收敛点来回震荡的结果。

梯度下降法从一个随机参数组合开始,尽管每次开始点不同,但是并不能尝试所有参数组合,所以也就不能确定找到的代价函数最小值是全局最小值(Global minimum),对于不同的参数组合梯度下降法常常收敛到不同的局部最小值(Local minimum)。学习率的取值决定了能让代价函数沿着下降的方向每次迭代的步长。在批梯度下降法中,每一次迭代所有参数都减去学习率再重新计算代价函数的值,如果学习率在开始时设置太大,每次迭代会移动一大步,可能会一次又一次地错过最小值,发生在最小值处徘徊,甚至无法收敛的情况,这种现象称为超调(Overshoot)。如果学习率在开始时设置太小,每次迭代只能移动很小的一步,为努力接近最小值,就需要非常多次迭代才可能到达最低点,这样导致训练时间非常漫长,常常出现在有限次数的迭代后只能到达比较小的值,而无法抵达最小值的情况。

2.4　线性回归中的梯度下降

梯度下降法是一种很常用的寻找函数最小值的方法,可以用于寻找所有函数的最小值,不仅可以用于线性回归模型,也可以用于其他机器学习模型的代价函数最小值求解。以下以线性回归模型为例,深入理解梯度下降的含义。对一元线性回归中的梯度下降法伪代码可以描述为:

梯度下降算法:
重复直到收敛
{

$$\theta_i := \theta_i - \alpha \frac{\partial}{\partial \theta_i} J(\theta_1, \theta_0)$$

(for　i = 1　and　i = 0)

}

线性回归模型: $H_\theta(x) = \theta_1 x_1 + \theta_0 x_0$

代价函数: $J(\theta) = \frac{1}{2n} \sum_{j=1}^{n} (H_\theta(x_j) - y_j)^2$

$j \in (1, 2, \cdots, n)$

对以上伪代码描述的左边部分,展开进行求解偏导数的运算,运算步骤为:

$$\frac{\partial}{\partial \theta_i} J(\theta_1, \theta_0) = \frac{\partial}{\partial \theta_i} \frac{1}{2n} \sum_{j=1}^{n} (H_\theta(x_j) - y_j)^2$$

$$i = 0: \quad \frac{\partial}{\partial \theta_0} J(\theta_1, \theta_0) = \frac{1}{n} \sum_{j=1}^{n} (H_\theta(x_j) - y_j)$$

$$i = 1: \quad \frac{\partial}{\partial \theta_1} J(\theta_1, \theta_0) = \frac{1}{n} \sum_{j=1}^{n} ((H_\theta(x_j) - y_j) x_j)$$

所以,在一元线性回归模型中的梯度下降法就可以表示为:

梯度下降算法:
重复直到收敛
{

$$\theta_0 := \theta_0 - \alpha \frac{1}{n} \sum_{j=1}^{n} (H_\theta(x_j) - y_j)$$

$$\theta_1 := \theta_1 - \alpha \frac{1}{n} \sum_{j=1}^{n} ((H_\theta(x_j) - y_j) x_j)$$

}

从以上分析可以看到，批梯度下降每次都会对训练数据集中的所有样本(n)进行求和运算，所以，有时也将这个批次中的批字解释为对所有一批训练样本的意思。此后，本章还会介绍另外一种梯度下降法，每次并不对所有样本求和，而是只关注训练集中的一些小子集，在那种算法中，这个批次的每一批会被解释为每次关注的样本子集，因此，在具体的应用中要加以区别对待。本章中的批量指的是对所有的训练集样本的求和，计算梯度函数中的偏微分项。对于线性回归模型，由于选择了误差平方和函数作为代价函数，对于二次函数仅有一个全局最小值，所以在有限多次迭代后，梯度下降法一定会找到全局最小值，分析其本质原因，在于代价函数没有局部最小值，所以，梯度下降法可以成功找到线性回归模型的代价函数的唯一的一个全局最小值。

当然，并不是只有梯度下降法一种方法可以求解代价函数的最小值，也可以采用最小二乘法来直接计算，而不需要迭代，此后的应用中会进一步具体介绍以最小二乘法求解代价函数最小值的具体步骤。

2.5 特征归一化

梯度下降法具有明显的特点：需要预先设置好学习率；需要多次迭代寻找最小值。如果迭代次数过多，明显不符合工程应用的实际情况。为了有效减少迭代次数，需要将样本的每个特征值归一化到统一的范围，也称这个归一化过程为特征缩放（Feature scaling）。

常用的归一化方法有最大最小归一化（Min-Max normalization），表示为：

$$x' = \frac{x - x_{\min}}{x_{\max} - x_{\min}} \tag{2-7}$$

最大最小归一化是对原始数据的一种线性变换，可以将结果映射到$[0,1]$。其中$x_{\max}$为样本数据中的最大值，$x_{\min}$为样本数据中的最小值。最大最小归一化的不足之处在于：当有新样本数据加入时，会导致最大和最小值的变化，所以每次都需要重新定义最大和最小值。

另一种常用的归一化方法为均值归一化（Mean normalization），表示为：

$$x' = \frac{x - x_{\mean}}{x_{\max} - x_{\min}} \tag{2-8}$$

其中$x_{\mean}$为所有样本数据的平均值。

还有其他归一化方法，例如标准差归一化（Zero-mean normalization），可以将上式中分母替换为样本的标准差$x_{\std}$，标准差归一化可以将数据处理后符合正态分布。还有函数归一化，常用的有对数归一化（Log normalization），表示为$x' = \frac{\lg(x)}{\lg(x_{\max})}$，反正切函数归一化（Atan normalization），表示为$x' = \frac{\atan(x) \times 2}{\pi}$。

以房价的数据为例，如果有两个特征：$x_1 =$房屋面积，$x_2 =$房屋卧室数量。其中面积的范围为$0 \sim 2000\mathrm{m}^2$，卧室数量范围$0 \sim 100$。通过最大最小归一化后特征可以表示为：

$$x_1' = \frac{x_1 - 0}{2000 - 0} \qquad x_2' = \frac{x_2 - 0}{100 - 0}$$

2.6　最小二乘正规方程

最小二乘法（Least Squares Method）是一种利用最小二乘估计，使得预测数据与实际数据之间误差的平方和的最小化的数学方法。在机器学习领域，可以通过求解最小二乘正规方程（Normal equations），寻找代价函数的最小值。

线性回归的正规化方程可以根据矩阵算法表示为：

$$\boldsymbol{\theta} = (\boldsymbol{X}^{\mathrm{T}}\boldsymbol{X})^{-1}\boldsymbol{X}^{\mathrm{T}}\boldsymbol{Y} \tag{2-9}$$

相对于梯度下降的漫长迭代选优过程，正规化方程可以直接找到代价函数的最小值，那么正规化方程的解是否为代价函数的全局最小值？可以假设输入训练集样本构成的设计矩阵（Design matrix）$\boldsymbol{X}$ 为 $n \times m$ 矩阵，其中 n 为样本数，m 为特征数，训练标签构成的矩阵 $\boldsymbol{Y}$ 为 $n \times 1$，当 $n > m$，且 $\boldsymbol{X}$ 是列满秩，也就是设计矩阵 $\boldsymbol{X}$ 的秩取最大值等于 m，这时正规化方程可以求得唯一的解。与梯度下降法相比正规化方程的特点：简单、方便、不需要特征归一化，适合于特征数量较少时使用。

正规方程和梯度下降的对比如图 2.2 所示。

梯 度 下 降	正 规 方 程
缺点：	优点：
需要设置学习率；	不需要选择学习率
需要多次迭代；	不需要多次迭代
特征值范围相差太大时，需要归一化缩放特征	不需要特征缩放
优点：	缺点：
特征的数量非常庞大时，表现良好	特征的数量庞大时，运算速度很慢，因为求矩阵的逆的时间复杂度是 $O(N^3)$

梯度下降和正规方程的选择依据：

没有特定的标准，依据专家经验选择，一般特征数小于10000时，首选正规方程；特征数大于10000时，要考虑用梯度下降。当模型复杂时考虑选择梯度下降

图 2.2　梯度下降与正规方程对比

2.7　线性回归实例分析

线性回归的实例,在 MATLAB 或者 Octave 环境下测试,确保正确安装了图像处理包。

2.7.1　实例一:一元线性回归模型与代价函数理解

1. 问题描述

1) 数据

在本书配套源码的 ch2 目录下,获得数据文件 ex271x.dat 和 ex271y.dat。数据文件中包含一些年龄在 $2\sim8$ 岁的男孩子的身高测量数据,其中 y 是以米为单位的男孩子高度值,x 是对应该高度的男孩子年龄。每一个高度和年龄的元素对构成数据集中的一个训练样本 (x_i,y_i),有 $n=50$ 个训练样本,请采用这些数据构建一个线性回归的模型。

2) 问题分析

这是一个有监督学习的问题中,可以采用梯度下降法实现线性回归模型的代价函数寻优。实现步骤,首先,在 MATLAB 或者 Octave 中采用以下命令导入数据文件:

```
x = load('ex271x.dat');
y = load('ex271y.dat');
```

得到一个有监督学习问题的训练集,有 $m=1$ 个特征(除了通常的 $x_0=1$,所以 $\boldsymbol{x}\in\mathbf{R}^2$)。在 MATLAB/Octave,运行以下命令可以画出训练数据集(包含坐标轴的标注),对训练数据进行可视化展示的命令为:

```
figure;
plot(x, y, 'ob');
ylabel('Height in meters');
xlabel('Age in years');
```

可以获得男孩子年龄和身高训练数据集,一系列数据点可视化如图 2.3 所示。

在开始梯度下降之前,需要给每一个训练样本增加常数项 $x_0=1$,以便于公式的矩阵表达。在 MATLAB/Octave 中的命令为:

```
n = length(y);
x = [ones(n, 1) x];
```

需要注意的是,训练数据中的年龄值是 $\boldsymbol{x}$ 的第二列。对于此后画图的结果来说,这是非常重要的。

3) 梯度下降

现在开始对这个问题搭建线性回归模型,回顾一下线性回归模型公式为:

$$H_{\boldsymbol{\theta}}(\boldsymbol{x})=\boldsymbol{\theta}^{\mathrm{T}}\boldsymbol{x}=\sum_{i=0}^{m}\theta_i x_i$$

同时,批梯度下降的更新规则为:

$$\theta_j:=\theta_j-\alpha\frac{1}{n}\sum_{i=1}^{n}((H_\theta(x_i)-y_i)x_{i,j})\quad(\text{对于所有的特征}\quad j=\{1,2,\cdots,m\})$$

视频讲解

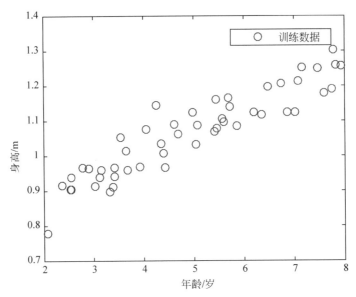

图 2.3 男孩子年龄和身高训练数据集可视化图形显示

步骤 1：执行梯度下降，学习率为 $\alpha=0.07$。因为 MATLAB/Octave 检索向量是从 1 开始，而不是从 0 开始，所以在 MATLAB/Octave 中，用 theta(1) 和 theta(2) 来表示 θ_0 和 θ_1。初始化参数 $\boldsymbol{\theta}=\vec{0}$（即 $\theta_0=\theta_1=0$），从初始化的点开始运行梯度下降的一次迭代。记录第一次迭代后的 θ_0 和 θ_1 的值。

（请通过与本书参考解决方案中提供的 θ_0 和 θ_1 对比，检查执行结果是否正确）。

步骤 2：继续运行梯度下降获得更多次迭代，直到 $\boldsymbol{\theta}$ 收敛为止（这将需要大约 1500 次迭代）。收敛后，记录最终 θ_0 和 θ_1 的值。当找到 $\boldsymbol{\theta}$ 后，根据以下代码中的算法，可以画出训练数据集上获得的拟合直线，具体画图的命令为：

```
hold on;
plot(x(:,2), x * theta, '-r')
legend('Training data', 'Linear regression')
```

注意：对于大多数机器学习问题，$\boldsymbol{x}$ 具有非常高的维度，所以不能画出 $H_\theta(\boldsymbol{x})$ 的图形。但是对于这个例子，因为只有一个特征，所以根据运算结果能够画出非常清晰的拟合结果图形。

步骤 3：最后，可以用学习到的模型映射函数进行一些预测。预测两个年龄分别为 3.5 岁和 7 岁的男孩子的身高。

注意：在程序调试过程中，如果使用 MATLAB/Octave 来调试程序时遇到很多错误，那么先检查矩阵在乘法或者加法运算时是否使用了合适的维度。在 MATLAB/Octave 中，默认的操作单元是矩阵。如果不打算使用矩阵来进行数据操作，但是表达方式模棱两可时，可以用 'dot' 操作符号来明确表示。此外，可以打印输出 $\boldsymbol{x}$、$\boldsymbol{y}$ 和 $\boldsymbol{\theta}$ 的值以确保其维度正确。

4）理解代价函数 $J(\boldsymbol{\theta})$

为了更好地理解梯度下降的工作原理，并明确参数 $\boldsymbol{\theta}\in\mathbf{R}^2$ 和 $J(\boldsymbol{\theta})$ 之间的关系。对于这个问题，可以画出 $J(\boldsymbol{\theta})$ 的三维图形。在应用机器学习算法时，通常不会画出 $J(\boldsymbol{\theta})$，原因

在于通常$\boldsymbol{\theta} \in \mathbf{R}^m$具有非常高的维度,所以并没有简单的方法画出图形或者可视化$J(\boldsymbol{\theta})$。但是由于本例子是采用非常低维度的$\boldsymbol{\theta} \in \mathbf{R}^2$,所以可以画出$J(\boldsymbol{\theta})$,从而更直观地理解线性回归的代价函数。回顾一下$J(\boldsymbol{\theta})$的公式:

$$J(\boldsymbol{\theta}) = \frac{1}{2n} \sum_{j=1}^{n} (H_{\boldsymbol{\theta}}(x_j) - y_j)^2$$

为获得最好的平面图形显示结果,可以采用以下代码框架中建议的$\boldsymbol{\theta}$值的范围:

```
J_vals = zeros(100, 100); % 初始化 J_vals 为元素为 0 的 100×100 矩阵
theta0_vals = linspace(-3, 3, 100);
theta1_vals = linspace(-1, 1, 100);
for i = 1:length(theta0_vals)
    for j = 1:length(theta1_vals)
    t = [theta0_vals(i); theta1_vals(j)];
    J_vals(i,j) =  % %此处填写自己的代码% %
    end
end
% 在调用 surf 命令显示图形前,对 J_vals 执行转置操作
J_vals = J_vals';
figure;
surf(theta0_vals, theta1_vals, J_vals)
xlabel('\theta_0');
ylabel('\theta_1');
```

运行代码应该得到类似图 2.4 的图形。如果用 MATLAB/Octave,可以采用环绕工具从不同的视角查看这个图形。

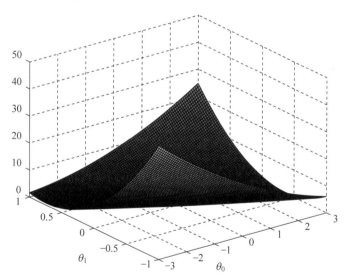

图 2.4　线性回归模型的代价函数可视化图形显示

可以深入分析一下,在三维曲面和梯度下降所获得的θ_0和θ_1值之间有什么关系?

2. 实例分析参考解决方案

分析以上问题,可以参考以下解决方案来检查你的实现和答案是否正确。如果你的实现在相同的参数/函数描述下,不能获得相同的答案,那么请调试方案直到与提供的参考实

现获得相同的结果为止。一个完整的解决方案的 ex271.m 文件可以在本书配套的源码中找到。在 MATLAB/Octave 中运行该 m 文件，可以获得所有结果和与之对应的图形。

（1）在梯度下降第一次迭代之后，检查是否获得如下结果：

$$\theta_0 = 0.0745$$
$$\theta_1 = 0.3800$$

如果答案与上面的不相同，那么你的实现应该有一些错误。如果获得正确的 $\theta_0 = 0.0745$，但是 θ_1 的答案错误是什么原因呢？（或许你的 $\theta_1 = 0.4057$）。如果这种情况发生，应该继续更新 θ_j，这是因为你先更新了 θ_0，然后加上了 $\boldsymbol{\theta}$ 的返回值，然后才更新的 θ_1。注意不能基于任何中间值来计算下一步即将获得的 $\boldsymbol{\theta}$ 值。

（2）在运行梯度下降直到收敛后，检查结果应该非常接近以下值（在以后的任务中需要学习获得的值）：

$$\theta_0 = 0.7502$$
$$\theta_1 = 0.0639$$

如果在 MATLAB 中运行梯度下降到 1500 次迭代，其学习率为 0.07，可以获得如上的精确 $\boldsymbol{\theta}$ 值。如果用较少次数的迭代，或许答案会有超出 0.01 的不同，这意味着迭代次数不够多。例如，在 MATLAB 中运行梯度下降 500 次迭代，可以得到 $\boldsymbol{\theta} = [0.7318, 0.0672]$。虽然接近收敛，但是如果运行梯度下降更多次迭代，可以更好地接近更精确的 $\boldsymbol{\theta}$ 值。

如果你的结果完全与以上答案不同，或许你的程序中有错误（Bug）存在。检查是否用了正确的 0.07 的学习率，是否定义了正确的梯度下降更新。最后，检查 $\boldsymbol{x}$ 和 $\boldsymbol{y}$ 向量是否与期望的相同。注意 $\boldsymbol{x}$ 需要一个额外的列。

（3）预测结果：年龄 3.5 岁的身高 0.9737 米，年龄 7 岁的身高 1.1975 米。画图：采用梯度下降获得的训练数据最好的拟合结果图形显示如图 2.5 所示。

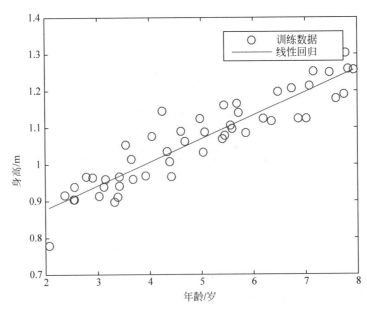

图 2.5　线性回归模型可视化图形显示

（4）理解代价函数。

在曲面图形中,应该可以看到碗形的代价函数 $J(\boldsymbol{\theta})$ 曲面图形。根据视角不同,代价函数的外观或许不是很明显的碗形,请用鼠标拖动改变三维图形的视角,可以获得本实例要求的代价函数曲面图形。对于三维图形,并不能很好地看到参数的明显变化,为更好地观察代价函数的全局优化方法,可以画出代价函数的等高线图形,对于不同的参数,如果位于相同的等高圆圈上,就有相同的代价函数值。在 MATLAB/Octave,可采用以下代码段画出等高线图形:

```
figure;
% 以 0.01 和 100 之间的对数间隔绘制 15 条等高线
contour(theta0_vals, theta1_vals, J_vals, logspace( - 2, 2, 15))
xlabel('\theta_0');
ylabel('\theta_1');
```

代码运行结果显示如图 2.6 所示。

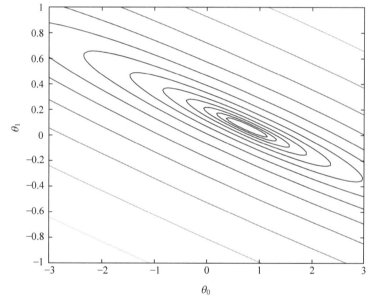

图 2.6　代价函数的等高线图

现在最小值的位置位于等高线最小圆心处。

2.7.2　实例二:多元线性回归模型与代价函数理解

1. 问题描述

1) 数据

视频讲解

在本书配套源码的 ch2 目录下,获得数据文件 ex272x. dat 和 ex272y. dat。数据文件中包含美国 Oregon 州的城市 Portland 房屋价格训练数据集。其中输出 y_i 是价格,输入 x_i 是居住区域和卧室数,共计 $n=47$ 个训练样本。因为包含居住区域和卧室数两个特征,所以可以采用这些数据构建一个多元线性回归的模型,讨论基于梯度下降和正规方程实现的多元回归的差异,探讨代价函数 $J(\boldsymbol{\theta})$,梯度下降的收敛和学习率 α 的关联性。

2）预处理数据

导入训练样本并添加常数项 $x_0=1$ 到矩阵 $\boldsymbol{x}$ 中，回顾在 MATLAB/Octave 中添加一列命令为：

```
x = [ones(m, 1), x];
```

观察输入 x_i 的数值，注意居住区域大约是房间数的 1000 倍，这个不同意味着对输入数据进行预处理可以很明显地增加梯度下降的效率。在程序中，具体实现将数据根据方差来归一化并设置数据的均值为 0。在 MATLAB/Octave 中，实现代码为：

```
mu = mean(x);
sigma = std(x);
x(:,2) = (x(:,2) - mu(2)).∕ sigma(2);
x(:,3) = (x(:,3) - mu(3)).∕ sigma(3);
```

3）梯度下降

此前，实现基于梯度下降的一元回归问题。现在不同是仅仅是在矩阵 $\boldsymbol{x}$ 中包含有多个特征。H 函数依然还是：

$$H_{\boldsymbol{\theta}}(\boldsymbol{x})=\boldsymbol{\theta}^{\mathrm{T}}\boldsymbol{x}=\sum_{i=0}^{m}\theta_i x_i$$

同时，批梯度下降更新规则为：

$$\theta_j := \theta_j - \alpha\,\frac{1}{n}\sum_{i=1}^{n}\left((H_\theta(x_i)-y_i)x_{i,j}\right)\quad(\text{对于所有的特征}\quad j=\{1,2,\cdots,m\})$$

注意，初始化参数 $\boldsymbol{\theta}=\vec{0}$。

4）依据 $J(\boldsymbol{\theta})$ 选择学习率

现在需要选择合适的学习率 α，目的是在以下范围内选择一个合适的学习率，即：

$$0.001\leqslant\alpha\leqslant10$$

可以按照以下方式来进行初始化选择，运行梯度下降并根据不同的学习率来观察代价函数的变化。回顾代价函数定义：

$$J(\boldsymbol{\theta})=\frac{1}{2n}\sum_{j=1}^{n}(H_{\boldsymbol{\theta}}(x_j)-y_j)^2$$

代价函数也可以被写成向量形式：

$$J(\boldsymbol{\theta})=\frac{1}{2n}(\boldsymbol{X\theta}-\boldsymbol{y})^{\mathrm{T}}(\boldsymbol{X\theta}-\boldsymbol{y})$$

其中，

$$\boldsymbol{y}=\begin{bmatrix}y_1\\y_2\\\vdots\\y_n\end{bmatrix}\quad\boldsymbol{X}=\begin{bmatrix}(\boldsymbol{x}_1)^{\mathrm{T}}\\(\boldsymbol{x}_2)^{\mathrm{T}}\\\vdots\\(\boldsymbol{x}_n)^{\mathrm{T}}\end{bmatrix}$$

向量版本的公式在数值计算工具，如 MATLAB/Octave 中，显得尤其有用和有效。如果你熟悉矩阵操作，可以证明以上两种形式的公式是等价的。

在第一个实例分析中，需要通过一个 θ_0 和 θ_1 的表格来计算 $J(\boldsymbol{\theta})$，本实例中则可以用当前阶段的梯度下降获得的 $\boldsymbol{\theta}$ 来计算 $J(\boldsymbol{\theta})$。通过多步的梯度下降,可以观察随着迭代的进展 $J(\boldsymbol{\theta})$ 是如何变化的。

现在,在初始学习率下运行 50 次迭代的梯度下降。在每个迭代,计算 $J(\boldsymbol{\theta})$ 并将结果储存进一个向量中。在最后一次迭代中,根据迭代次数画出 J 函数的值,得到图形。

在 MATLAB/Octave 中,实现代码如下:

```
theta = zeros(size(x(1,:)))';            % 初始化拟合参数
alpha = % % 设置自己的学习率 % % ;
J = zeros(50, 1);
```

在初始化权重参数后,需要自行设置学习率,如果无法确定学习率可以参考解决方案中提供的参考值。

开始迭代,在迭代完成后,可视化代价函数,代码为:

```
for num_iterations = 1:50
    J(num_iterations) = % % 计算自己的代价函数 % % ;
    theta = % % 梯度下降法更新结果 % % ;
end
% 开始绘制 J
% 理论上, 第一个 J 值应从第 0 次迭代开始
% 但是 MATLAB/Octave 并不支持从 0 开始索引
figure;
plot(0:49, J(1:50), '-')
xlabel('Number of iterations');ylabel('Cost J');
```

如果选择的学习率的范围合理,那么图形应该如图 2.7 所示。

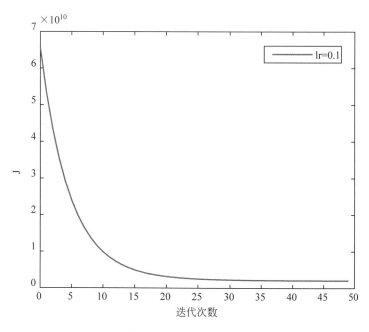

图 2.7 代价函数与梯度下降迭代的关系

如果你画出的图形有些不同，尤其在 $J(\theta)$ 的值增大或者放大时，可调整学习率然后再试。建议下一次学习率 α 的最小值是上一次的 3 倍为合适（例如 0.01、0.03、0.1、0.3 等等）。如果想观察曲线的整体变化趋势，调整正在执行梯度下降的迭代次数也是一种有效的有段。为比较不同学习率对收敛的影响，可以在同一张图上画出不同学习率的 J 值。在 MATLAB/Octave 中，可以通过多次执行梯度下降法，并在不同图形间执行'hold on'命令来实现。具体来说，可以尝试 3 个不同的 α 值（或许你需要更多值）并存储代价函数 $J1$、$J2$ 和 $J3$，可以采用以下命令实现画到同一张图形中：

```
plot(0:49, J1(1:50), 'b-');
hold on;
plot(0:49, J2(1:50), 'r-');
plot(0:49, J3(1:50), 'k-');
```

最后的参数'b-'、'r-'和 'k-'指不同的图形模式。输入以下命令：

```
help plot
```

在 MATLAB/Octave 中，可以获得关于画图命令的更多帮助信息。

观察在学习率变化的时候，代价函数发生的改变。当学习率调整到过小的时候会发生什么？过大时呢？用你找到的最合适的学习率，运行梯度下降直到收敛并记录，回答以下问题：

（1）最终的 θ？

（2）对于 1650 平方米和 3 个房间的房屋价格可以预测出来是多少。（注意：当预测的时候，不要忘记归一化特征值！）

5）正规方程

回顾此前已经讨论过的最小二乘拟合法，公式为：

$$\theta = (X^{\mathrm{T}}X)^{-1}X^{\mathrm{T}}Y$$

用这个公式不要求进行任何特征的规范化，在每个计算中都可以得到一个确定的值：也没有如同梯度下降法中的"循环直到收敛为止"。采用最小二乘正规化方法，回答以下问题：

（1）用以上公式计算 θ？（注意当不需要规范化特征时，常数项还依然需要。）

（2）如果依据以上方法获得了合适的 θ，可以预测一个 $1650\mathrm{m}^2$ 有 3 个房间的房屋的价格。对比是否与梯度下降法获得了相同的预测价格呢？

2. 实例分析参考解决方案

分析以上问题，可以参考以下解决方案来检查你的实现和答案是否正确。如果你的实现在相同的参数/函数描述下，不能获得相同的答案，那么调试方案直到与提供的参考实现获得相同的结果为止。文件 ex272.m 提供了一个完整的解决方案，可在本书配套的源码中找到该文件。

1）选择学习率

对于不同学习率画出的代价函数图形如图 2.8 所示。

由图 2.8 可知，对于一个小的 α 值，例如 0.01，代价函数减小的较慢，也就意味在梯度下降法中的收敛速度较慢。同时，注意当 $\alpha=1.3$ 时是最大学习率，当 $\alpha=1$ 时有较快的收敛

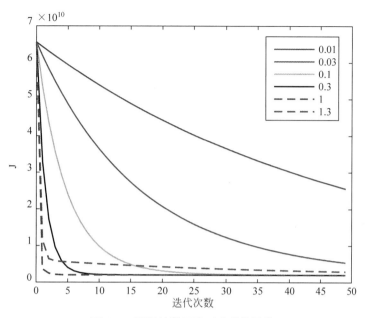

图 2.8　不同的学习率对应代价函数

速度。这表明在某一个点之后，增加学习率并不能再增加收敛速度。实际上，如果学习率过大，比如 $\alpha = 1.4$，梯度下降将不再收敛。同时会获得如同图 2.9 中所示 $J(\boldsymbol{\theta})$。更糟糕的是，当 $J(\boldsymbol{\theta})$ 根本无法画出来，原因在于数字太大而导致计算机无法计算。在 MATLAB/Octave 中，会提示 NaN，表示"无数据"，通常是由未定义的操作引起的，例如 $(+\infty) + (-\infty)$。

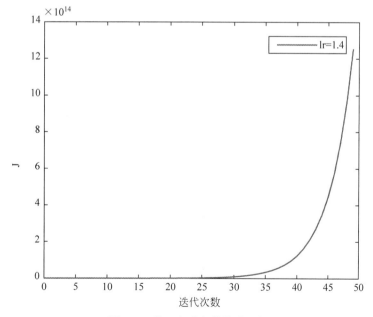

图 2.9　学习率过大的代价函数

2）梯度下降

最终的**θ**值如下所示：

$$\theta_0 = 340\ 412.66$$
$$\theta_1 = 110\ 631.05$$
$$\theta_2 = -6649.47$$

在 MATLAB/Octave 中计算，其中 100 次迭代，学习率为 $\alpha=1$。如果计算出的参数与解决方案中给出的有超过 10 的差别，那么请尝试是否可以获得更接近的答案。如果没有用 100 次迭代和 $\alpha=1$ 的学习率，那么请测试这样的设置。如果答案与解决方案相匹配，那么请考虑最初的问题是出在学习率的设置，还是运行的迭代次数不同。如果依然不能正确执行，或许是在算法实现上有误或者特征归一化有误。

预测出的房屋价格应该是 293 082 元。如果获得了正确的**θ**值，但是依然不能预测出这样的价格，或许是因为忘记在预测的时候对特征进行规范化了。

3）正规化方程

获得的**θ**值如下所示：

$$\theta_0 = 89\ 597.91$$
$$\theta_1 = 139.21$$
$$\theta_2 = -8738.02$$

观察这些值是与梯度下降法获得值并不相同的。这是因为当采用正规化方程的解决方案时，特征不需要规范化。

房屋的预测价格与之前的相同，应该也是 293 082 美元。

2.8　习题

1. 通过本章的学习可知，梯度下降法解决线性回归的公式为

梯度下降算法：

重复直到收敛

{

$$\theta_0 := \theta_0 - \alpha \frac{1}{n} \sum_{j=1}^{n} (H_\theta(x_j) - y_j)$$

$$\theta_1 := \theta_1 - \alpha \frac{1}{n} \sum_{j=1}^{n} ((H_\theta(x_j) - y_j)x_j)$$

}

用最小二乘正规方程解决线性回归的公式：

$$\boldsymbol{\theta} = (\boldsymbol{X}^{\mathrm{T}}\boldsymbol{X})^{-1}\boldsymbol{X}^{\mathrm{T}}\boldsymbol{Y}$$

通过在 MATLAB/Octave 仿真算法实现后，请用实例分析所提供的数据，采用 C/C++ 语言实现梯度下降法和正规化法，并对比参数和预测结果。

2. 采用以下数据集，在 MATLAB/Octave 实现可视化：

6.1101,17.592

5.5277,9.1302

8.5186,13.662

7.0032,11.854

5.8598,6.8233

8.3829,11.886

(1) 画出训练集的散点图和拟合后的直线;

(2) 画出 J(theta)为 z 轴,theta0 为 x 轴,theta1 为 y 轴的三维曲线;

(3) 画出(2)的三维曲线的等高线图。

## 第 3 章

逻 辑 回 归

逻辑回归(Logistic regression)与第 2 章中讨论的线性回归相似,是一种利用线性函数构建模型,但是线性回归假设模型的输出结果服从高斯分布,所以线性回归模型输出连续的预测值,解决机器学习中的回归问题;而逻辑回归假设模型输出服从伯努利分布,基于线性模型引入非线性函数,例如 Sigmoid 函数,让模型输出非线性离散的预测值,解决机器学习中的分类问题。

3.1 逻辑回归模型

逻辑回归模型虽然名字中包含"回归"二字,但它却是一种应用广泛的分类算法。对于分类问题,是希望建立的模型输出结果为某一个确定的类别,例如正确或者错误,也就是 1 或者 0 的二分类问题。实际应用中判断一封电子邮件是否垃圾邮件,判断一次金融交易是否欺诈,此前肿瘤分类问题中区分肿瘤是恶性还是良性的,手写数字是 0、1、2,还是 3 等十个类别的多分类问题等。

其中最简单的二分类可以定义为

$$y = g(x) \quad y \in \{0,1\} \tag{3-1}$$

其中 0 表示负类(Negative class),1 表示正类(Positive class)。

基于线性函数的逻辑回归分类模型定义为

$$H_{\boldsymbol{\theta}}(\boldsymbol{x}) = g(\boldsymbol{\theta}^{\mathrm{T}} \boldsymbol{x}) \tag{3-2}$$

其中,$\boldsymbol{x}$ 为输入特征向量; g 为逻辑函数,让模型输出范围在 0 和 1 之间,一般常用的逻辑函数有 S 型函数 Sigmoid,其表达式为

$$g(z) = \frac{1}{1 + \mathrm{e}^{-z}} \tag{3-3}$$

该函数图形如图 3.1 所示。

因此,逻辑回归模型的假设函数可以记作:

$$H_{\boldsymbol{\theta}}(\boldsymbol{x}) = \frac{1}{1 + \mathrm{e}^{-\boldsymbol{\theta}^{\mathrm{T}} x}} \tag{3-4}$$

式(3-4)可以理解为:对于给定的输入变量 $\boldsymbol{x}$,根据所选择的参数计算输出变量为 1 的概率(Estimated probability),即:

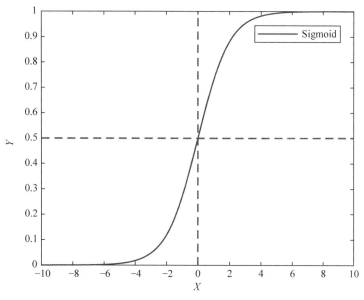

图 3.1 Sigmoid 函数图形

$$H_{\boldsymbol{\theta}}(\boldsymbol{x}) = P(y=1 \mid \boldsymbol{x};\boldsymbol{\theta}) \tag{3-5}$$

例如,对于给定的特征向量 $\boldsymbol{x}$,选择参数 $\boldsymbol{\theta}$,计算出 $H_{\boldsymbol{\theta}}(\boldsymbol{x})=0.7$,则表示这组样本 $\boldsymbol{x}$ 为正类 1 的概率为 70%,而为负类的概率为 $1-0.7=0.3=30\%$。

做出这样的分类决策的依据称为决策边界(Decision boundary),对于 S 型函数的决策边界可以表示伪代码:

```
if  H₀(x)≥0.5  then:  输出正类 "1"
if  H₀(x)<0.5  then:  输出负类 "0"
```

决策边界函数可以是简单的直线,也可以是更复杂的二次函数,例如圆形分界函数,根据不同的样本分布特征需要确定不同的判定边界函数。

3.2 逻辑回归的代价函数

逻辑回归中的代价函数的含义与线性回归中一致,是为逼近参数 $\boldsymbol{\theta}$ 而定义的优化函数,在线性回归中,用模型的误差平方和作为代价函数,理论上,在逻辑回归中也可以采用模型的误差平方和为代价函数,然而将得到一个非凸函数(Non-convex function)。这意味这个代价函数有很多局部最小值,这样非常不利于采用梯度下降算法寻找全局最小值。所以,可以重新定义逻辑回归的代价函数为:

$$J(\boldsymbol{\theta}) = \frac{1}{n}\sum_{i=1}^{n}\mathrm{Cost}(H_{\boldsymbol{\theta}}(x_i),y_i) \tag{3-6}$$

其中,

$$\mathrm{Cost}(H_{\boldsymbol{\theta}}(\boldsymbol{x}),y) = \begin{cases} -\log(H_{\boldsymbol{\theta}}(\boldsymbol{x})), & y=1 \\ -\log(1-H_{\boldsymbol{\theta}}(\boldsymbol{x})), & y=0 \end{cases} \tag{3-7}$$

则逻辑回归的代价函数可以表示为：

$$J(\boldsymbol{\theta}) = -\frac{1}{n}\left[\sum_{i=1}^{n} y_i \log H_{\boldsymbol{\theta}}(x_i) + (1-y_i)\log(1-H_{\boldsymbol{\theta}}(x_i))\right] \tag{3-8}$$

得到这样的代价函数后，就可以用梯度下降法来求使得代价函数取最小值的参数了。逻辑回归中的梯度下降法可以表示为：

重复：
{

$$\theta_j := \theta_j - \alpha \frac{\partial}{\partial \theta_j} J(\theta) = \theta_j - \alpha \sum_{i=1}^{n}(H_\theta(x_i) - y_i)x_{i,j}$$

}

对于逻辑回归模型的代价函数的凸性分析可以参考相应的数学知识，这里只给出逻辑回归模型的代价函数是凸函数的结论，并且没有局部最优值。当然和线性回归模型一样，在梯度下降更新时，要同时更新所有输入特征，尽管逻辑回归的梯度下降算法和线性回归下降算法很相似，但是这里逻辑回归模型和线性回归模型的输出是不一样的，所以实际上逻辑回归中的梯度下降和线性回归中的梯度下降是不一样的。此外，在运行逻辑回归梯度下降算法之前，如果多特征输入变量的范围存在很大差别，那么进行归一化的特征缩放依然是必要的。

对逻辑回归模型的代价函数除了用梯度下降法寻找最小值外，也可以用其他更快、更优越的算法来求解，这些算法有共轭梯度（Conjugate gradient）、局部优化法（Broyden Fletcher Goldfarb Shanno，BFGS）、有限内存局部优化法（Limited-memory BFGS）等。

3.3　优化函数

为求代价函数的最小值，除了可以采用一阶导数的梯度下降法迭代求解，也可以采用二阶导数的海森矩阵（Hessen matrix）对代价函数求解最小值。其中比较常用的就是牛顿法（Newton method）。牛顿法是一种在实数域和复数域上近似求解方程的方法，相对于梯度下降法最大的优点是收敛速度很快，但是因为基于二阶导数，所以如同 3.2 节提到的共轭梯度等算法一样，其不足是计算复杂度非常高，但是随着硬件计算平台性能依据摩尔定律不断提升，这些收敛速度更快的复杂算法也逐渐在工程实践中得到广泛应用。

对于逻辑回归的代价函数 $J(\boldsymbol{\theta})$，无论采用梯度下降法，还是牛顿法，其目的都是想找到使得 $\min J(\boldsymbol{\theta})$ 的 $\boldsymbol{\theta}$ 值，可以表示为：

$$\frac{\partial}{\partial \theta_j} J(\boldsymbol{\theta}) \overset{\text{set}}{=} 0 \quad (\boldsymbol{\theta} \in \mathbf{R}^{m+1}) \tag{3-9}$$

对于式（3-9），通过梯度下降法或者牛顿法来寻找最接近的 $\boldsymbol{\theta}$ 组合。上式中如果假设 $\boldsymbol{\theta} \in \mathbf{R}$，可以记作：

$$f(\boldsymbol{\theta}) = \frac{\mathrm{d}}{\mathrm{d}\boldsymbol{\theta}} J(\boldsymbol{\theta}) = 0 \tag{3-10}$$

对于上述函数 $f(\boldsymbol{\theta})$，牛顿法的原理是将函数在某点 θ_0 做线性化近似，即：

$$f(\boldsymbol{\theta}) \approx f(\theta_0) + f'(\theta_0)(\boldsymbol{\theta} - \theta_0) \tag{3-11}$$

令式(3-11)左边为零,可以得到:

$$\theta = \theta_0 - \frac{f(\theta_0)}{f'(\theta_0)} \tag{3-12}$$

这样经过若干次迭代后,可以得到一系列$\{\theta_0, \theta_1, \theta_2, \theta_3, \cdots\}$,这样牛顿法会很快收敛。

用代价函数来表示牛顿法为:

$$\theta_{t+1} = \theta_t - \frac{J'(\theta_t)}{J''(\theta_t)} \tag{3-13}$$

其中 t 为迭代次数。如果考虑$\boldsymbol{\theta} \in \mathbf{R}^{m+1}$,则牛顿法表示为如下公式:

$$\theta_{t+1} = \theta_t - \frac{V[J(\theta_t)]}{H[J(\theta_t)]} \tag{3-14}$$

其中$V[J(\boldsymbol{\theta})]$对应单变量一阶导数是多变量的一阶偏导数,定义为梯度向量:

$$V[J(\boldsymbol{\theta})] = \begin{bmatrix} \dfrac{\partial J(\boldsymbol{\theta})}{\partial \theta_0} \\[2mm] \dfrac{\partial J(\boldsymbol{\theta})}{\partial \theta_1} \\[2mm] \dfrac{\partial J(\boldsymbol{\theta})}{\partial \theta_2} \\[1mm] \vdots \\[1mm] \dfrac{\partial J(\boldsymbol{\theta})}{\partial \theta_m} \end{bmatrix}_{(m+1) \times 1} \tag{3-15}$$

其中 $H[J(\boldsymbol{\theta})]$对应单变量二阶导数是多变量的二阶偏导数,定义为海森矩阵:

$$H[J(\boldsymbol{\theta})] = \begin{bmatrix} \dfrac{\partial^2 J(\boldsymbol{\theta})}{\partial \theta_0 \partial \theta_0} & \dfrac{\partial^2 J(\boldsymbol{\theta})}{\partial \theta_0 \partial \theta_1} & \dfrac{\partial^2 J(\boldsymbol{\theta})}{\partial \theta_0 \partial \theta_2} & \cdots & \dfrac{\partial^2 J(\boldsymbol{\theta})}{\partial \theta_0 \partial \theta_m} \\[3mm] \dfrac{\partial^2 J(\boldsymbol{\theta})}{\partial \theta_1 \partial \theta_0} & \dfrac{\partial^2 J(\boldsymbol{\theta})}{\partial \theta_1 \partial \theta_1} & \dfrac{\partial^2 J(\boldsymbol{\theta})}{\partial \theta_1 \partial \theta_2} & \cdots & \dfrac{\partial^2 J(\boldsymbol{\theta})}{\partial \theta_1 \partial \theta_m} \\[3mm] \dfrac{\partial^2 J(\boldsymbol{\theta})}{\partial \theta_2 \partial \theta_0} & \dfrac{\partial^2 J(\boldsymbol{\theta})}{\partial \theta_2 \partial \theta_1} & \dfrac{\partial^2 J(\boldsymbol{\theta})}{\partial \theta_2 \partial \theta_2} & \cdots & \dfrac{\partial^2 J(\boldsymbol{\theta})}{\partial \theta_2 \partial \theta_m} \\[1mm] \vdots & \vdots & \vdots & & \vdots \\[1mm] \dfrac{\partial^2 J(\boldsymbol{\theta})}{\partial \theta_m \partial \theta_0} & \dfrac{\partial^2 J(\boldsymbol{\theta})}{\partial \theta_m \partial \theta_1} & \dfrac{\partial^2 J(\boldsymbol{\theta})}{\partial \theta_m \partial \theta_2} & \cdots & \dfrac{\partial^2 J(\boldsymbol{\theta})}{\partial \theta_m \partial \theta_m} \end{bmatrix}_{(m+1) \times (m+1)} \tag{3-16}$$

所以牛顿公式常常也写为:

$$\theta_{t+1} = \theta_t - H^{-1}(J(\theta_t)) \nabla J(\theta_t) \tag{3-17}$$

其中$-H^{-1}(J(\theta_t)) \nabla J(\theta_t)$称为牛顿方向,当海森矩阵正定时,可以保证牛顿搜索方向下降。

尽管牛顿法为二阶收敛,并且可以快速收敛,但是牛顿法因引入海森矩阵而增加了复杂性,当矩阵维度过大时,求解海森矩阵的逆矩阵会带来巨大的计算量。如果海森矩阵不可逆,则牛顿算法无解。再如果海森矩阵不是正定矩阵,也就是函数不是严格的凸函数,也可能会导致算法无法收敛。如果初值选择偏离极值点太远,也会导致算法无法收敛,也就是说,基本牛顿法并不是全局优化算法。

牛顿法与梯度下降法优缺点对比如表3.1所示。

表 3.1　牛顿法与梯度下降法对比

梯度下降法	牛 顿 法
更简单	较复杂
需要设置参数,如学习率等	不需要设置参数
更多迭代次数	较少迭代次数
每次迭代的计算成本较低,复杂度为 $O(m)$,其中 m 为样本特征数	每次迭代计算成本很高,复杂度为 $O(m^3)$,其中 m 为样本特征数
当 m 较大时推荐使用,推荐 $m>10\,000$ 时使用梯度下降法较为合理	当 m 较小时推荐使用,推荐 $m<1000$ 时,计算海森矩阵比较容易,使用牛顿法较为合理

　　大部分的机器学习算法的本质是建立优化模型,通过优化方法对目标函数进行优化,从而训练出最好的模型,除了常见的梯度下降法和牛顿法,还有改进梯度下降法的随机梯度下降法(Stochastic Gradient Descent,SGD)、批梯度下降法(Batch Gradient Descent,BGD)、改进牛顿法的拟牛顿法(Quasi-Newton Methods)。还有根据人类在解决问题所采取的经验规则而提出的启发式优化方法,例如基于物理中固体物质的冷却过程,提出组合优化的模拟退火(Simulated Annealing,SA)算法,基于自然界遗传规律的仿生算法,提出解决复杂非线性优化问题的遗传算法(Genetic Algorithm,GA),新的近似 GA 的差分进化算法(Differential Evolution Algorithm,DE),仿生种群觅食的寻优算法如粒子群(Particle Swarm Optimization,PSO)算法和人工蜂群(Artificial Bee Colony,ABC)算法等,具体可参考后面相关章节。

3.4　逻辑回归解决分类问题

视频讲解

3.4.1　实例一：牛顿法实现逻辑回归模型

1. 问题描述

1) 数据

　　假设一个高中生的数据集,其中 40 个学生被大学接收,40 个被大学拒绝。每个训练样本可以表示为 (x_i,y_i),其中包含一个学生在两次标准化考试中的分数,一个是否被大学接收的标记。需要解决的问题是：建立一个二分类模型,基于学生两次考试分数来预测被大学录取的概率。在训练数据中：

　　(1) 矩阵 x,第一列是所有学生第一次考试分数,第二列是所有学生第二次考试分数;

　　(2) 向量 y,用 1 标记被大学录取的学生,用 0 标记被大学拒绝的学生。

　　数据集文件 ex341x.dat 和 ex341y.dat 见本书配套的数据和源码清单。

2) 画图

　　导入训练数据,在矩阵 x 中加入常数项 $x_0=1$。在开始使用牛顿法之前,首先用不同的符号表示两类数据画出数据图形。在 MATLAB/Octave 中,可以用以下命令实现正和负样本的分离：

```
% 找到并返回标签 1 和 0 的行和列
pos = find(y == 1);
```

```
neg = find(y == 0);
%特征在变量 x 的第 2 列和第 3 列
plot(x(pos, 2), x(pos,3), 'r + ');
hold on;
plot(x(neg, 2), x(neg, 3), 'bo');
```

运行程序可以得到如图 3.2 所示图形。

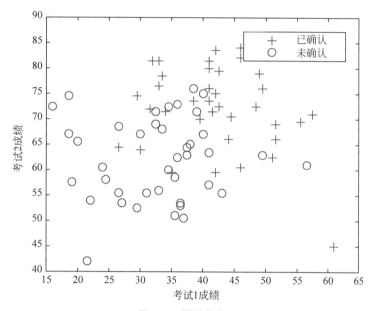

图 3.2　训练数据图

3）牛顿法

回顾逻辑回归,假设函数为

$$H_{\boldsymbol{\theta}}(\boldsymbol{x}) = g(\boldsymbol{\theta}^{\mathrm{T}}\boldsymbol{x}) = P(y=1 \mid \boldsymbol{x};\boldsymbol{\theta})$$

其中 $g(\cdot)$ 是激活函数,常见的选择 Sigmoid 函数。如果 MATLAB/Octave 中,没有 Sigmoid 库函数,而 S 函数的数学表达式为:

$$g(z) = \frac{1}{1 + \mathrm{e}^{-z}}$$

所以,最简单的方式是通过以下内联函数来实现:

```
%定义 Sigmoid 函数
g = inline('1.0 ./ (1.0 + exp( - z))');
```

回顾代价函数 $J(\boldsymbol{\theta})$ 的定义:

$$J(\boldsymbol{\theta}) = -\frac{1}{n}\left[\sum_{i=1}^{n} y_i \log H_{\boldsymbol{\theta}}(\boldsymbol{x}_i) + (1-y_i)\log(1-H_{\boldsymbol{\theta}}(\boldsymbol{x}_i))\right]$$

采用牛顿法来最小化代价函数。回归牛顿法的更新规则如下:

$$\theta_{t+1} = \theta_t - H^{-1}(J(\theta_t))\nabla J(\theta_t)$$

在逻辑回归中,梯度向量和海森矩阵如下:

$$\nabla J(\boldsymbol{\theta}) = \frac{1}{n}\sum_{i=1}^{n}(H_{\boldsymbol{\theta}}(\boldsymbol{x}_i) - y_i)\boldsymbol{x}_i$$

$$H(\boldsymbol{\theta}) = \frac{1}{n} \sum_{i=1}^{n} \left[(H_{\boldsymbol{\theta}}(\boldsymbol{x}_i)(1 - (H_{\boldsymbol{\theta}}(\boldsymbol{x}_i))\boldsymbol{x}_i(\boldsymbol{x}_i)^{\mathrm{T}} \right]$$

注意：以上公式是向量版本的公式。也就明确意味着，当 $H_{\boldsymbol{\theta}}(\boldsymbol{x}_i)$ 和 y_i 是一个实数表示的标量时，其中 $\boldsymbol{x}_i \in \mathbf{R}^{m+1}$，$\boldsymbol{x}_i(\boldsymbol{x}_i)^{\mathrm{T}} \in \mathbf{R}^{(m+1)\times(m+1)}$。

4）实现分类

现在开始采用代码来实现牛顿法，首先初始化 $\boldsymbol{\theta} = \vec{0}$。为确定需要多少次迭代，可以计算每个迭代的 $J(\boldsymbol{\theta})$，同时画出结果图，一般可以在 5～15 次迭代之后收敛。如果需要更多次迭代，请检查实现代码是否有错误。在算法收敛之后，用 $\boldsymbol{\theta}$ 找到分类问题的分界线。分界线被定义为如下直线：

$$P(y=1 \mid \boldsymbol{x};\boldsymbol{\theta}) = g(\boldsymbol{\theta}^{\mathrm{T}}\boldsymbol{x}) = 0.5$$

画出分界线就等于画出 $\boldsymbol{\theta}^{\mathrm{T}}\boldsymbol{x} = 0$ 的直线。完成后，可以得到如图 3.3 所示的图形。

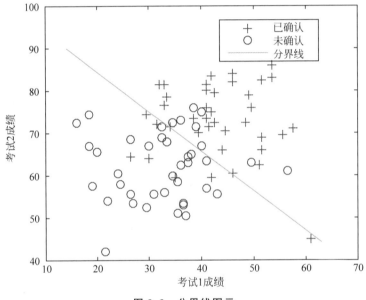

图 3.3　分界线图示

5）问题

根据以上理论，请回答以下两个问题：

（1）得到的 $\boldsymbol{\theta}$ 值是多少？需要多少次迭代可以收敛？

（2）当一个学生在第一次考试中分数为 20，第二次考试中分数为 80，该学生被大学录取的概率是多少？

2. 实例分析参考解决方案

请参考以下解决方案，检查你的实现和答案是否正确。如果在相同的参数/函数描述的情况下，得到不一样的结果，请调试代码直到得到相同的结果。

源码 ex341.m 文件见本书配套的源码清单。

牛顿法的最终的 $\boldsymbol{\theta}$ 值应该为

$$\theta_0 = -16.38 \quad \theta_1 = 0.1483 \quad \theta_2 = 0.1589$$

代价函数的图形显示类似图 3.4。

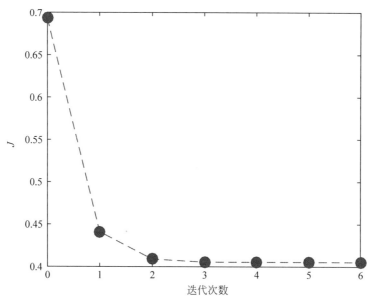

图 3.4 代价函数曲线

由图 3.4 可知,牛顿法在大约 5 次迭代后收敛。实际上,查看并打印输出 J 的值,可以发现 J 的值在第 4 次和第 5 次迭代之间就已经小于 10^{-7}。通常梯度下降需要几百次甚至几千次迭代才可以收敛。与之相比,牛顿法速度要更快一些。

当一个学生在第一次考试中分数为 20,第二次考试中分数为 80,预测该学生被大学拒绝的概率是 0.668。

3.4.2 实例二:逻辑回归解决二分类问题

1. 问题描述

1)数据

假设某班级有 20 名学生,采集学生复习课程的时长(单位为小时),学生复习效率,对应学生考试成绩为通过标记为 1,不通过标记为 0,数据如表 3.2 所示。

表 3.2 某班级学生复习与考试结果数据

样　　本	时　长	效　率	结　果	样　　本	时　长	效　率	结　果
Student 0#	1	0.1	0	Student 10#	7	0.9	1
Student 1#	2	0.9	0	Student 11#	8	0.1	0
Student 2#	2	0.4	0	Student 12#	8	0.6	1
Student 3#	4	0.9	1	Student 13#	8	0.8	1
Student 4#	5	0.4	0	Student 14#	3	0.9	0
Student 5#	6	0.4	0	Student 15#	8	0.5	1
Student 6#	6	0.8	1	Student 16#	7	0.2	0
Student 7#	6	0.7	1	Student 17#	4	0.5	0
Student 8#	7	0.2	0	Student 18#	4	0.7	1
Student 9#	7	0.8	1	Student 19#	2	0.9	1

2）任务

对学生复习与考试结果数据集，建立逻辑回归模型，实现分类，基于 Python 语言机器学习库 Sklearn 的逻辑回归函数 LogisticRegression 实现，返回模型精度和参数，并显示混淆矩阵。

2. 实例分析参考解决方案

Python 实现逻辑回归分类源码清单如下：

```
from sklearn.model_selection import train_test_split
from sklearn.linear_model import LogisticRegression
from sklearn.metrics import accuracy_score,confusion_matrix
from prettytable import PrettyTable
import numpy as np
X = np.matrix('1 0.1;2 0.9;2 0.4;4 0.9;5 0.4;\
              6 0.4;6 0.8;6 0.7;7 0.2;7 0.8;\
              7 0.9;8 0.1;8 0.6;8 0.8;3 0.9;\
              8 0.5;7 0.2;4 0.5;4 0.7;2 0.9')
y_true = np.matrix('0; 0; 0; 1; 0;\
                    0; 1; 1; 0; 1;\
                    1; 0; 1; 1; 0;\
                    1; 0; 0; 1; 1')
#导入数据,并设置训练和测试数据比例为 8:2
X_train, X_test, y_train, y_test = train_test_split(X, np.ravel(y_true),test_size = 0.2)
reg = LogisticRegression(C = 1e5, solver = 'lbfgs')
#训练
reg.fit(X_train,y_train)
#测试
y_pred = reg.predict(X_test)
print('test accuracy:\n',accuracy_score(y_test,y_pred))     #打印模型精度
print('weights:\n', reg.coef_, '\nbias:\n', reg.intercept_)  #打印模型参数
pre = reg.predict(X)
cm = confusion_matrix(y_true, pre)
print("confusion_matrix:")                                  #打印混淆矩阵
cm_table = PrettyTable(["","predict: 0 class", "predict: 1 class"])
cm_table.add_row(["true: 0 class",cm[0,0], cm[0,1]])
cm_table.add_row(["true: 1 class",cm[1,0], cm[1,1]])
print(cm_table)
```

运行以上程序输出结果为：

```
test accuracy:
 0.75
weights:
 [[ 1.27608256 14.39485034]]
bias:
 [-15.15313307]
confusion_matrix:
+---------------+------------------+------------------+
|               | predict: 0 class | predict: 1 class |
+---------------+------------------+------------------+
| true: 0 class |        8         |        2         |
| true: 1 class |        0         |        10        |
+---------------+------------------+------------------+
```

从程序运行结果可知，逻辑回归模型的测试精度为 75%，模型可以表示为：

$$H(\boldsymbol{x}) = 1.276x_0 + 14.395x_1 - 15.153$$

从模型的混淆矩阵可知,共有 8 个标签为 0 的样本分类正确,有 10 个标签为 1 的样本分类正确,有 2 个标签为 0 的样本被错误分类为 1。

3.5　正则化

正则化(Regularization)是通过向机器学习的模型引入额外信息,从而防止过拟合(Overfitting),提高模型的泛化能力。首先,对机器学习算法进行训练会出现 3 种结果。第一为欠拟合(Underfitting),或者叫作高偏差(High bias),也就是所建立的模型不能很好地拟合训练数据,一般出现在模型刚开始训练的阶段,需要通过不断地调整算法参数来提高模型对数据的表达能力。第二种为过拟合,或者叫作高方差(High variance),也就是所建立的模型对训练数据的特征表现得太彻底,几乎拟合到了所有训练集中的数据,导致将数据中的噪声也当作特征来学习,一般出现在训练的最后阶段,或者训练数据集较小,而模型较为复杂的情况。当过拟合出现时,模型对新的样本的预测能力会很糟糕,也就是在测试集上精度严重下降。第三种就是想要保留下来的刚刚好(Just right)模型和模型参数,对训练数据的特征有很好的表达力,对测试数据有很好的适应能力,这样的模型就有很好的泛化能力。

当机器学习模型出现过拟合时,可以从数据集和模型两个角度来寻求解决方案。训练数据集样本量太小,可以增大数据集规模。样本特征过多,就要舍弃一部分冗余的特征,放弃对模型精度贡献很小的特征。从模型的角度,为解决过拟合问题,可以采用正则化的方法,对代价函数引入一个正则化项。

回顾线性回归模型的代价函数表达式为:

$$J(\boldsymbol{\theta}) = \frac{1}{n}\sum_{j=0}^{n}\left[H_{\boldsymbol{\theta}}(x_j) - y_j\right]^2$$

对于引入正则项后的线性回归模型,其代价函数可以表示为:

$$J(\boldsymbol{\theta}) = \frac{1}{2n}\left[\sum_{j=0}^{n}\left[H_{\boldsymbol{\theta}}(x_j) - y_j\right]^2 + \lambda\sum_{j=1}^{m}(\theta_j)^2\right]$$

其中 λ 为正则化参数,可以控制在训练模型和保持参数值较小间达到较好的平衡,保证对训练数据集的拟合模型形式相对简单,从而较好地避免过拟合。对线性回归的正则化后的代价函数,也同样可以采用梯度下降法和最小二乘正规化法优化。

回顾逻辑回归模型的代价函数表达式为:

$$J(\boldsymbol{\theta}) = -\frac{1}{n}\left[\sum_{i=1}^{n}y_i\log H_{\boldsymbol{\theta}}(x_i) + (1-y_i)\log(1-H_{\boldsymbol{\theta}}(x_i))\right]$$

对于引入正则项后的逻辑回归模型,其代价函数可以表示为:

$$J(\boldsymbol{\theta}) = -\frac{1}{n}\left[\sum_{i=1}^{n}y_i\log H_{\boldsymbol{\theta}}(x_i) + (1-y_i)\log(1-H_{\boldsymbol{\theta}}(x_i))\right] + \frac{\lambda}{2n}\sum_{j=1}^{m}(\theta_j)^2 \tag{3-18}$$

当然,对逻辑回归的正则化后的代价函数,同样可以采用梯度下降法和牛顿法优化。

3.6　正则化后的线性回归和逻辑回归模型实例分析

本节通过实例来分析引入正则项后的线性回归和逻辑回归解决回归和分类问题。其中问题描述为:

1）数据

数据包含两个数据集：一个 ex361x.dat 和 ex361y.dat 用于线性回归，另一个是 ex362x.dat 和 ex362y.dat 用于逻辑回归。

2）画图

数据对应于程序中需要处理的变量 x 和 y，其中输入 x 是一个单特征，所以可以画出标签 y 关于 x 的二维图，请参考本书配套的源码自己动手，在 MATLAB/Octave 中编写代码画出数据图，画出的数据图如图 3.5 所示。

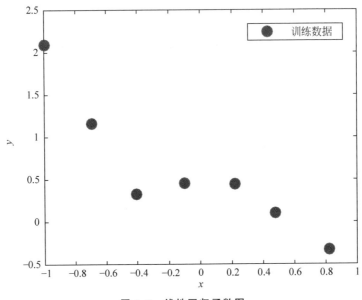

图 3.5　线性回归函数图

从图 3.5 中可知，如果用一个直线来逼近数据似乎过于简单。因此，可以尝试一个高阶的多项式来拟合数据，从而更好地表现各个数据点的变化。

可以尝试一个五阶的多项式，表示为：

$$H_{\theta}(x) = \theta_0 + \theta_1 x + \theta_2 x^2 + \theta_3 x^3 + \theta_4 x^4 + \theta_5 x^5$$

这意味着一个 6 个特征的假设多项式模型，因为 $(x^0, x^1, x^2, x^3, x^4, x^5)$ 是回归的所有特征。注意尽管用多项式逼近数据，但是依然在讨论线性回归问题，原因在于假设函数对于每一个特征都是线性相关的。

用五阶的多项式逼近一个仅有 7 个点的数据集，很可能出现过拟合。为防止过拟合出现，对模型要进行正则化。

回顾正则化问题，正则化目的就是，如下公式所示的代价函数关于 $\boldsymbol{\theta}$ 获得最小值：

$$\text{Min：} J(\boldsymbol{\theta}) = \frac{1}{2n} \left[\sum_{j=0}^{n} \left[H_{\theta}(x_j) - y_j \right]^2 + \lambda \sum_{j=1}^{m} (\theta_j)^2 \right]$$

其中 λ 是正则化参数，是控制拟合的参数。当拟合参数的数量（Magnitudes）增加时，代价函数的正则化惩罚力度将随之增加。这个惩罚同时依赖于参数的平方和 λ 的大小。注意，此处正则化求和的参数并不包含 θ_0^2。

3.6.1 实例一：最小二乘正规方程法优化正则化线性回归模型

视频讲解

对于线性回归模型的代价函数最小化，可以采用梯度下降法，也可以采用最小二乘正规方程法。由于训练集规模较小，所以在这个实例的分析中，采用正规方程来求解正则化后的代价函数。

回顾线性回归模型的最小二乘正规方程表达式为：

$$\boldsymbol{\theta} = (\boldsymbol{X}^{\mathrm{T}}\boldsymbol{X})^{-1}\boldsymbol{X}^{\mathrm{T}}\boldsymbol{Y}$$

对于正则化的代价函数，其正规方程表示如下：

$$\boldsymbol{\theta} = (\boldsymbol{X}^{\mathrm{T}}\boldsymbol{X} + \lambda\boldsymbol{A})^{-1}\boldsymbol{X}^{\mathrm{T}}\boldsymbol{Y}$$

$$\boldsymbol{A} = \begin{bmatrix} 0 & & & \\ & 1 & & \\ & & \ddots & \\ & & & 1 \end{bmatrix}_{(m+1)\times(m+1)}$$

其中正则化单位矩阵 $\boldsymbol{A}$ 是一个 $(m+1)\times(m+1)$ 的对角阵，对角线上从左上到右下，最左上一个元素为 0，其他元素均为 1。注意，这里 m 为特征数，不包含常数项，输入矩阵 $\boldsymbol{X}$ 和标签向量 $\boldsymbol{Y}$ 定义保持不变。其中对于输入矩阵的实现代码为：

```
x = [ones(n, 1), x, x.^2, x.^3, x.^4, x.^5];
```

可以获得一个 $n\times(m+1)$ 的输入矩阵 $\boldsymbol{X}$，其中包含 n 个训练样本；m 个特征；一个常数项。因为本实例数据集中，仅提供了特征的一次项，其他的高次特征需要通过以上代码计算获得。

接下来对不同的正则化参数 λ 取值，例如 $\lambda = 0$，$\lambda = 1$，$\lambda = 10$ 这 3 种情况，根据最小二乘正规方程求解 $\boldsymbol{\theta}$。当找到合适的 $\boldsymbol{\theta}$ 时，可以对照解决方案中的值来检测答案。然后参考源码清单中的代码，自己动手画出对应每一个 λ 值的多项式拟合结果，应该获得类似如图 3.6 所示的图形。观察图 3.6，总结正则化参数 λ 是怎么影响你的模型的。

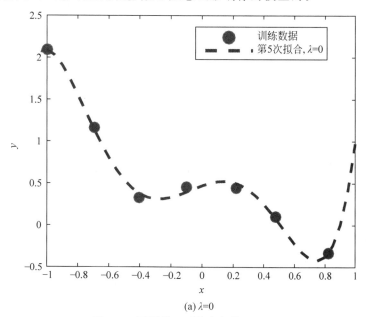

(a) $\lambda = 0$

图 3.6 不同的正则化参数模型对比

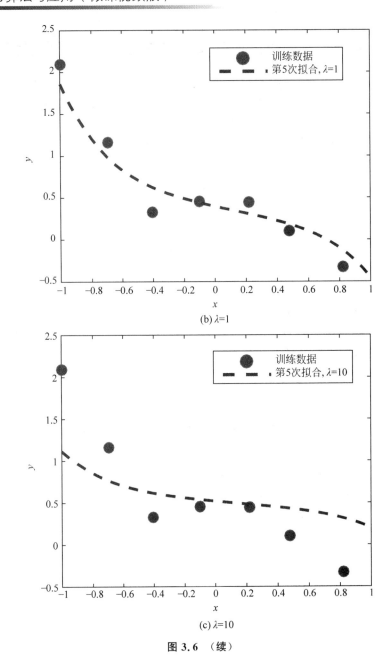

(b) $\lambda=1$

(c) $\lambda=10$

图 3.6 （续）

3.6.2 实例二：牛顿法优化正则化逻辑回归模型

在实例分析的第二部分，将采用牛顿法来优化引入正则化的逻辑回归模型。首先，导入逻辑回归训练数据集，其中包含两个特征。为避免与上面的线性回归混淆，假设两个输入数据 x 包含两个特征，分别表示为 u 和 v，标签表示为 y。由于为二分类问题，所以 y 的值为 1 或者 0。将一个特征 u 作为横轴变量，另一个特征 v 作为纵轴变量，对样本标签为 1 的标记为正样本，为 0 的标记为负样本，自己动手在 MATLAB/Octave 中编写代码：

```
x = load('ex362x.dat');
```

```
y = load('ex362y.dat');
figure;pos = find(y == 1);
neg = find(y == 0);
plot(x(pos,1), x(pos,2), '+');
hold on;
plot(x(neg,1), x(neg, 2), 'o');
```

运行以上代码,可以得到如图 3.7 所示的数据图。

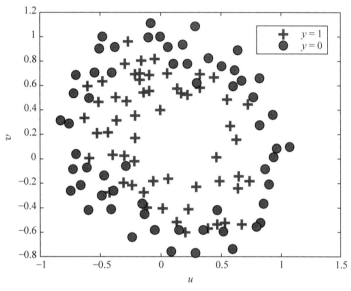

图 3.7　逻辑回归数据图

由图 3.7 可知,数据呈现内外两层同心分布。现在开始对这个数据集建立正则化的逻辑回归模型实现分类。首先,设计输入矩阵。指定特征 u 和 v 的任意单项式,也就是包含在多项式中的某一项,构成六阶输入特征因子,如式(3-19)所示。其中 $\boldsymbol{x}$ 是一个有 28 个特征的向量,如式(3-20)所示。

$$
\boldsymbol{x} = \begin{bmatrix} 1 \\ u \\ v \\ u^2 \\ uv \\ v^2 \\ u^3 \\ u^2 v \\ uv^2 \\ v^3 \\ u^4 \\ u^3 v \\ u^2 v^2 \\ uv^3 \\ v^4 \\ \vdots \\ v^6 \end{bmatrix} \tag{3-19}
$$

$$(x_0 = 1, x_1 = u, x_2 = v, x_3 = u^2, x_4 = uv, x_5 = v^2, \cdots, x_{28} = v^6) \tag{3-20}$$

注意：输入逻辑回归模型的特征量不是 u 和 v，而是 $x_0, x_1, x_2, \cdots$。

为避免编写枚举 x 的各项代码的困难，可以直接调用源码清单中的一个函数，用于映射原始输入数据到特征向量的实现，代码文件名为 map_feature.m。

参考代码所实现的函数可以转换单个训练样本，也可以转换整个训练数据集，只要将该文件复制到工作目录，并采用以下命令调用函数：

```
x = map_feature(u, v);
```

函数返回转换后的输入特征向量。代码实现中假设原始特征数据被存储在列向量 u 和 v 中，所以，如果仅有一个训练样本输入，每个列向量将是一个标量，也就是变量。

注意，在使用这个函数转换数据时，要确保输入是相同长度的两个列向量。

在建立模型之前，要明确优化的目标是让引入正则项的逻辑回归模型的代价函数最小化，回顾代价函数表达式为：

$$\text{Min:} J(\boldsymbol{\theta}) = -\frac{1}{n}\left[\sum_{i=1}^{n} y_i \log H_{\boldsymbol{\theta}}(\boldsymbol{x}_i) + (1-y_i)\log(1-H_{\boldsymbol{\theta}}(\boldsymbol{x}_i))\right] + \frac{\lambda}{2n}\sum_{j=1}^{m}(\theta_j)^2$$

该代价函数与未正则化的逻辑回归模型的代价函数相似，除了在末尾添加了一个正则化项，所以依然可以采用梯度下降法或者牛顿法来找到以上函数的最小化参数组合。

回顾牛顿法的更新规则：

$$\theta_{t+1} = \theta_t - H^{-1}(J(\theta_t))\nabla J(\theta_t)$$

由于引入了正则化项，所以梯度向量和海森矩阵的形式变为：

$$\nabla J(\theta) = \begin{bmatrix} \dfrac{1}{n}\sum_{i=1}^{n}(H_{\boldsymbol{\theta}}(\boldsymbol{x}_i) - y_i)(\boldsymbol{x}_0)_i \\[2mm] \dfrac{1}{n}\sum_{i=1}^{n}(H_{\boldsymbol{\theta}}(\boldsymbol{x}_i) - y_i)(\boldsymbol{x}_1)_i + \dfrac{\lambda}{n}\theta_1 \\[2mm] \dfrac{1}{n}\sum_{i=1}^{n}(H_{\boldsymbol{\theta}}(\boldsymbol{x}_i) - y_i)(\boldsymbol{x}_2)_i + \dfrac{\lambda}{n}\theta_2 \\[1mm] \vdots \\[1mm] \dfrac{1}{n}\sum_{i=1}^{n}(H_{\boldsymbol{\theta}}(\boldsymbol{x}_i) - y_i)(\boldsymbol{x}_m)_i + \dfrac{\lambda}{n}\theta_m \end{bmatrix}$$

$$H(\boldsymbol{\theta}) = \frac{1}{n}\sum_{i=1}^{n}\left[(H_{\boldsymbol{\theta}}(\boldsymbol{x}_i)(1-(H_{\boldsymbol{\theta}}(\boldsymbol{x}_i))\boldsymbol{x}_i(\boldsymbol{x}_i)^{\mathrm{T}}\right] + \frac{\lambda}{n}\begin{bmatrix} 0 & & & \\ & 1 & & \\ & & \ddots & \\ & & & 1 \end{bmatrix}_{(m+1)\times(m+1)}$$

以上计算中，如果正则化参数 $\lambda = 0$，则可以获得与未正则化之前的梯度向量和海森矩阵相同的公式。公式中的 $\boldsymbol{x}_i$ 是一个 $(m+1)\times 1$ 的向量，在本实例中是一个 28×1 的向量，所以求得的梯度向量 $\nabla J(\boldsymbol{\theta})$ 也是一个 28×1 的向量。

其中 $\boldsymbol{x}_i(\boldsymbol{x}_i)^{\mathrm{T}}$ 和海森矩阵的维度相同，均为 $(m+1)\times(m+1)$，本实例中，是 28×28 的矩阵。其中 y_i 和 $H_{\theta}(\boldsymbol{x}_i)$ 都是标量，也就是单变量。

在海森公式中的正则化单位矩阵是一个 28×28 的对角阵，其中除了最左上元素为 0，对角线上元素从左上到右下，均为 1。接下来对不同的正则化参数 λ 取值，例如 $\lambda = 0, \lambda = 1$，

$\lambda = 10$ 这 3 种情况,运行牛顿法来求解 $\boldsymbol{\theta}$ 。为确定牛顿法是否收敛,可以在每一步迭代中输出代价函数 $J(\boldsymbol{\theta})$ 的值,观察图形,是否在迭代最终的若干点上,代价函数应该不会再减小,如果其值减小了,就需要检查是否代价函数的定义正确,同时检查梯度向量和海森矩阵的定义是否正确,确保正则化的部分没有错误。如果牛顿法收敛,可以用获得的 $\boldsymbol{\theta}$ 去求解分类问题的分界线,分界线的定义为:

$$P(y = 1 \mid \boldsymbol{x}; \boldsymbol{\theta}) = 0.5 \Rightarrow \boldsymbol{\theta}^{\mathrm{T}} \boldsymbol{x} = 0$$

画出分界线相对于画出线性回归的最佳拟合曲线更为困难,需要以画轮廓线的形式,先画出隐含的直线 $\boldsymbol{\theta}^{\mathrm{T}} \boldsymbol{x} = 0$。具体实现是通过在网格化后的原始输入数据图,也就是 u 为横轴和 v 为纵轴的二维图上,评估 $\boldsymbol{\theta}^{\mathrm{T}} \boldsymbol{x}$ 后,画出 $\boldsymbol{\theta}^{\mathrm{T}} \boldsymbol{x}$ 为 0 的曲线,在 MATLAB/Octave 上画出的图形如图 3.8 所示。为获得最佳呈现效果,可以采用图中所示的坐标量程范围。

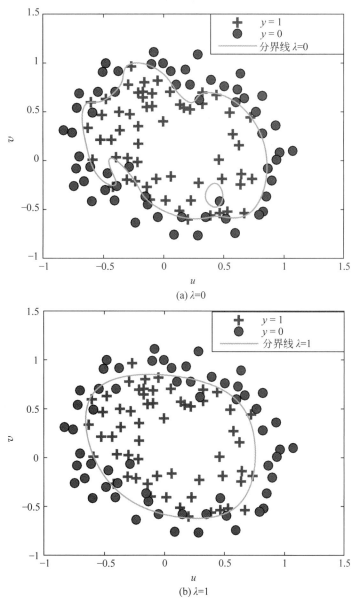

(a) $\lambda = 0$

(b) $\lambda = 1$

图 3.8 不同的正则化参数模型对比

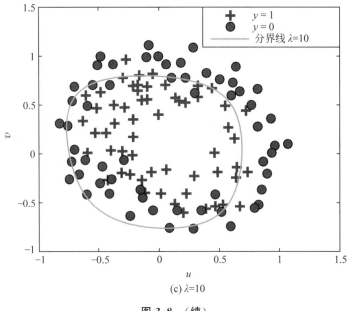

(c) λ=10

图 3.8 （续）

调用 map_feature 函数，具体实现代码为：

```
u = linspace( - 1, 1.5, 200);
v = linspace( - 1, 1.5, 200);
z = zeros(length(u), length(v));
for i = 1:length(u)
    for j = 1:length(v)
        z(i,j) = map_feature(u(i), v(j)) * theta;
    end
end
```

画分界线：

```
% 在调用 contour 命令显示图形前,对 z 执行转置操作
z = z';
contour(u, v, z, [0, 0], 'LineWidth', 1)
```

调整 λ 的值，运行代码，对于 3 个不同的 λ 值可以得到如图 3.8 所示的结果。

最后，因为 θ 有 28 个元素，解决方案中将不提供每个元素的一一对应的对比结果。MATLAB/Octave 中，可以采用 norm(theta) 命令计算 θ 的 L2 正则化结果，这样就可以参考解决方案中的标准来对比检测自己的实现结果是否正确。

3.6.3 参考解决方案

在完成以上实例分析后，请参考以下解决方案，检查执行结果是否正确。如果在选择与下述相同的参数/函数的基础上，得到不同的结果，调试你的方案直到得到解决方案中给出的结果。正则化的线性回归和逻辑回归实现代码，源码 ex361.m 和 ex362.m 文件见本书配套的代码清单。

1. **实例一：最小二乘正规方程法优化正则化线性回归模型的运行结果（见表 3.3）**

表 3.3 最小二乘正规方程法优化正则化线性回归模型的运行结果

参 数	$\lambda = 0$	$\lambda = 1$	$\lambda = 10$
θ_0	0.4725	0.3976	0.5205
θ_1	0.6814	-0.4207	-0.1825
θ_2	-1.3801	0.1296	0.0606
θ_3	-5.9777	-0.3975	-0.1482
θ_4	2.4417	0.1753	0.0743
θ_5	4.7371	-0.3394	-0.1280
norm $\boldsymbol{\theta}$	8.1687	0.8098	0.5931

注意：当 λ 增大时，θ 的标准值将减小。这是因为一个较高的 λ 意味着一个较大的拟合参数。通过调整 λ，可以更好地控制对数据的拟合程度。

在图 3.6(a)中，$\lambda = 0$，意味着这个拟合是和未正则化的线性回归相同的。优化的目的是寻找最小的平方误差，这个曲线对这个数据集是有效的，但是也许曲线不能很好地表现数据的变化趋势，这就是过拟合。

在图 3.6(b)中，通过引入增加的正则化参数 $\lambda = 1$，过拟合被很好地削弱了。虽然这个拟合函数依然是五阶多项式，但是与图 3.6(a)中的图形比较，曲线显得更简单。

在图 3.6(c)中，当 λ 太大时，欠拟合出现，同时曲线也不能像此前一样很好地跟随数据点的变化趋势。

2. **实例二：牛顿法优化正则化逻辑回归模型的运行结果（见表 3.4）**

以下为牛顿法收敛后的 θ 的标准值。对于 $\lambda = 0$，收敛需要 15 次迭代，对于 $\lambda = 1$ 和 $\lambda = 10$ 需要 5 次或者更少的迭代次数。

表 3.4 牛顿法优化正则化逻辑回归模型的运行结果

参 数	$\lambda = 0$	$\lambda = 1$	$\lambda = 10$
norm $\boldsymbol{\theta}$	7.1727e$+$03	4.2400	0.9384

注意：当 λ 增大时，θ 的标准值减小，在对应的图中可以看到很明显的拟合变化。

在图 3.8(a)中，算法试图找到一个在正和负样本之间非常精确的分界线。所以在大范围的 $y = 1$ 区域中，出现了一个 $y = 0$ 的孤岛区域。这样的分类结果过于精确，出现过拟合，并不是模型致力于找寻的有泛化能力的分类趋势。

对于图 3.8(b)中 $\lambda = 1$ 的图形，显示了一个简单的分界线，相当好地分离了正点和负点。

而对于图 3.8(c)中 $\lambda = 10$ 的图形，此时的 λ 已经是一个相当大的正则化参数，所以分界线不能很好地跟随数据的变化趋势，尤其明显地表现在图中的左下角部分，出现了欠拟合。

总而言之，正则化是保证机器学习模型泛化能力的有效技术，目前有多种正则化方法，如数据增强，L0、L1 正则化，L2 正则化，Dropout 参数和提前停止等。其中，数据增强例如可以通过对原始图像的旋转、裁剪、色彩空间变换等获得扩展训练数据集。而 L1 和 L2 正则化是最常用的方法，L1 用参数的绝对值总和来构建正则化项，L2 采用参数的平方总和来构建正则化项。Dropout 常见于神经网络模型训练中，暂时丢弃一部分神经元以及连接，通过随机概率丢弃神经元可以有效地防止过拟合。提前停止法，可以限制最小化代价函数所需要的迭代次数。一般迭代次数太少，容易欠拟合；而迭代次数太多，容易过拟合。提前停止法可以通过确定迭代次数解决这个问题。

3.7　习题

1. 正则化（Regularization）是一种行之有效的避免模型过拟合的方法，正则化作为模型代价函数的惩罚项，可以增强模型的泛化能力。正则化函数可以有多种选择，一般是模型复杂度的单调递增函数，模型越复杂正则化的值就越大，例如正则化项，可以是模型参数向量的范数，请简述 L0、L1 和 L2 范数正则化项，对逻辑回归模型的具体影响。

2. 逻辑回归是一种简单有效的分类模型，可以用于简单的二分类问题，也可扩展到多分类问题的求解中，请参考本章节学习中的逻辑回归 MATLAB/Octave 仿真代码，采用 C/C++ 或者 Python 语言实现逻辑回归模型，并可视无正则化和加入 L2 正则化后，逻辑回归模型的训练迭代曲线和测试曲线，讨论 L2 正则化对模型性能的影响。

## 第 4 章

朴素贝叶斯

朴素贝叶斯(Navie Bayes)分类器是基于贝叶斯定理的一种概率分类算法。与线性回归和逻辑回归算法等判别回归和分类算法相比,不是直接学习特征与输出之间的映射函数或者条件分布,而是采用生成的方法,直接学习特征与输出之间的联合分布概率,然后采用贝叶斯定理求取特征与输出之间的分布。

4.1　数学基础

条件独立公式,如果 X 和 Y 相互独立,则有:

$$P(X,Y) = P(X)P(Y) \tag{4-1}$$

其中 $P(\cdot)$ 是事件发生的概率。实际应用中,常用到的是条件概率公式为:

$$P(Y \mid X) = \frac{P(X \mid Y)P(Y)}{P(X)} \tag{4-2}$$

其中 $P(Y|X)$ 表示在事件 X 已发生的条件下,事件 Y 发生的概率,也称为条件概率。其中 $P(X)$ 可以由全概率公式求取,全概率公式:

$$P(X) = \sum_{i=1}^{k} P(X \mid Y = Y_i)P(Y_i) \tag{4-3}$$

其中事件 $\{Y_1, Y_2, \cdots, Y_k\}$ 构成一个完备事件组,即 $\sum_{i=1}^{k} Y_i = 1$,由式(4-1)~式(4-3)可以得到贝叶斯公式为:

$$P(Y_i \mid X) = \frac{P(X \mid Y_i)P(Y_i)}{\sum_{i=1}^{k} P(X \mid Y = Y_i)P(Y_i)} \tag{4-4}$$

4.2　朴素贝叶斯分类

朴素贝叶斯分类的原理是:对于待分类的样本,假设各个特征之间满足朴素独立的条件,基于贝叶斯公式,通过训练样本的特征概率,求解未知样本的概率分布,从而预测样本的分类。朴素贝叶斯分类的步骤为:

步骤 1，对训练样本集包含分类标签，其中有 n 个样本，每个样本包含 m 个特征，表示为：

$$\{\{x_{11},x_{12},\cdots,x_{1m},y_1\},\{x_{21},x_{22},\cdots,x_{2m},y_2\},\cdots,\{x_{n1},x_{n2},\cdots,x_{nm},y_n\}\}$$

对应的训练集有 k 个输出类别，表示为 $\{C_1,C_2,\cdots,C_k\}$。

步骤 2，对测试样本集：

$$\{\{t_{11},t_{12},\cdots,t_{1m},r_1\},\{t_{21},t_{22},\cdots,t_{2m},r_2\},\cdots,\{t_{p1},t_{p2},\cdots,t_{pm},r_p\}\}$$，分别统计每个测试样本对应标签的所有输出类别的概率，$i\in\{1,2,\cdots,p\}$，表示为：

$$P(t_i\mid r_i=C_1),P(t_i\mid r_i=C_2),\cdots,P(t_i\mid r_i=C_k)$$

由于每个样本的特征独立，根据独立公式，可以先求取样本中每个特征的条件概率，再计算出对应标签的所有类别的概率。

表示为：

$$P(t_i\mid r_i=C_1)=\{P(t_{i1}\mid r_i=C_1)P(t_{i2}\mid r_i=C_1)\cdots P(t_{im}\mid r_i=C_1)\}=$$
$$\prod_{j=1}^{m}P(t_{ij}\mid r_i=C_1);$$

$$P(t_i\mid r_i=C_2)=\{P(t_{i1}\mid r_i=C_2)P(t_{i2}\mid r_{i1}=C_2)\cdots P(t_{im}\mid r_i=C_2)\}=$$
$$\prod_{j=1}^{m}P(t_{ij}\mid r_i=C_2);$$

$$\cdots$$

$$P(t_i\mid r_i=C_k)=\{P(t_{i1}\mid r_i=C_k)P(t_{i2}\mid r_i=C_k)\cdots P(t_{im}\mid r_i=C_k)\}=$$
$$\prod_{j=1}^{m}P(t_{ij}\mid r_i=C_k)$$

步骤 3，对于新的测试样本 x，根据贝叶斯公式可以得到：

$$P(r_i=C_1\mid t_i)=\frac{P(t_i\mid r_i=C_1)P(r_i)}{P(t)};$$

$$P(r_i=C_2\mid t_i)=\frac{P(t_i\mid r_i=C_2)P(r_i)}{P(t)};$$

$$\cdots$$

$$P(r_i=C_k\mid t_i)=\frac{P(t_i\mid r_i=C_k)P(r_i)}{P(t)}$$

如果 $P(r=C_h\mid t_i)=\max\{P(y=C_1\mid t_i),P(y=C_2\mid t_i),\cdots,P(y=C_k\mid t_i)\}$，其中 $h\in\{1,2,\cdots,k\}$，则 $t_i\in C_h$，即认为 $r_i=C_h$。

步骤 4，衡量分类器精度，可以通过统计 r_i 通过分类器计算与实际标签对比的正确率获得。

下面采用一个简单的分类实例分析，理解朴素贝叶斯分类的原理。实验数据如表 4.1 所示。

根据表 4.1 中的数据，通过不同的天气特征来预测球赛是否可以进行。数据集中结论为可以比赛（Yes）的样本有 9 个，而不能比赛的样本（No）有 5 个，对于一组新的天气数据，采用贝叶斯理论基于以前的经验数据，预测为可以比赛的概率要比预测为不能比赛的概率高几乎两倍，这就称为先验概率（Prior probability）。

表 4.1　贝叶斯分类实验数据

天 气 趋 势 （Outlook）	温　度 （Temperature）	湿　度 （Humidity）	风　力 （Windy）	能 否 比 赛 （Play）
晴天（Sunny）	热（Hot）	高（High）	无风（False）	否（No）
晴天（Sunny）	热（Hot）	高（High）	有风（True）	否（No）
阴天（Overcast）	热（Hot）	高（High）	无风（False）	是（Yes）
有雨（Rain）	温和（Mild）	高（High）	无风（False）	是（Yes）
有雨（Rain）	冷（Cool）	正常（Normal）	无风（False）	是（Yes）
有雨（Rain）	冷（Cool）	正常（Normal）	有风（True）	否（No）
阴天（Overcast）	冷（Cool）	正常（Normal）	有风（True）	是（Yes）
晴天（Sunny）	温和（Mild）	高（High）	无风（False）	否（No）
晴天（Sunny）	冷（Cool）	正常（Normal）	无风（False）	是（Yes）
有雨（Rainy）	温和（Mild）	正常（Normal）	无风（False）	是（Yes）
晴天（Sunny）	温和（Mild）	正常（Normal）	有风（True）	是（Yes）
阴天（Overcast）	温和（Mild）	高（High）	有风（True）	是（Yes）
阴天（Overcast）	热（Hot）	正常（Normal）	无风（False）	是（Yes）
有雨（Rain）	温和（Mild）	高（High）	有风（True）	否（No）

对于表 4.1 中的数据集，求先验概率如下：

$$P(\text{Play} = \text{Yes}) = 9/14$$
$$P(\text{Play} = \text{No}) = 5/14$$

对新样本：

$$X = \{\text{Outlook} = \text{Overcast}, \text{Temperature} = \text{Mild}, \text{Humidity} = \text{Normal}, \text{Windy} = \text{False}\}$$

采用贝叶斯分类法来预测，Play＝Yes？ Play＝No。

首先，需要统计数据集，计算如下的条件概率（Conditional probability）：

Outlook

$P(\text{Sunny} \mid \text{Play} = \text{Yes}) = 2/9$　　$P(\text{Sunny} \mid \text{Play} = \text{No}) = 3/5$

$P(\text{Overcast} \mid \text{Play} = \text{Yes}) = 4/9$　　$P(\text{Overcast} \mid \text{Play} = \text{No}) = 0/5$

$P(\text{Rain} \mid \text{Play} = \text{Yes}) = 3/9$　　$P(\text{Rain} \mid \text{Play} = \text{No}) = 2/5$

Temperature

$P(\text{Hot} \mid \text{Play} = \text{Yes}) = 2/9$　　$P(\text{Hot} \mid \text{Play} = \text{No}) = 2/5$

$P(\text{Mild} \mid \text{Play} = \text{Yes}) = 4/9$　　$P(\text{Mild} \mid \text{Play} = \text{No}) = 2/5$

$P(\text{Cool} \mid \text{Play} = \text{Yes}) = 3/9$　　$P(\text{Cool} \mid \text{Play} = \text{No}) = 1/5$

Humidity

$P(\text{High} \mid \text{Play} = \text{Yes}) = 3/9$　　$P(\text{High} \mid \text{Play} = \text{No}) = 4/5$

$P(\text{Normal} \mid \text{Play} = \text{Yes}) = 6/9$　　$P(\text{Normal} \mid \text{Play} = \text{No}) = 1/5$

Windy

$P(\text{True} \mid \text{Play} = \text{Yes}) = 3/9$　　$P(\text{True} \mid \text{Play} = \text{No}) = 3/5$

$P(\text{False} \mid \text{Play} = \text{Yes}) = 6/9$　　$P(\text{False} \mid \text{Play} = \text{No}) = 2/5$

根据贝叶斯公式可以计算出新样本 X 的两个似然概率（Likelihood Probability）如下

所示：

$$P(X \mid \text{Play} = \text{Yes})$$
$$= P(\text{Outlook} = \text{Overcast} \mid \text{Play} = \text{Yes}) \times P(\text{Temperature} = \text{Mild} \mid \text{Play} = \text{Yes})$$
$$\times P(\text{Humidity} = \text{Normal} \mid \text{Play} = \text{Yes}) \times P(\text{Windy} = \text{False} \mid \text{Play} = \text{Yes})$$
$$= (4/9) \times (4/9) \times (6/9) \times (6/9)$$

$$P(X \mid \text{Play} = \text{No})$$
$$= P(\text{Outlook} = \text{Overcast} \mid \text{Play} = \text{No}) \times P(\text{Temperature} = \text{Mild} \mid \text{Play} = \text{No})$$
$$\times P(\text{Humidity} = \text{Normal} \mid \text{Play} = \text{No}) \times P(\text{Windy} = \text{False} \mid \text{Play} = \text{No})$$
$$= (0/5) \times (2/5) \times (1/5) \times (2/5)$$

对于以上两个算式，发现 $P(X \mid \text{Play} = \text{No})$ 的乘积项中出现了 0，这是由训练数据集中的 $P(\text{Outlook} = \text{Overcast} \mid \text{Play} = \text{No})$ 这个条件概率为 0 而导致的，这时如果增加有效的训练数据，就需要采取拉普拉斯修正（Laplace correction）。其中拉普拉斯修正，假设属性值和类别均匀分布，并将类别数和属性数加入先验概率的分母项，从而很好地解决了条件概率为 0 的问题。

修正后重新计算先验概率：

$$P(\text{Play} = \text{Yes}) = (9 + 1)/(14 + 2) = 10/16$$
$$P(\text{Play} = \text{No}) = (5 + 1)/(14 + 2) = 6/16$$

修正后重新计算条件概率：

Outlook

$P(\text{Sunny} \mid \text{Play} = \text{Yes}) = 3/12$	$P(\text{Sunny} \mid \text{Play} = \text{No}) = 4/8$
$P(\text{Overcast} \mid \text{Play} = \text{Yes}) = 5/12$	$P(\text{Overcast} \mid \text{Play} = \text{No}) = 1/8$
$P(\text{Rain} \mid \text{Play} = \text{Yes}) = 4/12$	$P(\text{Rain} \mid \text{Play} = \text{No}) = 3/8$

Temperature

$P(\text{Hot} \mid \text{Play} = \text{Yes}) = 3/12$	$P(\text{Hot} \mid \text{Play} = \text{No}) = 3/8$
$P(\text{Mild} \mid \text{Play} = \text{Yes}) = 5/12$	$P(\text{Mild} \mid \text{Play} = \text{No}) = 3/8$
$P(\text{Cool} \mid \text{Play} = \text{Yes}) = 4/12$	$P(\text{Cool} \mid \text{Play} = \text{No}) = 2/8$

Humidity

$P(\text{High} \mid \text{Play} = \text{Yes}) = 4/11$	$P(\text{High} \mid \text{Play} = \text{No}) = 5/7$
$P(\text{Normal} \mid \text{Play} = \text{Yes}) = 7/11$	$P(\text{Normal} \mid \text{Play} = \text{No}) = 2/7$

Windy

$P(\text{True} \mid \text{Play} = \text{Yes}) = 4/11$	$P(\text{True} \mid \text{Play} = \text{No}) = 4/7$
$P(\text{False} \mid \text{Play} = \text{Yes}) = 7/11$	$P(\text{False} \mid \text{Play} = \text{No}) = 3/7$

修正后重新计算似然概率：

$$P(X \mid \text{Play} = \text{Yes})$$
$$= P(\text{Outlook} = \text{Overcast} \mid \text{Play} = \text{Yes}) \times P(\text{Temperature} = \text{Mild} \mid \text{Play} = \text{Yes})$$
$$\times P(\text{Humidity} = \text{Normal} \mid \text{Play} = \text{Yes}) \times P(\text{Windy} = \text{False} \mid \text{Play} = \text{Yes})$$
$$= (5/12) \times (5/12) \times (7/11) \times (7/11)$$
$$= 0.07030533$$

$$P(X \mid \text{Play} = \text{No})$$
$$= P(\text{Outlook} = \text{Overcast} \mid \text{Play} = \text{No}) \times P(\text{Temperature} = \text{Mild} \mid \text{Play} = \text{No})$$
$$\times P(\text{Humidity} = \text{Normal} \mid \text{Play} = \text{No}) \times P(\text{Windy} = \text{False} \mid \text{Play} = \text{No})$$
$$= (1/8) \times (3/8) \times (2/7) \times (3/7)$$
$$= 0.005739796$$

回顾贝叶斯公式构建分类器的数学模型：

$$P(Y = C_i \mid X) = \frac{P(X \mid Y = C_i)P(Y_i = C_i)}{\sum_{i=1}^{K} P(X \mid Y = C_i)P(Y = C_i)}$$

其中分子项，$P(Y_i = C_i)$ 为先验概率（Prior probability），$P(X \mid Y = C_i)$ 为通过条件概率（Conditional probability）计算出来的似然概率（Likelihood Probability）。而分母项为现象概率（Evidence probability），可以通过数学证明其对所有分类相同。公式的左边为所要预测的 $P(Y = C_i \mid X)$ 样本分类，称为后验概率（Posterior probability）。所以分类模型也常常表示为：

$$\text{Posterior} = \frac{\text{Likelihood} \times \text{Prior}}{\text{Evidence}}$$

当分母相同时，可以认为后验概率与似然和先验概率成正比：

$$\text{Posterior} \quad \propto \quad \text{Likelihood} \times \text{Prior}$$

计算本例中的后验概率：

$$P(\text{Play} = \text{Yes} \mid X) \quad \propto \quad P(X \mid \text{Play} = \text{Yes}) \times P(\text{Play} = \text{Yes})$$
$$= 0.070\,305\,33 \times (10/16)$$
$$= 0.043\,940\,83$$
$$P(\text{Play} = \text{No} \mid X) \quad \propto \quad P(X \mid \text{Play} = \text{No}) \times P(\text{Play} = \text{No})$$
$$= 0.005\,739\,796 \times (6/16)$$
$$= 0.002\,152\,424$$

回顾贝叶斯理论用于分类预测时的结论，当且仅当以下条件满足时：

$$P(Y = C_j \mid X) > P(Y = C_i \mid X), \quad \text{当} \ 1 \leqslant i, j \leqslant K \ \text{且} \ j \neq i \ \text{时}$$

可以得到结论：

$$\text{预测} \ X \ \text{属于} \ C_j$$

所以，对于本例的新样本 X，可以预测其分类结果为 Play = Yes，也就是在天气条件为 X 的时候，预测比赛可以进行。

4.3 朴素贝叶斯分类实例分析

4.3.1 实例一：多项式朴素贝叶斯用于邮件分类

视频讲解

以下实例分析，将采用朴素贝叶斯对真实邮件进行垃圾邮件和正常邮件的分类。数据集是处理过的 Ling-Spam 数据集的子集，数据源于 960 个语言学邮件列表的真实邮件。由两种方案来完成以下实例分类：第一种，是用已经生成的符合 MATLAB/

Octave 格式的特征数据，编码读取处理过的数据，编写一个朴素贝叶斯算法完成邮件分类；第二种，是从邮件生成特征，然后采用朴素贝叶斯在生成的特征数据上完成分类，如果想更深入地练习特征提取，可以选择第二种方案完成以下实例。两种方案的数据，都可以从本书配套源码中获取。以下根据第二种方案来分析。

1. 问题描述

1）数据

数据集将被分为两个子集：一个由 700 个邮件构成训练子集，一个由 260 个邮件构成测试子集。训练子集和测试子集中的数据分别都是，50% 垃圾信息和 50% 正常信息。此外，邮件预处理方法如下：

（1）移除停止词。例如"and""the""of"在英文中非常频繁出现的词汇，对于判断垃圾和非垃圾状态没有太多意义，可以从邮件移除。

（2）还原词形。有相同含义但是具有不同结尾形式的要被调整为相同形式。例如，"include""includes""included"将被还原为统一的形式"include"。在邮件中的所有词都被转换为小写形式。

（3）移除非单词的符号。数字和标点符号都会被删除。所有空格（包括 Tab、换行、空格）都会被替换为一个单独的空格字符。

下面举例说明预处理前和预处理之后的信息，非垃圾信息样本 5-1361msg1 预处理之前：

```
Subject: Re: 5.1344 Native speaker intuitions
The discussion on native speaker intuitions has been extremely interesting,
but I worry that my brief intervention may have muddied the waters.
I take it that there are a number of separable issues.
The first is the extent to which a native speaker is likely to judge
a lexical string as grammatical or ungrammatical per se.
The second is concerned with the relationships between syntax and
interpretation
(although even here the distinction may not be entirely clear cut).
```

非垃圾信息样本 5-1361msg1 预处理之后：

```
re native speaker intuition discussion native speaker intuition
extremely interest worry brief intervention muddy waters number
separable issue first extent native speaker likely judge lexical
string grammatical ungrammatical per se second concern relationship
between syntax interpretation although even here distinction entirely clear cut.
```

作为对比，下面列举一个预处理之后的垃圾邮件的信息。垃圾信息样本 spmsgc19 预处理之后：

```
financial freedom follow financial freedom work ethic extraordinary
desire earn least per month work home special skills experience
required train personal support need ensure success legitimate
homebased income opportunity put back control finance life ve
try opportunity past fail live promise
```

浏览以上信息可以发现,预处理将会留下一些特殊的单词片段和非正常的单词,但是这并不会对分类造成很大影响。

2) 多项式朴素贝叶斯

为了实现分类邮件,本实例采用多项式朴素贝叶斯模型。模型参数表示为:

$$P(x_i = f \mid y = 1) = \frac{\left(\sum_{i=1}^{n}\sum_{j=1}^{m} 1\{x_{ij} = f \quad \text{and} \quad y_i = 1\}\right) + 1}{\left(\sum_{i=1}^{n} 1\{y_i = 1\} m_i\right) + |V|}$$

$$P(x_i = f \mid y = 0) = \frac{\left(\sum_{i=1}^{n}\sum_{j=1}^{m} 1\{x_{ij} = f \quad \text{and} \quad y_i = 0\}\right) + 1}{\left(\sum_{i=1}^{n} 1\{y_i = 1\} m_i\right) + |V|}$$

$$P(y = 1) = \frac{\sum_{i=1}^{n} 1\{y_i = 1\}}{n}$$

其中,$P(x_i = f | y = 1)$指的是在字典中的第 f 个单词,在垃圾邮件中出现的概率;$P(x_i = f | y = 0)$指的是在字典中的第 f 个单词,在非垃圾邮件中出现的概率;$P(y = 1)$指的是在字典中的第 f 个单词,在两类任意邮件中出现的概率。

假设 n 为训练集中的样本数,第 i 个邮件中包含了 m_i 个单词,$|V|$ 为整个字典的单词数。从训练集中计算了以上 3 种概率后,对于一个未加标记的邮件,将 $P(x | y = 1)$ 和 $P(x | y = 0)$ 进行比较,本例不直接比较概率,而是比较概率的对数,按照以下公式来判断这个未加标记的邮件是垃圾邮件还是非垃圾邮件:

$$\log(P(x \mid y = 1)) + \log(P(y = 1)) > \log(P(x \mid y = 0)) + \log(P(y = 0))$$

3) 用预处理过的特征实现朴素贝叶斯

本实例用于训练的特征数据,其格式如下:

```
2 977 2
2 1481 1
2 1549 1
...
```

每行中第一个数字是文档数,第二个数字是单词在字典中的序号,第三个数字是该单词在邮件中出现的次数。因此在上面的数据片中,第一行含义是在文档 2 中 977 号单词出现 2 次。如果想知道 977 具体单词,可以查询源码中相关文件,其中包含每个单词在字典中的序号。

4) 加载特征

MATLAB/Octave 中按照以下步骤可以加载训练特征:

```
numTrainDocs = 700;
numTokens = 2500;
M = dlmread('train - features - 400.txt', '');
spmatrix = sparse(M(:,1), M(:,2), M(:,3), numTrainDocs, numTokens);
train_matrix = full(spmatrix);
```

以上代码的第一句实现导入 train-features. txt 文件的数据,到一个稀疏矩阵中(该稀疏矩阵只存储非零的记录);第二句将该稀疏矩阵转换为一个全矩阵,全矩阵中每一行表示训练集中的一个文档,每一列表示字典中的一个单词。全矩阵中的每个元素表示某个文档中某个单词出现的次数。例如,如果在训练矩阵的第 i 行第 j 列的元素为 4,则表示训练集中在字典的第 j 个单词在第 i 个文档中出现 4 次。在训练矩阵中的绝大多数记录为 0,原因在于一个邮件中仅仅包含词典中的一个单词的子集。继续导入训练标签集:

```
train_labels = dlmread('train-labels.txt');
```

该条语句将把 n 个文档导入一个 $n+1$ 的向量中,而且为每一个文档分配一个标签 y。标签的顺序和文档在特征矩阵中的顺序相同,例如,第 i 个标签对应训练集 train_matrix 中的第 i 行。

5) 特征说明

在本实例建立的多项式朴素贝叶斯模型中,对一个文档的特征向量 $\vec{x}$ 的正式定义为 x_j $=k$,表示文档中的第 j 个单词是字典中的第 k 个单词。这种定义在 MATLAB/Octave 中不能很好地转换为矩阵来表示,原因在于矩阵中的一行(对应一个文档)的第 j 个元素,其具体含义是表示字典的第 j 个单词在文档中出现的次数。

然而选择矩阵这种表示特征的方式,可以获得长度等于字典长度的矩阵行数,另外,对于正式的多项式朴素贝叶斯定义,特征向量 $\vec{x}$ 的长度是取决于邮件中的单词数量。采取矩阵的表示方式,可以在 MATLAB/Octave 很容易表示数据特征。

还需要注意,在这种矩阵的表示方式中,并不包含任何一个单词在邮件中的具体位置信息,但是对于本实例的机器学习模型的结果并不会造成影响,原因在于本实例的朴素贝叶斯模型,并不关注单词的位置,仅统计单词的出现概率。

6) 训练

导入所有训练数据开始训练程序中所建立的模型。建议按照以下步骤执行训练:

(1) 计算 $P(y=1)$;

(2) 对字典中的每一个单词计算 $P(x_i=f|y=1)$,并将结果存储在向量中;

(3) 对字典中的每一个单词计算 $P(x_i=f|y=0)$,并将结果存储在向量中。

7) 测试

训练得到模型的所有参数后,可以用模型来对测试数据进行预测。如果用 MATLAB/Octave 的文件脚本存放代码,建议将代码分为训练和测试两个独立的部分。这样一来,在训练好模型后,只要不清除工作区中的变量,就可以多次独立运行不同的测试数据集合。

按照导入训练数据集的方法导入测试数据集,文件名为 test-features. txt。建立一个与训练矩阵格式相同的测试矩阵。矩阵的行对应相同的字典单词,唯一不同的是文档编号不同。

用训练获得的模型参数,对每一个测试文档进行垃圾和非垃圾邮件的分类。执行步骤如下:

步骤 1,对于每一个测试文档,计算 $\log(P(\vec{x}|y=1))+\log(P(y=1))$。

步骤 2,类似于上一步,对每一个测试文档计算 $\log(P(\vec{x}|y=0))+\log(P(y=0))$。

步骤 3,比较以上两个步骤所得的数值,判断邮件是垃圾还是非垃圾。在 MATLAB/

Octave,如果将预测结果存储在一个向量中,则向量的第 i 个元素代表了第 i 个测试文档是垃圾还是非垃圾的状态。

完成以上训练和测试后,请分析后面第 9 项"问题"部分。

8) 注意事项

确保本实例程序工作在对数概率,具体可参考此前的代码中描述细节。由于本实例的数据对于 MATLAB/Octave 过小,从而在对概率进行乘法操作时很容易导致向下溢出问题。如果采取对数形式,可以将乘法转换为加法,可以避免向下溢出问题。

如果采用自行生成的特征集来实现本例,请在实现各个步骤注意以下事项:

(1) 数据中包含 4 个文件夹。

(2) 文件夹 nonspam-train 和 spam-train 包含预处理过的邮件,可用于训练。每个文件夹下有 350 个邮件。

(3) 文件夹 nonspam-test 和 spam-test 构成测试集,分别包含 130 个垃圾邮件和 130 个非垃圾邮件。这些邮件是可以用来做预测的测试数据。注意虽然已经分别做好垃圾和非垃圾邮件的标记,但在执行测试的时候可以不用这个标记的结果。在测试结束后,可以用已经做好的标记对比测试结果,从而衡量分类错误率。

(4) 字典生成。需要为模型生成一个字典。有很多方法,但是一个简单的方法是:统计所有。

单词在邮件中出现的次数,选择最频繁出现的那些单词作为字典。如果想得到和实例中一样的结果,建议选择 2500 个常见单词的字典。

为了检测结果是否正确,这里有 5 个最常见单词,可以查看它们的出现次数。

```
1 email 2172
2 address 1650
3 order 1649
4 language 1543
5 report 1384
```

还需要注意,必须统计所有邮件,包括垃圾、非垃圾、训练集、测试集。

(5) 特征生成。建立字典后,需要将文档根据字典表示为特征向量。也有很多方法,但是如果想得到此前实例中提供的特征集,建议采取几个步骤完成:

步骤 1,对于每个文档,记录字典中的单词出现的次数。

步骤 2,生成一个特征文件,其中每一行由 3 个元素组成(文档 docID、单词 wordID、次数 count)。其中 docID 是一个代表邮件编号的整数,wordID 是一个代表字典中单词编号的整数,count 是该单词出现的次数。例如,生成的训练特征文件中的前 5 条记录如下(每行先存 docID,然后 wordID):

$$1\ 19\ 2$$
$$1\ 45\ 1$$
$$1\ 50\ 1$$
$$1\ 75\ 1$$
$$1\ 85\ 1$$

在以上的小片数据中,文档 1 指的是在 nonspam-train 文件夹中的第一个文档,文件名为"3-

380msg4.txt"。字典中单词按照在所有文档中的普遍度来排序,所以 wordID 的 19 指的是第 19 个最常见的单词。利用这种格式可以很容易地将数据导入到 MATLAB/Octave 的数组中。注意这种表示邮件的方法不包含任何单词在邮件中的位置信息,对于模型中不会影响结果,因为本实例仅关注单词的出现次数。

（6）训练和测试。最后,需要对所建立的模型采用训练数据集进行训练,并预测分类测试集中数据是垃圾还是非垃圾邮件。具体可以参考此前所讨论的步骤,与采用已经生成的特征集训练和测试步骤相同。

9）问题

（1）导入已经标记过的测试文档到程序中。如果采用预先生成的特征集,直接导入 test-labels.txt 文件,如果采用自己生成的特征集,需要自行依据文档属于垃圾和非垃圾目录,为特征分别加上标记。比较预测结果和正确标记,多少文档被错误分类了呢?占了测试集的百分之多少?

（2）采用小训练集,是否分类误差会出现变化。注意保持测试集相同。此前用到 960 个文档的训练集,现在修改为 50 个、100 个和 400 个文档的训练集（其中垃圾和非垃圾邮件的比率仍旧为 1∶1）。记录训练集的规模对测试结果的影响。

注意:如果采用实例提供的基于 MATLAB/Octave 的特征,可以找到数据包中对应的文件 train-features-#.txt 和 train-labels-#.txt,其中"#"表示该训练集由多少个文档组成。对于每个训练集,导入对应的训练数据训练程序中的模型,然后记录相同测试集分别对应不同训练集的测试结果。如果从邮件生成特征,需要选择 50、100 和 400 个邮件子集,并保证每个子集中 50%垃圾邮件和 50%的非垃圾邮件。对于每个子集,生成训练特征并训练程序中的模型,然后用 260 个测试文档的测试子集去测试每个训练子集对应的训练模型,并记录错误分类的结果。

2. 实例分析参考解决方案

（1）在采用整个训练集训练模型后（700 个文档）,应该可以找到错误分类的 5 个文档,这些被错误分类的文档数占测试集的 1.9%。如果得到不同的测试错误数,需要调试代码。确保对数概率函数可以工作,而且对数表达式正确。也需要检查特征矩阵的维度,并理解每个维度的含义。

（2）采用小训练集,如果采用生成的特征而不用样例代码中的文档集合,或许运行结果会有一些不同。50 个训练文档:10 个错误分类,3.9%;100 个训练文档:6 个错误分类,2.3%;400 个训练文档:6 个错误分类,2.3%。

视频讲解

4.3.2　实例二:朴素贝叶斯解决多分类问题

1. 问题描述

1）数据

随机生成 10 000 个两个特征的样本,标记为 0、1、2 共 3 类,随机数据可视化如图 4.1 所示。

2）任务

对随机样本集,基于 Python 的 Sklearn 贝叶斯函数 GaussianNB 实现分类,返回模型

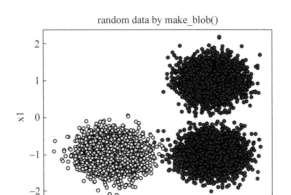

图 4.1　随机样本

精度。

2. 实例分析参考解决方案

Python 实现朴素贝叶斯多分类的源码清单如下：

```
import numpy as np
from sklearn.datasets import make_blobs
from sklearn.model_selection import train_test_split
from sklearn.naive_bayes import GaussianNB
from sklearn.metrics import accuracy_score
center = [[1,1],[-1,-1],[1,-1],[1,2]]
cluster_std = 0.3
X,y = make_blobs(n_samples = 10000,centers = center,
                 n_features = 2,
                 cluster_std = cluster_std,random_state = 42)
X_train, X_test, y_train, y_test = train_test_split(X,y,test_size = 0.2)
nb = GaussianNB()
nb.fit(X_train,y_train)
y_pred = nb.predict(X_test)
print('test accuracy:\n',accuracy_score(y_test,y_pred))
```

运行以上程序,输出结果为：

```
test accuracy:
0.9805
```

模型测试分类精度为 98.05%。

4.4　习题

1. 请简述极大似然估计与贝叶斯估计的区别。

2. 假设给定如表 4.2 所示的数据集,其中 A、B、C 为二值随机变量,y 为待预测的二值变量,对一个新输入 $A = 0, B = 0, C = 1$,朴素贝叶斯分类器怎样预测 y？采用 C/C++ 或者

Python 语言实现本题。

表 4.2　数据集

A	B	C	y
0	0	1	0
0	1	0	0
1	1	0	0
0	0	1	1
1	1	1	1
1	0	0	1
1	1	0	1

支 持 向 量 机

支持向量机(Support Vector Machine，SVM)是机器学习中一类常用的分类和回归模型。SVM 通过将样本映射到高维空间，并在这个空间建立最大距离的分隔超平面，很好地解决了低维空间的不可分难题，同时又引入核函数解决了高维空间的计算复杂问题。SVM建立在坚实的数学理论基础上，是一种非统计的二分类算法，也可以解决多分类和回归问题，SVM 尤其在解决小样本、非线性和高维问题中表现良好。

5.1 支持向量机模型

线性 SVM 与逻辑回归使用相同的模型，考虑 SVM 最初设计为解决二分类问题，用SVM 解决多分类问题，常采用组合多个二分类器来构建多分类器。所以，以下从最简单的二分类问题来引入 SVM 的模型构建过程。回顾逻辑回归的二分类模型定义为：

$$y = g(x) \quad y \in \{0,1\} \tag{5-1}$$

其中 0 表示负类(Negative class)，1 表示正类(Positive class)。其中 g 为 Sigmoid 函数，输出在$[0,1]$，详细参考图 3.1。

在线性 SVM 中，采用相同形式的定义：

$$y = g(x) \quad y \in \{-1,1\} \tag{5-2}$$

其中-1表示负类，1 表示正类。其中 g 不再采用 Sigmoid 函数，而是采用

$$g(z) = \begin{cases} 1 & (z \geqslant 0) \\ -1 & (z < 0) \end{cases}$$

的形式。

回顾基于线性函数的逻辑回归的模型定义：

$$H_{\boldsymbol{\theta}}(\boldsymbol{x}) = g(\boldsymbol{\theta}^{\mathrm{T}} \boldsymbol{x}) \tag{5-3}$$

其中$\boldsymbol{\theta}^{\mathrm{T}} \boldsymbol{x} = \theta_m x_m + \cdots + \theta_2 x_2 + \theta_1 x_1 + \theta_0 x_0$，且 $x_0 = 1$。而在 SVM 中，采用式(5-4)替换$\boldsymbol{\theta}^{\mathrm{T}} \boldsymbol{x}$：

$$\begin{cases} \boldsymbol{w}^{\mathrm{T}} \boldsymbol{x} = w_m x_m + \cdots + w_2 x_2 + w_1 x_1 \\ b = w_0 \end{cases} \tag{5-4}$$

则可以定义线性 SVM 的模型为：

$$H_w(\boldsymbol{x}) = g(\boldsymbol{w}^{\mathrm{T}} \boldsymbol{x} + b) \tag{5-5}$$

对于包含 n 个训练样本的数据集(x_i, y_i)，其中 $i \in \{1,2,\cdots,n\}$，每个样本包含 m 个特征，

表示为向量 $\boldsymbol{x}_i = \{x_{i1}, x_{i2}, \cdots, x_{im}\}$，定义 $x_{i0} = 1$。其中 $y_i \in \{-1, 1\}^n$，所以权重参数 $\boldsymbol{w} \in \mathbf{R}^m$。

采用线性 SVM 分类样本的原理，如图 5.1 所示。对于二维的特征 X_1 和特征 X_2，可以在二维坐标平面画出线性分界线，如图 5.1 中黑色虚线所示。但是线性分界线并不唯一，稍微平移或者旋转后只要确保不把两类数据分错，仍然可以达到线性分类的效果。那么是否存在最优的决策边界？对线性可分问题，就是二维平面上，对于所有样本是否存在那个最优分界线？SVM 正是为寻找这个最优决策边界而提出的。

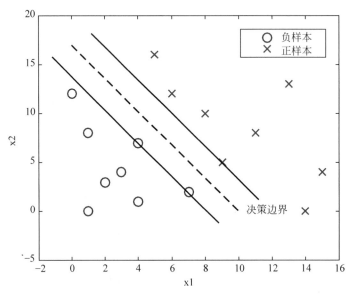

图 5.1 线性 SVM 分类原理

以如图 5.1 所示的分类问题为例，SVM 假定在最优分界线两边存在等距离的两个平行的分界线，如图 5.1 中黑色实线所示，这两条分界线将无限接近正或负样本，并确保分类正确的前提下，其间隔距离是最大的两条分界线，位于两个分界线上的样本点称为支持向量（Support vector），两条分界线的间隔定义为 SVM 的几何间隔（Geometrical margin）。所以，SVM 又称为最大几何间隔机器学习算法。

对于三维特征可以画出 SVM 的决策边界，称为超平面（Hyperplane），如图 5.2 所示。

然而，当样本的特征空间维度大于 3 时，不能再用几何的方法来解释 SVM 决策边界。而且，在采用 SVM 训练寻找最优决策边界时，更希望能够得到量化的输出。因此，引入 SVM 的函数间隔（Function margin）定义，来求解最大几何间隔的最优决策边界。

对于给定的包含 n 个训练样本的训练数据集 $(\boldsymbol{x}_i, y_i)$，其中 $\boldsymbol{x}$ 为样本特征向量，y 是分类标签，定义 $y_i \in \{-1, 1\}^n$ 其中 i 表示第 i 个样本，对第 i 个样本定义其函数间隔为：

$$\hat{r}_i = y_i(\boldsymbol{w}^{\mathrm{T}}\boldsymbol{x}_i + b) \tag{5-6}$$

对于式(5-6)，如果 $y_i = 1$，根据 SVM 中 g 函数的定义可知，$\boldsymbol{w}^{\mathrm{T}}\boldsymbol{x}_i + b \geqslant 0$，反之 $y_i = -1$，$\boldsymbol{w}^{\mathrm{T}}\boldsymbol{x}_i + b < 0$，因此可以表示函数间隔为 $\hat{r}_i = |\boldsymbol{w}^{\mathrm{T}}\boldsymbol{x}_i + b|$。再根据某一个样本的函数间隔，定义整体训练数据集上的全局函数间隔为：

$$\hat{r} = \min_{i=1,2,\cdots,n} (\hat{r}_i) \tag{5-7}$$

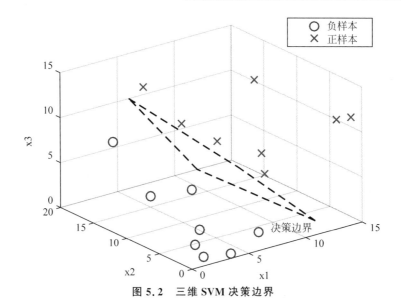

图 5.2 三维 SVM 决策边界

但是,仅仅采用函数间隔并不能很好地描述几何间隔最大化问题。比如当成比例地改变 w 和 b 的值时,函数间隔的值成比例增大,但是几何间隔却没有变化。尽管几何间隔可以描述 SVM 的分类实质,有直观的优点,但是不利于量化求解。所以,比较几何间隔和函数间隔的差别后,发现几何间隔就是函数间隔除以 $\|w\|$,其中 $\|w\|$ 为 w 的二阶范数,对于向量为向量各元素的平方和再开方,对于矩阵为矩阵转置与矩阵乘积,也就是最大特征矩阵开方,当 $\|w\|=1$ 时,函数间隔与几何间隔表达式相同。

所以,SVM 定义局部间隔如下:

$$r_i = y_i\left(\left(\frac{w}{\|w\|}\right)^{\mathrm{T}} x_i + \frac{b}{\|w\|}\right) \tag{5-8}$$

则,SVM 定义训练集上的全局间隔为:

$$r = \min_{i=1,2,\cdots,n}(r_i) \tag{5-9}$$

因此,SVM 定义最大间隔分类模型为:

$$\begin{aligned} &\max_{w,b,r} \quad r \\ &\text{subject} \quad \text{to} \quad y_i(w^{\mathrm{T}} x_i + b) \geqslant r, i = 1,2,\cdots,n \\ &\|w\| = 1 \end{aligned} \tag{5-10}$$

最后,为便于量化计算,可以用函数间隔来改进式(5-10),表示为:

$$\begin{aligned} &\max_{w,b,r} \quad \frac{\hat{r}}{\|w\|} \\ &\text{subject} \quad \text{to} \quad y_i(w^{\mathrm{T}} x_i + b) \geqslant \hat{r}, i = 1,2,\cdots,n \end{aligned} \tag{5-11}$$

5.2　支持向量机代价函数

SVM 模型定义好之后,就需要寻找让模型取得最优值的权重参数。其中最优的含义即使得代价函数取得最接近全局最小值的参数组合。回顾以上 SVM 模型定义的几何间隔,

SVM 代价函数即正类的支持向量和负类的支持向量都尽量远离 SVM 的决策边界。若选择二次函数为 SVM 代价函数，考虑函数间隔为 1 时，则其几何意义即将距离决策边界最近的点到决策边界的距离定义为 $\dfrac{1}{\|w\|}$，根据 SVM 模型的定义，要求解 $\dfrac{1}{\|w\|}$ 的最大值相当于求二次函数 $\dfrac{1}{2}\|w\|^2$ 的最小值。所以，SVM 的代价函数定义为：

$$\min_{w,b,r} \quad \frac{1}{2}\|w\|^2$$
$$\text{subject to} \quad y_i(w^{\mathrm{T}}x_i + b) \geqslant 1, i = 1, 2, \cdots, n \tag{5-12}$$

在式(5-12)中，只有线性约束，是一个典型的二次规划（Quadratic Programming，QP）问题。以上 QP 问题的最优解为拉格朗日鞍点（Lagrangian's saddle node），用函数表示为：

$$L(w, b, \alpha) = \frac{1}{2}\|w\|^2 - \sum_{i=1}^{n} \alpha_i [y_i(w^{\mathrm{T}}x_i + b) - 1] \tag{5-13}$$

其中 $\alpha_i \geqslant 0$ 为拉格朗日乘子（Lagrange multiplier）。对于式(5-13)，可以转换为拉格朗日对偶问题更容易求解，首先固定 α，让函数 L 关于 w 和 b 最小化，分别对 w 和 b 求偏导，具体为：

$$\frac{\partial L}{\partial w} = 0 \quad \Rightarrow \quad w = \sum_{i=1}^{n} \alpha_i y_i x_i$$

$$\frac{\partial L}{\partial b} = 0 \quad \Rightarrow \quad \sum_{i=1}^{n} \alpha_i y_i = 0$$

将计算结果代入之前的 $L(w, b, \alpha)$，可以得到：

$$L(w, b, \alpha) = \sum_{i=1}^{n} \alpha_i - \frac{1}{2} \sum_{i,j=1}^{n} \alpha_i \alpha_j y_i y_j (x_i^{\mathrm{T}} x_j) \tag{5-14}$$

由式(5-14)可知，此时的拉格朗日函数只包含一个参数需要优化，也就是 α，如果可以求到最优的 α，也就可以找到最优的 w 和 b。此时，可以采用序列最小优化（Sequential Minimal Optimization，SMO）算法来优化以上函数，具体为：

$$\max_{\alpha} \left(\sum_{i=1}^{n} \alpha_i - \frac{1}{2} \sum_{i,j=1}^{n} \alpha_i \alpha_j y_i y_j (x_i^{\mathrm{T}} x_j) \right)$$
$$\text{subject to} \quad \alpha_i \geqslant 0, i = 1, 2, \cdots, n$$
$$\sum_{i=1}^{n} \alpha_i y_i = 0 \tag{5-15}$$

至此仅仅得到了解决线性可分问题的代价函数，然而现实中的很多问题为线性不可分的情况。

例如，图 5.3 为一个典型的线性不可分的实例。但是，如果将图 5.3 中的样本采用一个径向基（Radial Basis Function，RBF）函数映射到三维空间，就可以很容易地实现线性可分，再在二维空间画出决策边界线，如图 5.4 所示。

以上 MATLAB 实现 SVM 基于 RBF 核函数分类的代码如下，首先产生随机样本，画出数据图：

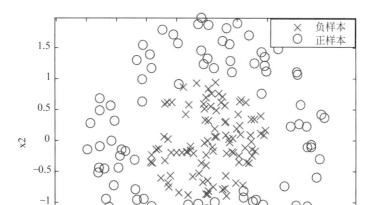

图 5.3 线性不可分样本

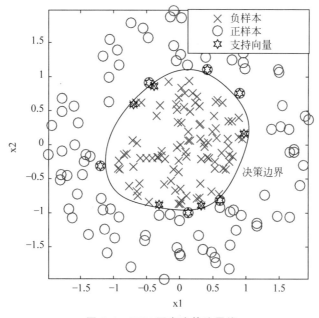

图 5.4 SVM 画出决策边界线

```
rng(1);  r = sqrt(rand(100,1)); t = 2 * pi * rand(100,1);
data1 = [r. * cos(t), r. * sin(t)];
r2 = sqrt(3 * rand(100,1) + 1);   t2 = 2 * pi * rand(100,1);
data2 = [r2. * cos(t2), r2. * sin(t2)];
figure;  plot(data1(:,1),data1(:,2),'rx');
hold on
plot(data2(:,1),data2(:,2),'bo');
xlabel('x1');  ylabel('x2');
```

```
axis equal
hold off
```

训练 SVM 模型，代码如下：

```
data3 = [data1;data2];
theclass = ones(200,1);
theclass(1:100) = -1;
% 训练 SVM 分类器
cl = fitcsvm(data3,theclass,'KernelFunction','rbf', …
    'BoxConstraint',Inf,'ClassNames',[-1,1]);
```

预测分类，代码如下：

```
d = 0.02;
[x1Grid,x2Grid] = meshgrid(min(data3(:,1)):d:max(data3(:,1)), …
    min(data3(:,2)):d:max(data3(:,2)));
xGrid = [x1Grid(:),x2Grid(:)];
[~,scores] = predict(cl,xGrid);
```

画分类边界线，代码如下：

```
figure;
h(1:2) = gscatter(data3(:,1),data3(:,2),theclass,'rb','xo');
hold on
h(3) = plot(data3(cl.IsSupportVector,1),data3(cl.IsSupportVector,2),'kh');
contour(x1Grid,x2Grid,reshape(scores(:,2),size(x1Grid)),[0 0],'k');
legend(h,{'-1','+1','Support Vectors'});
xlabel('x1')
ylabel('x2')
text(0.9,-0.4,'Decision boundary')
axis equal
hold off
```

从以上简单分类实例分析可知，假设有一个并不能确定是否线性可分的样本集合，对于 SVM 模型即可以统一定义为优化以下代价函数：

$$\min_{w,b,\xi} \quad \frac{1}{2}w^{\mathrm{T}}w + C\sum_{i=1}^{n}\xi_i$$

$$\text{subject to} \quad y_i(w^{\mathrm{T}}\phi(x_i)+b) \geqslant 1-\xi_i, \\ \xi_i \geqslant 0 \tag{5-16}$$

其中 w 为权重矩阵，b 为偏差，与线性回归中的定义相同。其中非负参数 ξ_i 称为松弛变量，允许某些样本点的函数间隔小于 1，即在最大间隔区间中，或者允许某些样本点在对方区域中，即函数间隔为负数。其中非负参数 C 为惩罚因子，是离群点的权重，其值越大则表明离群点对目标函数的影响越大，即越不希望看到离群点。上式中对训练集中的样本 x_i，可以通过函数 ϕ 映射到高维空间。可以定义 SVM 的核函数为 $K(x_i,x_j) \equiv \phi(x_i)^{\mathrm{T}}\phi(x_j)$，常用的 SVM 核函数有以下 4 种：

（1）线性核：

$$K(x_i,x_j) = x_i^{\mathrm{T}}x_j$$

（2）多项式核：

$$K(\boldsymbol{x}_i,\boldsymbol{x}_j)=(\gamma\boldsymbol{x}_i^{\mathrm{T}}\boldsymbol{x}_j+r)^d,\quad \gamma>0$$

（3）径向基（Radial Basis Function，RBF）核：

$$K(\boldsymbol{x}_i,\boldsymbol{x}_j)=\exp(-\gamma\parallel\boldsymbol{x}_i-\boldsymbol{x}_j\parallel^2),\quad \gamma>0$$

（4）S(Sigmoid)函数核：

$$K(\boldsymbol{x}_i,\boldsymbol{x}_j)=\tanh(\gamma\boldsymbol{x}_i^{\mathrm{T}}\boldsymbol{x}_j+r)$$

其中线性核函数没有参数需要设置。多项式核函数需要设置 3 个参数：d 设置多项式核函数的最高次数，γ 参数决定了样本特征映射到高维空间后的分布，r 为偏差。

SVM 的线性核函数，主要用于线性可分的样本数据，其输入和输出具有相同的维度，参数少且速度快，对于未知样本可以先从线性核函数开始测试，误差最小则为最优核函数。SVM 的多项式核函数，可以实现输入到高维空间的映射，参数多，而且当多项式次数较高时，计算复杂度很高。SVM 的 RBF 核函数又称为高斯核函数，可以实现输入到高维，甚至无限维的映射，在实际工程中广泛应用。采用 S 核函数的 SVM，实质上实现了一种多层的神经网络。

在选择 SVM 核函数时，应该充分考虑样本特点，尽量选择与数据分布相同或接近的核函数，可参考原则：若特征的数量和样本数接近，应选线性核 SVM；若特征数量远小于样本数据量，当样本数量正常时，可选择 RBF 核 SVM，当样本数量庞大时，则需要增加特征后再选择。

5.3 支持向量机实例分析

视频讲解

5.3.1 实例一：SVM 解决线性可分问题

采用 SVM 进行线性分类。下载开源 SVM 软件包 LIBSVM，基于软件包的 MATLAB/Octave 接口（选择包描述中"一个简单的 MATLAB 接口"），实现样本线性 SVM 分类。

1. 问题描述

1）安装 LIBSVM

下载 LIBSVM 的 MATLAB 接口，根据包中说明文件构建 LIBSVM 源码，具体命令参考软件包中基于 UNIX 和 Windows 的 MATLAB 和 Octave 构建指令。如果 LIBSVM 构建成功，可以得到 4 个后缀为 mexglx（Windows 系统为 mexw32）的文件。有了可以用于 MATLAB/Octave 中运行的二进制码，还需要让本实例源码可以找到该文件。可以有以下 3 种方式添加路径：

（1）将二进制文件链接到工作目录。

（2）添加二进制文件的目录到 MATLAB/Octave 的系统路径中。

（3）直接复制二进制文件到工作目录中。

2）线性 SVM 分类

回顾 SVM 分类问题的代价函数：

$$\min_{w,b,\xi} \quad \frac{1}{2}\boldsymbol{w}^{\mathrm{T}}\boldsymbol{w} + C\sum_{i=1}^{n}\xi_i$$

$$\text{subject to} \quad y_i(\boldsymbol{w}^{\mathrm{T}}\phi(\boldsymbol{x}_i)+b) \geqslant 1-\xi_i, i=1,2,\cdots,n$$

$$\xi_i \geqslant 0, i=1,2,\cdots,n$$

在求解这个优化问题后，SVM 分类器预测 1 的条件是，$\boldsymbol{w}^{\mathrm{T}}\boldsymbol{w}+b \geqslant 0$，反之则预测结果为 -1，所以 SVM 决策的边界服从直线 $\boldsymbol{w}^{\mathrm{T}}\boldsymbol{w}+b=0$。

2. 实例分析参考解决方案

对于二维分类问题，首先考虑两个特征的分类问题。用以下命令，导入本书配套源码中的文件 twofeature. txt 到 MATLAB/Octave 中：

```
[trainlabels, trainfeatures] = libsvmread('twofeature.txt');
```

注意：这个文件被格式化为 LIBSVM 要求的格式，所以如果采用 MATLAB/Octave 常用命令导入将不能正常工作。

导入文件后，向量 trainlabels 应该包含训练数据的分类标记，矩阵 trainfeatures 应该包含每个训练样本的 2 个特征。现在画出数据的二维图，用不同的符号显示正和负，画出的图应该类似图 5.5 的图形。在图 5.5 中，可以看到两类数据之间有一个很明显的分界线间隙。然而，蓝色类中有一个红色点在左边远离的地方出现。现在来观察这个远离边界的红色点对 SVM 决策分界线的影响。设置代价为 $C=1$。在 SVM 优化问题中 C 是一个正的惩罚因子，其作用是惩罚错误分类的训练样本。相对于较小的 C，较大的 C 可以阻止错误分类。首先，用 $C=1$ 执行分类，调用以下语句训练模型：

```
model = svmtrain(trainlabels, trainfeatures, '-s 0 -t 0 -c 1');
```

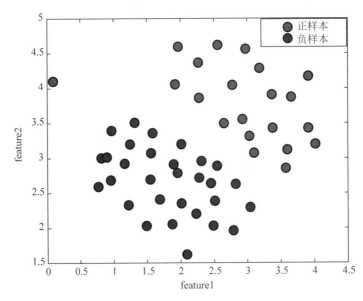

图 5.5　二维样本可视化图（见彩插）

最后一个字符串参数为 LIBSVM 的训练选项。其中"-s 0"表示采用 SVM 分类,其中"-t 0"表示线性核函数,因为本实例希望得到一个线性分界线;其中"-c 1"表示惩罚因子为1。可以在 MATLAB/Octave 命令行下输入 svmtrain 命令,查看所有相关选项。训练结束后,model 结构体中存储了模型参数。

但是,在模型结构中没有明确地表示 w 和 b 变量,需要通过以下命令来计算获得:

```
w = model.SVs' * model.sv_coef;
b = - model.rho;
if (model.Label(1) == -1)
    w = - w; b = - b;
end
```

在获得 w 和 b 后,可以画出二维分界边界线,结果应该类似图 5.6 所示。

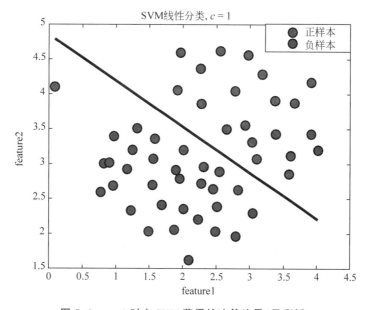

图 5.6 $c=1$ 时由 SVM 获得的决策边界(见彩插)

当 $c=1$ 时,很明显看到那个远离的红色点被错误分类,但是得到了一个看起来很合理的分界线。接下来,设置 $c=100$ 执行分类,观察当惩罚因子非常高的时候,结果会怎样?

训练模型,重新画分界线,这次因为 c 设置为 100,那个远离的点被正确分类了,但是分界线看起来似乎并没有非常完美地符合其他数据。设置 $c=100$ 执行分类,获得决策边界图如图 5.7 所示。

通过这个实例分析可知,当惩罚因子较小时,SVM 算法可以获得较为合理的分界线,但是会出现错误分类的离群点。当惩罚因子变大时,SVM 算法将尽力避免错误分类,但是为了不错误分类所有样本点,算法将减小权重从而导致训练所得的分界线出现较大偏移。

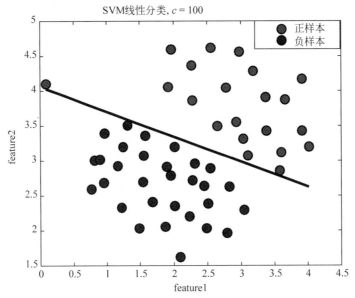

图 5.7　$c=100$ 时由 SVM 获得的决策边界（见彩插）

5.3.2　实例二：SVM 解决邮件分类问题

回顾第 4 章实例分析中的垃圾邮件分类问题，本实例采用 SVM 来实现，并对比 SVM 与朴素贝叶斯的实验结果。

1. 问题描述

1）数据

在本书配套的源码数据文件夹中，有 4 个与朴素贝叶斯实例相同的训练集，现在只是格式化为 LIBSVM 要求的数据格式，分别命名为：

（1）email_train-50. txt（基于 50 个邮件的文档）。

（2）email_train-100. txt（100 个文档）。

（3）email_train-400. txt（400 个文档）。

（4）email_train-all. txt（完整的 700 个训练文档）。

采用 4 个训练集分别训练 4 个线性 SVM 模型，其中参数 C 采用 SVM 中默认值。在训练完成后，测试每个模型，测试集为 email_test. txt。执行测试的命令为 svmpredict，也可以在 MATLAB/Octave 控制台上输入 svmpredict 命令，查看命令的更多信息。

2）问题

在测试的时候，准确率会被输出到控制台。记录每个训练集的分类准确率，对照解决方案中的测试结果，也可以与朴素贝叶斯的预测错误率进行对比，看看结果如何。

2. 实例分析参考解决方案

对比分类准确率。以下是 LIBSVM 的分类结果报告。

（1）50 个文档：准确率＝75.3846%（196/260）。

（2）100 个文档：准确率＝88.4615%（230/260）。

（3）400 个文档：准确率＝98.0769%（255/260）。

（4）完整的 700 个训练文档：准确率＝98.4615％（256/260）。

表 5.1 为 SVM 与朴素贝叶斯的分类错误比较。

表 5.1　SVM 与朴素贝叶斯的分类错误比较

训练样本（Train Samples）	朴素贝叶斯	支持向量机（SVM）
50 个训练文档（50 train docs）	2.7％	24.6％
100 个训练文档（100 train docs）	2.3％	11.5％
400 个训练文档（400 train docs）	2.3％	1.9％
700 个训练文档（700 train docs）	1.9％	1.5％

分析表 5.1 中的实验结果，可以得到结论，朴素贝叶斯在较小训练数据集时比 SVM 性能好，但是 SVM 随着训练数据集样本数的增加，表现了更好的逼近特性。

5.3.3　实例三：核函数 SVM 解决线性不可分问题

视频讲解

在本实例中，主要练习带核非线性支持向量机分类。将采用 RBF 核分类线性不可分的数据。与上一个实例相似，可以采用基于 MATLAB/Octave 的 LIBSVM 接口建立一个 SVM 模型。如果未安装 LIBSVM，请参考本章实例一中 readme.txt（见本书配套资源）操作的安装步骤并运行 LIBSVM。

1. 问题描述

1）数据

首先，导入本实例数据文件，参考本书配套源码中的文件 ex533.txt。

2）核函数

回顾核函数的定义，基于 SVM 处理线性不可分特征，采用将样本映射到高维空间，这样常常变为线性可分。然而，如何确定特征映射函数 $\phi(x_i)$ 呢？这个映射函数就称为核函数。一般 SVM 采用较为容易计算的核函数。此外，由于特征映射到高维以后，可能会导致分界边界非常复杂，所以采用简单的核函数可以有效地降低计算复杂度。

3）RBF 核函数

本实例中将采用 LIBSVM 中的径向基函数（RBF）作为核函数。回顾一下，其表达式为：

$$K(x_i, x_j) = \phi(x_i)^{\mathrm{T}}\phi(x_j)$$
$$= \exp(-\gamma \parallel x_i - x_j \parallel^2), \quad \gamma > 0$$

注意：当令 $\gamma = \dfrac{1}{2\sigma^2}$ 时，也称该核函数为高斯 RBF 核函数。其次，直接计算 $\phi(x)$ 是没有意义的，原因在于 $\phi(x)$ 采用 RBF 映射后是无限维，不可能在内存中存储。

4）SVM 采用 RBF 核分类任务一

具体来练习 RBF 核选择一个非线性的分界线。用以下命令将 LIBSVM 格式的数据导入到 MATLAB/Octave 中：

```
[train_labels, train_features] = libsvmread('ex5331.txt');
```

这是一个二维分类问题，如果用不同颜色画出正样本和负样本，可以得到如图 5.8 所示图形。

从图 5.8 可知，这组数据很明显没有线性分界线，观察 RBF 如何自动画出一个非线性

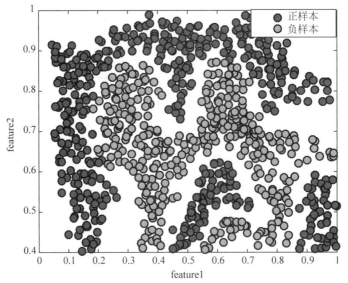

图 5.8　线性不可分样本可视化图（见彩插）

的分界线？用以前实例练习中用过的命令 svmtrain，来训练一个核函数为 RBF 的 SVM 模型，其中设置参数 $\gamma=100$。如果不记得如何使用该命令，也可以在 MATLAB/Octave 控制台中直接输入 svmtrain 查看使用方法。一旦获得模型，就可以用 plotboundary 命令画出可视化的分界线。

```
plotboundary(train_labels, train_features, model);
```

当设置参数 $\gamma=100$，画出分界后的结果如图 5.9 所示。

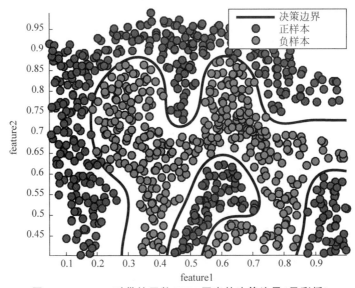

图 5.9　$\gamma=100$ 时带核函数 SVM 画出的决策边界（见彩插）

命令 Plotboundary 包含一个填充颜色的选项函数：$\sum_i \alpha_i K(\boldsymbol{x}_i, \boldsymbol{x}) + b$。注意：这个函数给出了用于决策分类的决定值。例如，如果 $\sum_i \alpha_i K(\boldsymbol{x}_i, \boldsymbol{x}) + b \geqslant 0$，则样本 $\boldsymbol{x}$ 被分类

为正类,否则分为负类。

执行命令,可以输入以下代码:

```
plotboundary(train_labels, train_features, model, 't');
```

结果图形输出如图 5.10 所示。从图 5.10 可以直观地看到,白色区域为更高可信度的正类样本,黑色区域为更高可信度的负类样本,颜色梯度显示了对样本分类值的决策度变化。

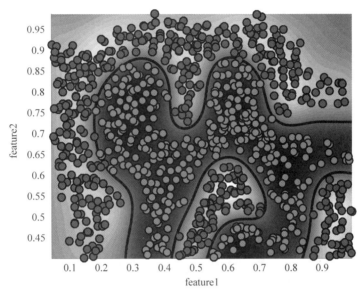

图 5.10　γ＝100 时带核函数 SVM 画出的填充颜色后的决策边界(见彩插)

5) SVM 采用 RBF 核分类任务二

通过本实例练习来观察以下 RBF 核函数中的参数 γ 对分界线的影响。导入数据文件 ex5332.txt 并画图,可以得到如图 5.11 所示图形。

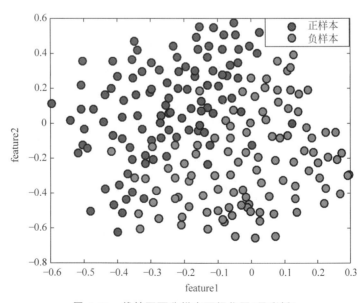

图 5.11　线性不可分样本可视化图(见彩插)

本任务要求：设置 γ 不同值 1、10、100 和 1000 训练 SVM 模型，并分别画出每个模型的分界线（不用颜色填充）。观察分界线如何跟随 γ 值的变化而变化。

2. 实例分析参考解决方案

图 5.12 为每个模型的分界线。模型的分类准确率分别为 91.9%、93.3%、94.3% 和 100%。

由图 5.12 可知，随着 γ 增加，算法尽量避免错误分类数据，然后会导致过拟合。目前，如何在不过拟合的情况下，合适地设置 γ 值并没有很明确的方法。在实际工程应用中，一般采用经验设置初值，然后调试逼近最优参数。

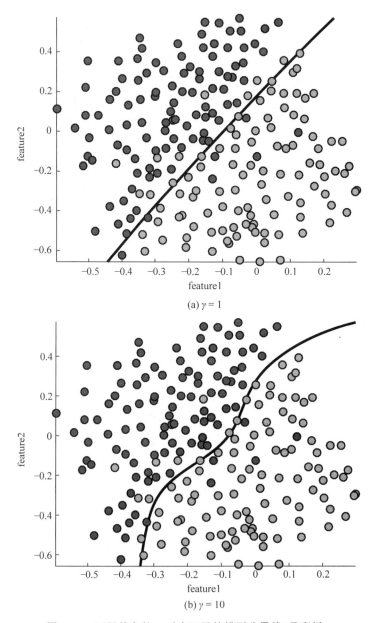

(a) $\gamma = 1$

(b) $\gamma = 10$

图 5.12　不同的参数 γ 对应不同的模型分界线（见彩插）

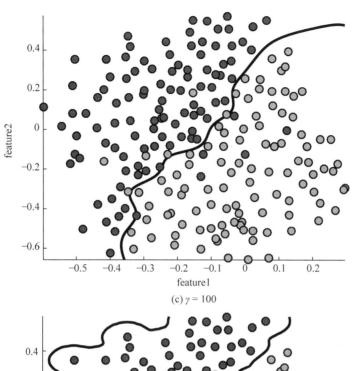

(c) $\gamma = 100$

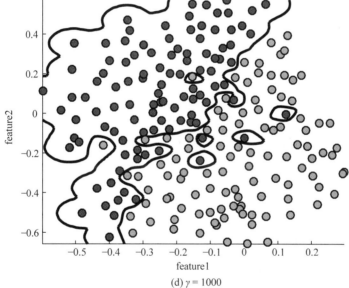

(d) $\gamma = 1000$

图 5.12 （续）

5.4 习题

1. 请比较支持向量机(SVM)与逻辑回归(LR)的优缺点,并考虑当一个能被正确分类,但是远离决策边界的样本点加入训练集时,SVM 和 LR 的表现。

2. 基于 Python 机器学习库 Sklearn,完成以下任务:

(1) 生成两类二维的带标签的数据集,数据集大小为 200,并为每个类分配一个或多个正态分布的点集(函数 make_blobs),最后画出二维数据的散点图(函数 pyplot);

(2) 采用 Sklearn 库中的 svm 函数,对以上生成的数据集实现分类(sklearn. svm. SVC),并画出决策分界线(函数 pcolormesh)。

## 第 6 章

神 经 网 络

人工神经网络(Artificial Neural Network，ANN)又称为神经网络(Neural Network，NN)，是模仿生物脑神经的工作原理，由大量简单的处理单元广泛互连形成复杂的网络系统，从而对模糊的随机性的非线性数据表现出强大的逼近能力。现代神经网络定位为一种仿生的非线性数学函数映射，是高维度、自适应和自组织的非线性系统，有很强的联想抽象能力和容错能力，作为最重要的机器学习方法，支持回归预测和分类，已经被广泛应用于图像、视频、语音和文本处理，网络互联、通信和自动控制等领域。

6.1 神经网络模型

神经网络模型由大量简单的处理单元互相连接构成，其中构成神经网络的处理单元又称为神经元(Neuron)，一般由以下 4 部分组成。

(1) 输入(Input)：向量。

(2) 权重(Weight)：每两个神经元之间的连接加权值。

(3) 激活函数(Activation function)：容易求导的非线性函数。

(4) 输出(Output)：标量。

一个典型的神经元模型如图 6.1 所示。

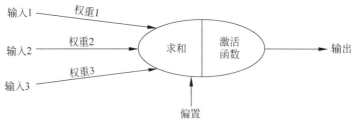

图 6.1 神经元模型

图 6.1 中神经元模型包含 3 个输入、1 个输出、2 个计算功能。其中输入到计算的箭头称为连接，每个连接上都有一个权重，训练神经网络的过程就是调整权重值的过程，权重最优的时候网络的预测效果最好。

计算功能的第一部分为线性求和，假设输入表示为 x_1, x_2, x_3，权重为 w_1, w_2, w_3，偏置

为 b，则求和为 $\sum\limits_{i} w_i x_i + b$。计算功能的第二个部分为激活函数，神经网络常用的非线性函数激活函包括：传统的 Sigmoid、Tanh，最新的 ReLU(Rectified Linear Unit)，以及改进后的 Leaky ReLU 函数、Softmax 函数，计算效率更高，最新的几种激活函数会在第 15 章详细描述。

把大量相同结构的神经元组合在一起，形成神经网络逼近某种算法或者函数，一般神经网络模型由以下 3 个部分构成。

（1）输入层(Input layer)：输入向量。

（2）中间层(Hidden layer)：隐含层神经元。

（3）输出层(Output layer)：输出向量，用于回归预测以及分类。

其中输入层不对数据做任何变换，每个神经元代表一个特征，而输出层表示标签的数量，中间层又称为隐含层或隐藏层，其神经元的个数需要预先设定。

假设一个简单的神经网络有 3 个输入组成输入层，两个神经元组成中间隐含层，两个输出组成输出层，可称这样的网络为单层神经网络。单层神经网络模型可表示为图 6.2。

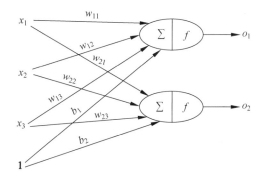

图 6.2　单层神经网络模型

图 6.2 中的输出量可以采用以下公式求得：

$$o_1 = f(x_1 w_{11} + x_2 w_{12} + x_3 w_{13} + b_1)$$
$$o_2 = f(x_1 w_{21} + x_2 w_{22} + x_3 w_{23} + b_2)$$

$$(6\text{-}1)$$

定义 $x_0 = 1, w_{10} = b_1, w_{20} = b_2$，则式(6-1)可以转换为：

$$o_1 = f(x_0 w_{10} + x_1 w_{11} + x_2 w_{12} + x_3 w_{13})$$
$$o_2 = f(x_0 w_{20} + x_1 w_{21} + x_2 w_{22} + x_3 w_{23})$$

$$(6\text{-}2)$$

神经网络的矩阵表达式可以表示为：

$$\boldsymbol{O} = \begin{bmatrix} o_1 \\ o_2 \end{bmatrix}, \quad \boldsymbol{X} = \begin{bmatrix} x_0 \\ x_1 \\ x_2 \\ x_3 \end{bmatrix}, \quad \boldsymbol{W} = \begin{bmatrix} w_{10} & w_{11} & w_{12} & w_{13} \\ w_{20} & w_{21} & w_{22} & w_{23} \end{bmatrix}$$

$$(6\text{-}3)$$

$$\boldsymbol{O} = f(\boldsymbol{W}\boldsymbol{X})$$

综上所述，单层神经网络为仅有一层中间层的神经网络，又称为感知机(Perceptron)，在 1958 年由计算机科学家 Rosenblatt 提出，类似此前章节讨论过的逻辑回归模型，可以做简单的分类任务，但是无法解决复杂的非线性问题。为了让神经网络解决非线性问题，中间层可以包含多个隐含层，也称为多层感知机（MultiLayer Perceptron，MLP）。理论上，包含两个隐含层的神经网络可以无限逼近任意连续函数，所以可以解决复杂的非线性问题。

扩充以上单层神经网络为两层神经网络，两层神经模型如图6.3所示。

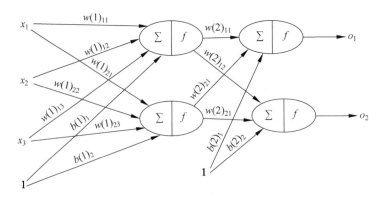

图 6.3　两层神经网络模型

假设第一个隐含层的输出为 H，则包含两个隐含层的神经网络的矩阵表示为

$$\boldsymbol{O}=\begin{bmatrix}o_1\\o_2\end{bmatrix},\quad \boldsymbol{X}=\begin{bmatrix}x_0\\x_1\\x_2\\x_3\end{bmatrix},\quad \boldsymbol{W}1=\begin{bmatrix}w(1)_{10}&w(1)_{11}&w(1)_{12}&w(1)_{13}\\w(1)_{20}&w(1)_{21}&w(1)_{22}&w(1)_{23}\end{bmatrix}$$

$$\boldsymbol{H}=\begin{bmatrix}h_0\\h_1\\h_2\end{bmatrix},\quad \boldsymbol{W}2=\begin{bmatrix}w(2)_{10}&w(2)_{11}&w(2)_{12}\\w(2)_{20}&w(2)_{21}&w(2)_{22}\end{bmatrix}$$

$$\boldsymbol{H}=f(\boldsymbol{W}1*\boldsymbol{X})$$

$$\boldsymbol{O}=f(\boldsymbol{W}2*\boldsymbol{H})$$

(6-4)

其中两个隐含层的激活函数 f 也可以选择不同的非线性函数。

下面通过一个具体的简单分类任务，来看看两层神经网络的表现。假设有三输入的异或逻辑门，输入作为神经网络训练样本，输出作为分类标签，具体实现 MATLAB 代码为：

```
p = [0 0 0;0 1 0;1 0 0;1 1 0;0 0 1;0 1 1;1 0 1;1 1 1];        %p 为输入
t = [0 1;1 0;1 0;0 1;1 0;0 1;0 1;1 0];                        %t 为理想输出
%隐含层有 2 个神经元,输出层有 1 个神经元,隐含层的传输函数为 logsig 函数
%输出层的传输函数为 purelin 函数
net = newff(minmax(p'),[2,2],{'logsig','purelin'},'trainlm');
net.trainParam.epochs = 1000;                                 %训练的最大次数为 1000
net.trainParam.goal = 0.00001;                                %训练的精度为 0.0001
LP.lr = 0.001;                                                %训练的学习率为 0.1
%net.trainParam.show = 200;                                   %显示训练的迭代过程
net = train(net,p',t');                                       %开始训练
out = sim(net,p');
out
```

输出神经网络的网络结构如图6.4所示。

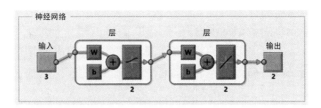

图 6.4 异或分类的神经网络结构

网络一次训练的预测结果与输出实际值对比如表 6.1 所示。

表 6.1 网络一次训练结果与输出对比

实际值 t		网络预测 out		比　较
0	1	0.3333	0.6667	正确
1	0	1.0000	0.0000	正确
1	0	0.3333	0.6667	错误
0	1	0.0000	1.0000	正确
1	0	1.0000	0.0000	正确
0	1	0.0000	1.0000	正确
0	1	0.3333	0.6667	正确
1	0	1.0000	0.0000	正确

从以上简单的两层神经网络模型的分类结果可以看到,对于非线性的异或问题,两层神经网络可以正确分类大部分样本,但是网络结果输出并不稳定。改进神经网络的性能可以修改结构,例如改变隐含层的节点数,改进隐含层的层数,比如目前主流的深度神经网络就是通过数十甚至数百个隐含层来提高网络的性能,当神经网络的模型设计好后,还需要调整权重参数让网络结果表现优秀,也就是神经网络的训练过程。

6.2 反向传播算法

神经网络模型的代价函数取决于输出层,对不同的应用场景可以采用不同的代价函数。如果希望输出层结果尽量接近输入层的回归问题,则可以采用均方误差(MSE)作为代价函数;如果为分类问题,则可以采用类似于逻辑回归模型的代价函数,常常也认为逻辑回归模型是没有隐含层的神经网络。所以对于神经网络的训练过程,将不再关注代价函数的选择,而是关注复杂的网络结构导致的计算复杂度的优化问题,随着网络层数的增多,参数大幅增加,虽然提高了网络的逼近能力,但也导致了过拟合现象,如何防止代价函数计算中出现梯度消失和梯度爆炸等现象,也是目前深度神经网络研究的热点问题。

训练神经网络的一种有效学习方法称为反向传播(Back Propagation,BP)算法,可以对神经网络的连接权值,根据网络输出误差不断修改,使得神经网络在有限次数的迭代运算后逼近期望值。BP 算法分为两个步骤:沿着网络输入到输出的信号正向传播过程,逆着网络从输出到输入的误差传播过程。当正向传播时,输入样本从输入层开始,经过隐含层权重和激活函数处理后,信号正向传输到输出层。如果输出层结果和实际输出期望值不符合,则计算两者误差后,转向误差反向传播阶段。反向传播将输出误差逆着网络逐层通过隐含层传递到输入层,并将误差分布到各层的所有神经元中,各层的每个神经元以误差信号作为参考修正权重值,以降低网络输出误差为训练目的,反复迭代,权重不断调整,整个神经网络 BP 算法前向和反向的训练过程一直进行到误差减少至设定阈值,或达到设置好的训练最大迭代次数为止。

BP 算法实现步骤为:

第一步,前向传播。样本从输入层输入网络,随机初始化权重和偏置,通过求和及激活函数计算,直到输出层输出结果。

第二步,后向传播。计算前向传播阶段网络的输出与期望输出(样本标签)之间的误差,从输出层到隐含层,最后到输入层,逐层调节各层每个神经元的连接权重和偏置。

BP 算法的实现原理与步骤如下:假设训练集有 n 个样本为 (x_j, y_j),每个特征向量 x_j 有 m 个特征,$x_j = (a_1, a_2, \cdots, a_m)$,样本可分 c 类,其中 $j \in \{1, 2, \cdots, n\}$。

1. 网络初始化

假设网络的输入层有 m 个节点,第一个隐含层有 h 个节点,第二个隐含层有 c 个节点,输出层有 c 个节点,输入层到第一个隐含层的权重为 $w_{is}^{(1)}$,偏置为 $b_s^{(1)}$,第一个隐含层到第二个隐含层的权重为 $w_{sl}^{(2)}$,偏置为 $b_l^{(2)}$,其中: $i \in \{1, 2, \cdots, m\}$,$s \in \{1, 2, \cdots, h\}$,$l \in \{1, 2, \cdots, c\}$。网络的学习率为 $\alpha \geq 0$,激励函数为 Sigmoid 函数,形式为: $f(x) = \dfrac{1}{1 + e^{-x}}$,其中神经网络的同一层可以用相同形式的激活函数,不同层的激活函数可以有不同形式。

2. 网络输出

第一个隐含层输出为:

$$z_s^{(1)} = \sum_{i=1}^{m} w_{is}^{(1)} a_i + b_s^{(1)}, \quad h_s^{(1)} = f_1(z_s^{(1)})$$

第二个隐含层输出为:

$$z_l^{(2)} = \sum_{s=1}^{h} (w_{sl}^{(2)} h_s^{(1)} + b_l^{(2)}), \quad h_l^{(2)} = f_2(z_l^{(2)})$$

输出层输出的:

$$\hat{y}_l = h_l^{(2)}$$

3. 误差计算

因为 $\hat{y}_l$ 为神经网络的输出值,则误差可以表示为:

$$E = \frac{1}{2} \sum_{l=1}^{c} \| y_l - \hat{y}_l \|^2 \tag{6-5}$$

以式(6-5)为神经网络的代价函数,BP 算法反向传播的目标就是使得该代价函数达到最小值,也就是 $\min(E)$。所以,依然可以采用梯度下降法来实现,为简化计算此处不考虑正则化来避免过拟合,定义权重和偏置更新公式为

$$w^{(k)} = w^{(k)} - \alpha(\delta^{(k)}(h^{(k-1)}) + w^{(k)})$$
$$b^{(k)} = b^{(k)} - \alpha(\delta^{(k)}) \tag{6-6}$$

式(6-6)中 $(h^{(k-1)})$ 为前一层的输出,δ 为误差项(Error term),定义为 $\delta^{(k)} = \dfrac{\partial E(y, \hat{y})}{\partial z^{(k)}}$,

其含义为第 k 层神经元对于总误差的灵敏度。根据前向传播可知：

$$h^{(k)} = f_k(z^{(k)})$$
$$z^{(k+1)} = w^{(k+1)} h^{(k)} + b^{(k+1)} \quad (6\text{-}7)$$

再依据链式法则，$\delta^{(k)}$ 可以表示为：

$$\begin{aligned}
\delta^{(k)} &= \frac{\partial E(y,\hat{y})}{\partial z^{(k)}} \\
&= \frac{\partial h^{(k)}}{\partial z^{(k)}} \times \frac{\partial z^{(k+1)}}{\partial h^{(k)}} \times \frac{\partial E(y,\hat{y})}{\partial z^{(k+1)}} \\
&= \frac{\partial h^{(k)}}{\partial z^{(k)}} \times \frac{\partial z^{(k+1)}}{\partial h^{(k)}} \times \delta^{(k+1)} \\
&= f_k'(z^{(k)}) \times (w^{(k+1)}) \times \delta^{(k+1)} \quad (6\text{-}8)
\end{aligned}$$

由式(6-8)可以看到，第 k 层神经元的误差项 $\delta^{(k)}$，是由 $k+1$ 层的误差项 $\delta^{(k+1)}$ 乘以第 $k+1$ 层的权重，再乘以第 k 层的激活函数的导数(梯度)得到，这就是误差的反向传播。

以下通过一个实例来分析 BP 算法的具体计算过程：假设有一个二分类问题，输入训练样本 $x_j = a = (a_1, a_2) = (1, 2)$，标签为 1，网络所有激活函数选择 Sigmoid 函数，使用均方误差函数作为代价函数，学习率 $\alpha = 0.1$，网络的结构和参数如图 6.5 所示。具体计算步骤如下：

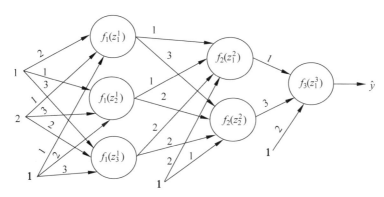

图 6.5 神经网络参数设置

步骤 1，前向传播计算，第一层隐含层输入和输出结果为：

$$z_1^{(1)} = w_{21}^{(1)} \times a_2 + w_{11}^{(1)} \times a_1 + 1 \times b_1^{(1)} = 1 \times 2 + 2 \times 1 + 1 \times 1 = 5$$

$$h_1^{(1)} = f_1(z_1^{(1)}) = \frac{1}{1+e^{-z_1^{(1)}}} = \frac{1}{1+e^{-5}} = 0.993\,307\,149\,075\,715$$

$$z_2^{(1)} = w_{22}^{(1)} \times a_2 + w_{12}^{(1)} \times a_1 + 1 \times b_2^{(1)} = 3 \times 2 + 1 \times 1 + 1 \times 2 = 9$$

$$h_2^{(1)} = f_1(z_2^{(1)}) = \frac{1}{1+e^{-z_2^{(1)}}} = \frac{1}{1+e^{-9}} = 0.999\,876\,605\,424\,014$$

$$z_3^{(1)} = w_{23}^{(1)} \times a_2 + w_{13}^{(1)} \times a_1 + 1 \times b_3^{(1)} = 2 \times 2 + 3 \times 1 + 1 \times 3 = 10$$

$$h_3^{(1)} = f_1(z_3^{(1)}) = \frac{1}{1+e^{-z_3^{(1)}}} = \frac{1}{1+e^{-9}} = 0.999\,954\,602\,131\,298$$

第二层隐含层输入和输出结果如下所示：

$$z_1^{(1)} = w_{31}^{(2)} \times h_3^{(1)} + w_{21}^{(2)} \times h_2^{(1)} + w_{11}^{(2)} \times h_1^{(1)} + 1 \times b_1^{(2)}$$
$$= 2 \times 0.999\,954\,602\,131\,298 + 1 \times 0.999\,876\,605\,424\,014 +$$
$$1 \times 0.993\,307\,149\,075\,715 + 1 \times 2$$
$$= 5.993\,092\,958\,762\,324$$

$$h_1^{(2)} = f_2(z_1^{(2)}) = \frac{1}{1 + e^{-z_1^{(2)}}} = \frac{1}{1 + e^{-5.993\,092\,958\,762\,324}} = 0.997\,510\,281\,884\,102$$

$$z_2^{(2)} = w_{32}^{(2)} \times h_3^{(1)} + w_{22}^{(2)} \times h_2^{(1)} + w_{12}^{(2)} \times h_1^{(1)} + 1 \times b_2^{(2)}$$
$$= 2 \times 0.999\,954\,602\,131\,298 + 2 \times 0.999\,876\,605\,424\,014 +$$
$$3 \times 0.993\,307\,149\,075\,715 + 1 \times 1$$
$$= 7.979\,583\,862\,337\,768$$

$$h_2^{(2)} = f_2(z_2^{(2)}) = \frac{1}{1 + e^{-z_2^{(2)}}} = \frac{1}{1 + e^{-7.979\,583\,862\,337\,768}} = 0.999\,657\,735\,314\,358$$

输出层输入和输出结果如下所示：

$$z_1^{(3)} = w_{21}^{(3)} \times h_2^{(2)} + w_{11}^{(3)} \times h_1^{(2)} + 1 \times b_1^{(3)}$$
$$= 3 \times 0.999\,657\,735\,314\,358 + 1 \times 0.997\,510\,281\,884\,102 + 1 \times 2$$
$$= 5.996\,483\,487\,827\,176$$

$$\hat{y} = h_1^{(3)} = f_3(z_1^{(3)}) = \frac{1}{1 + e^{-z_1^{(3)}}} = \frac{1}{1 + e^{-5.996\,483\,487\,827\,176}} = 0.997\,518\,688\,140\,956$$

步骤 2，反向传播计算。反向传播首先计算输出层的误差项，根据误差函数 $E = \frac{1}{2}(y - \hat{y})^2$，已知该样本的分类标签为 1，而网络的预测值为 0.997\,518\,688\,140\,956，因此误差为 0.002\,481\,311\,859\,044，输出层的误差项为：

$$\delta^{(3)} = \frac{\partial E(y,\hat{y})}{\partial z^{(3)}} = \frac{\partial E(y,\hat{y})}{\partial h^{(3)}} \times \frac{\partial h^{(3)}}{\partial z^{(3)}} = [-0.002\,481\,311\,859\,044] \times f_3'(z^{(3)})$$
$$= [-0.002\,481\,311\,859\,044] \times f_3(z^{(3)}) \times [1 - f_3(z^{(3)})]$$
$$= [-0.002\,481\,311\,859\,044] \times [0.997\,518\,688\,140\,956] \times$$
$$[1 - 0.997\,518\,688\,140\,956]$$
$$= [-0.000\,006\,141\,631\,331\,652\,465]$$

$$\delta^{(2)} = \frac{\partial E(y,\hat{y})}{\partial z^{(2)}} = f_2'(z^{(2)}) \times (w^{(2+1)}) \times \delta^{(2+1)}$$
$$= \begin{bmatrix} f_2'(z_1^{(2)}) & 0 \\ 0 & f_2'(z_2^{(2)}) \end{bmatrix} \times \begin{bmatrix} 1 \\ 3 \end{bmatrix} \times [-0.000\,006\,141\,631\,331]$$
$$= \begin{bmatrix} 0.002\,483\,519\,419\,601 & 0 \\ 0 & 0.000\,342\,147\,540\,526 \end{bmatrix} \times \begin{bmatrix} -0.000\,006\,141\,631\,331 \\ -0.000\,018\,424\,893\,994 \end{bmatrix}$$
$$= \begin{bmatrix} -0.000\,000\,015\,252\,860 \\ -0.000\,000\,006\,304\,032 \end{bmatrix}$$

$$\delta^{(1)}=\frac{\partial E(y,\hat{y})}{\partial z^{(1)}}=f'_1(z^{(1)})\times(w^{(1+1)})\times\delta^{(1+1)}$$

$$=\begin{bmatrix} f'_1(z_1^{(1)}) & 0 & 0 \\ 0 & f'_1(z_2^{(1)}) & 0 \\ 0 & 0 & f'_1(z_3^{(1)}) \end{bmatrix}\times\begin{bmatrix} 1 & 3 \\ 1 & 2 \\ 2 & 2 \end{bmatrix}\times\begin{bmatrix} -0.000\,000\,015\,252\,860 \\ -0.000\,000\,006\,304\,032 \end{bmatrix}$$

$$=\begin{bmatrix} 0.006\,648\,056\,670\,790 & 0 & 0 \\ 0 & 0.000\,123\,379\,349\,764 & 0 \\ 0 & 0 & 0.000\,045\,395\,807\,735 \end{bmatrix}\times$$

$$\begin{bmatrix} -0.000\,000\,034\,164\,956 \\ -0.000\,000\,027\,860\,924 \\ -0.000\,000\,043\,113\,784 \end{bmatrix}$$

$$=\begin{bmatrix} -0.000\,000\,000\,227\,130 \\ -0.000\,000\,000\,003\,437 \\ -0.000\,000\,000\,001\,957 \end{bmatrix}$$

步骤3,更新参数计算。更新公式为:

$$w^{(k)}=w^{(k)}-\alpha\times(\delta^{(k)}(h^{(k-1)})+w^{(k)})$$
$$b^{(k)}=b^{(k)}-\alpha\times\delta^{(k)}$$

$$(6\text{-}9)$$

输入层到第一隐含层的权重更新:

$$w^{(1)}=w^{(1)}-0.1\times(\delta^{(1)}(a)^{\mathrm{T}}+w^{(1)})$$

$$=\begin{bmatrix} 1 & 2 \\ 3 & 1 \\ 2 & 3 \end{bmatrix}-0.1\times\left(\begin{bmatrix} -0.000\,000\,000\,227\,130 \\ -0.000\,000\,000\,003\,437 \\ -0.000\,000\,000\,001\,957 \end{bmatrix}\times\begin{bmatrix} 2 & 1 \end{bmatrix}+\begin{bmatrix} 1 & 2 \\ 3 & 1 \\ 2 & 3 \end{bmatrix}\right)$$

$$=\begin{bmatrix} 0.900\,000\,000\,045\,426 & 1.800\,000\,000\,022\,713 \\ 2.700\,000\,000\,000\,687 & 0.900\,000\,000\,000\,343 \\ 1.800\,000\,000\,000\,391 & 2.700\,000\,000\,000\,195 \end{bmatrix}$$

$$b^{(1)}=b^{(1)}-\alpha\times\delta^{(1)}$$

$$=\begin{bmatrix} 1 \\ 2 \\ 3 \end{bmatrix}-0.1\times\begin{bmatrix} -0.000\,000\,000\,227\,130 \\ -0.000\,000\,000\,003\,437 \\ -0.000\,000\,000\,001\,957 \end{bmatrix}$$

$$=\begin{bmatrix} 1.000\,000\,000\,022\,713 \\ 2.000\,000\,000\,000\,343 \\ 3.000\,000\,000\,000\,195 \end{bmatrix}$$

可继续根据式(6-9)求解第一隐含层到第二隐含层,以及第二隐含层到输出层的权重更新值。

6.3　神经网络实例分析

6.3.1　实例一：神经网络实现简单分类问题

1. 问题描述

1）数据

数据文件从本书配套的源码中获取，文件名为 ecoli. txt，数据包含两类病毒样本，每个样本包含 7 个特征，本实例采用前馈网络实现简单分类问题。

2）网络结构

实现如图 6.6 所示的神经网络。输入层包含 7 个节点，隐含层包含 10 个节点，输出层包含 1 个节点。训练所设计的神经网络，训练过程如图 6.7 所示。

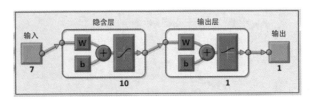

图 6.6　神经网络结构图

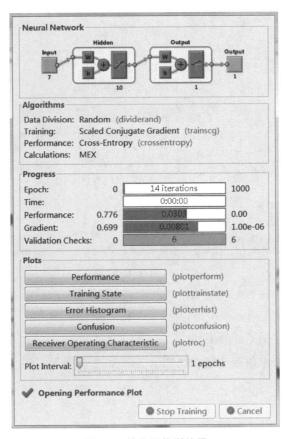

图 6.7　神经网络训练图

　　分析网络训练结果,查看和分析神经网络训练性能图(Performance)如图 6.8 所示。分析网络训练结果中的训练状态图(Training state)如图 6.9 所示。查看网络训练结果中的误差直方图(Error histogram)如图 6.10 所示,分析网络训练误差。查看网络训练结果中的混淆矩阵(Confusion)如图 6.11 所示,分析网络训练、交叉验证和测试精度。画出 ROC (Receiver Operating Characteristic)曲线图如图 6.12 所示,分析网络训练、交叉验证和测试 ROC 曲线特性。

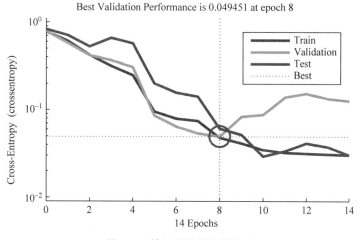

图 6.8　神经网络训练性能图

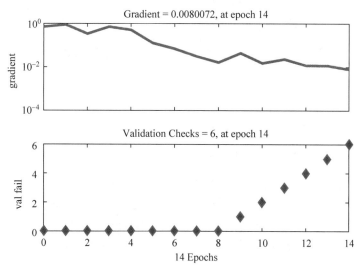

图 6.9　神经网络训练状态图

2. 实例分析参考解决方案

MATLAB/Octave 实现代码如下所示:

```
clear; clc;
A = load('ecoli.txt');              % 导入 ecoli 数据
C = A(1:end, 1:end - 1)';           % C 为特征矩阵
```

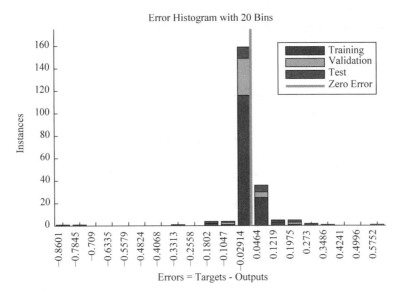

图 6.10　神经网络误差直方图

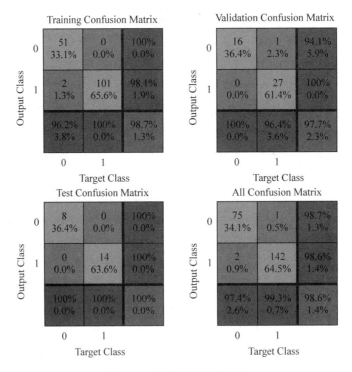

图 6.11　神经网络混淆矩阵

```
T = A(:, end)';                    % T 为分类标签向量
net = feedforwardnet;              % 初始化一个神经网络 'net'
net = configure(net, C, T);
hiddenLayerSize = 10;              % 设置隐含层节点数为 10
net = patternnet(hiddenLayerSize);
```

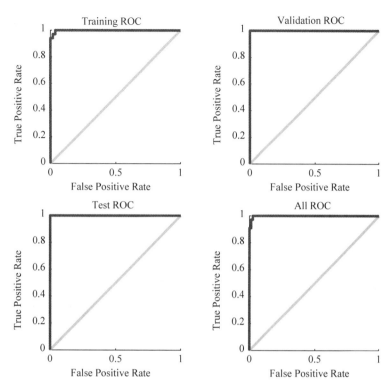

图 6.12　神经网络 ROC 曲线

```
net.divideParam.trainRatio = 0.7;        % 70％训练数据
net.divideParam.valRatio = 0.2;          % 20％交叉验证数据
net.divideParam.testRatio = 0.1;         % 10％测试数据
[net,tr] = train(net, C, T);             % 训练网络,模型参数保存在 net 中
outputs = net(C);                        % 将特征矩阵输入模型
errors = gsubtract(T, outputs);          % 计算分类错误率
performance = perform(net, T, outputs)   % 输出网络性能
view(net)                                % 可视化网络结构
```

运行以上代码在控制台输出结果为：

```
performance =
    0.0496
```

6.3.2　实例二：神经网络解决预测问题

1. 问题描述

1) 数据

股票上证指数 2019 年 7 月 25 日到 2019 年 9 月 4 日的 30 天开盘价格和收盘价格如表 6.2 所示。

视频讲解

表 6.2 股票开盘和收盘价格

日期 date	开盘价格 beginPrice	收盘价格 endPrice	日期 date	开盘价格 beginPrice	收盘价格 endPrice
20190725	2923.19	2937.36	20190815	2762.34	2815.80
20190726	2928.06	2944.54	20190816	2817.57	2823.82
20190729	2943.92	2941.01	20190819	2835.52	2883.10
20190730	2946.26	2952.34	20190820	2879.08	2880.00
20190731	2944.40	2932.51	20190821	2875.47	2880.33
20190801	2920.85	2908.77	20190822	2887.66	2883.44
20190802	2861.33	2867.84	20190823	2885.15	2897.43
20190805	2854.58	2821.50	20190826	2851.02	2863.57
20190806	2776.69	2777.56	20190827	2879.52	2902.19
20190807	2789.02	2768.68	20190828	2901.63	2893.76
20190808	2784.18	2794.55	20190829	2896.00	2890.92
20190809	2805.59	2774.75	20190830	2907.38	2886.24
20190812	2781.98	2814.99	20190902	2886.94	2924.11
20190813	2798.05	2797.26	20190903	2925.94	2930.15
20190814	2824.49	2808.91	20190904	2927.75	2957.41

2）网络结构

设计三层神经网络，隐含层包括 25 个节点，利用所设计的神经网络来预测股票的收盘均价。

3）可视化

可建立一个 30 行 2 列的矩阵存储股票数据，矩阵的第一列输入表 6.2 中的股票开盘价格，第二列输入股票的收盘价格，如果股票的收盘价格高于开盘价格则用红色显示，反之则用绿色显示，可视化股票数据如图 6.13 所示。采用本实例所设计的神经网络预测股票收盘均价，并可视化预测结果。

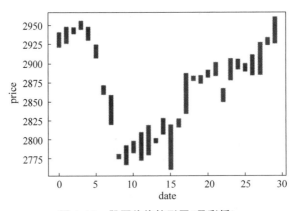

图 6.13 股票价格柱形图（见彩插）

2. 实例分析参考解决方案

Python 实现代码如下所示：

```
import tensorflow as tf
import numpy as np
import matplotlib.pyplot as plt
date = np.linspace(1,30,30)
beginPrice = np.array([2923.19,2928.06,2943.92,2946.26,2944.40,2920.85,2861.33,2854.58,
                       2776.69,2789.02,2784.18,2805.59,2781.98,2798.05,2824.49,2762.34,
                       2817.57,2835.52,2879.08,2875.47,2887.66,2885.15,2851.02,2879.52,
                       2901.63,2896.00,2907.38,2886.94,2925.94,2927.75])
endPrice = np.array([2937.36,2944.54,2941.01,2952.34,2932.51,2908.77,2867.84,2821.50,
                     2777.56,2768.68,2794.55,2774.75,2814.99,2797.26,2808.91,2815.80,
                     2823.82,2883.10,2880.00,2880.33,2883.44,2897.43,2863.57,2902.19,
                     2893.76,2890.92,2886.24,2924.11,2930.15,2957.41])
for i in range(0,30):    #画柱形图
    dateOne = np.zeros([2])
    dateOne[0] = i;
    dateOne[1] = i;
    priceOne = np.zeros([2])
    priceOne[0] = beginPrice[i]
    priceOne[1] = endPrice[i]
    if endPrice[i]>beginPrice[i]:
        plt.plot(dateOne,priceOne,'r',lw=6)
    else:
        plt.plot(dateOne,priceOne,'g',lw=6)
plt.xlabel("date")
plt.ylabel("price")
# 网络结构: X(30x1) * w1(1x25) + b1(1*25) = hidden_layer(30x25)
#            hidden_layer(30x25) * w2(25x1) + b2(30x1) = output(30x1)
#            X -> hidden_layer -> output
dateNormal = np.zeros([30,1])
priceNormal = np.zeros([30,1])
#归一化
for i in range(0,30):
    dateNormal[i,0] = i/29.0;
    priceNormal[i,0] = endPrice[i]/3000.0;
x = tf.placeholder(tf.float32,[None,1])
y = tf.placeholder(tf.float32,[None,1])
# X -> hidden_layer
w1 = tf.Variable(tf.random_uniform([1,25],0,1))
b1 = tf.Variable(tf.zeros([1,25]))
wb1 = tf.matmul(x,w1) + b1
layer1 = tf.nn.relu(wb1) #激励函数
# hidden_layer -> output
w2 = tf.Variable(tf.random_uniform([25,1],0,1))
b2 = tf.Variable(tf.zeros([30,1]))
wb2 = tf.matmul(layer1,w2) + b2
layer2 = tf.nn.relu(wb2)
loss = tf.reduce_mean(tf.square(y-layer2)) #y为真实数据,layer2为网络预测结果
#梯度下降
train_step = tf.train.GradientDescentOptimizer(0.1).minimize(loss)
with tf.Session() as sess:
    sess.run(tf.global_variables_initializer())
```

```
        for i in range(0,20000):
            sess.run(train_step,feed_dict = {x:dateNormal,y:priceNormal})
        #预测, X  w1w2 b1b2 --> layer2
        pred = sess.run(layer2,feed_dict = {x:dateNormal})
        predPrice = np.zeros([30,1])
        for i in range(0,30):
            predPrice[i,0] = (pred * 3000)[i,0]
        plt.plot(date,predPrice,'b',lw = 1)
plt.show()
```

运行以上代码可视化神经网络的预测结果如图 6.14 所示。

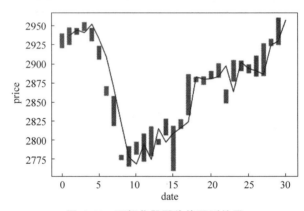

图 6.14　可视化股票价格预测结果

6.4　习题

1. 请简述 BP 算法的基本原理，并分析 BP 算法的优点与局限性。

2. 基于 Python 机器学习库 Sklearn 的神经网络函数，对表 6.3 中包含 30 个样本的两类数据实现分类。

表 6.3　训练数据样本

特征 1	特征 2	类　　别	特征 1	特征 2	类　　别
−0.017 612	14.053 064	0	−1.395 634	4.662 541	1
−0.752 157	6.538 62	0	0.406 704	7.067 335	1
−1.322 371	7.152 853	0	−2.460 15	6.866 805	1
0.423 363	11.054 677	0	0.850 433	6.920 334	1
0.667 394	12.741 452	0	1.176 813	3.167 02	1
0.569 411	9.548 755	0	−0.566 606	5.749 003	1
−0.026 632	10.427 743	0	0.931 635	1.589 505	1
1.347 183	13.1755	0	−0.024 205	6.151 823	1
−1.781 871	9.097 953	0	−0.036 453	2.690 988	1
−0.576 525	11.778 922	0	−0.196 949	0.444 165	1
1.217 916	9.597 015	0	1.014 459	5.754 399	1

续表

特征 1	特征 2	类　别	特征 1	特征 2	类　别
−0.733 928	9.098 687	0	1.985 298	3.230 619	1
1.416 614	9.619 232	0	−1.693 453	−0.557 54	1
1.388 61	9.341 997	0	−0.346 811	−1.678 73	1
0.317 029	14.739 025	0	−2.124 484	2.672 471	1

（1）神经网络对数据的范围敏感，在训练之前需要对数据进行归一化（函数 StandardScaler），将特征数据缩放到区间 $[-1,1]$，在训练结束后还需要将数据反归一化（函数 transform）；

（2）采用 Sklearn 库中的 MLPClassifier 多层神经网络函数，构建包含两个隐含层的多层神经网络。网络结构为：输入层 2 个神经元，第一个隐含层包含 5 个神经元，第二个隐含层包含 2 个神经元，输出结果为两分类。

（3）采用 Python 库中的 pyplot 函数可视化网络分类结果。

## 第 7 章

K 近邻算法

K 近邻(K-Nearest Neighbor，K-NN)算法是有监督机器学习中一个简单的、经典的算法，不同于此前基于模型的有监督学习算法，更类似于朴素贝叶斯算法，它是一种用于分类和回归的非参数统计学习方法。在 K 近邻算法中，通过计算测试样本与训练样本之间的距离，然后再依据指定的 K 个距离最小的样本中占优的类别进行决策。

7.1　K 近邻算法原理

假设已知训练数据集样本和标签，对新的测试数据的特征与训练集中所有数据的对应特征求相似度，也称为距离，找到训练集中与测试数据最为相似的前 K 个样本，或者距离最小的前 K 个样本，则该测试数据对应的类别，就为 K 个数据中出现次数最多的那个分类。

假设训练样本数据表示为 (x_i, y_i)，$i \in \{1, 2, \cdots, n\}$，每个样本包含 m 个特征，$x_i = (x_{i1}, x_{i2}, \cdots, x_{im})$，测试样本数据表示为 (t_j, p_j)，$j \in \{1, 2, \cdots, h\}$，每个样本包含 m 个特征，$t_j = (t_{j1}, t_{j2}, \cdots, t_{jm})$，则 K 近邻算法的具体步骤描述如下：

（1）计算测试样本数据与每个训练样本数据之间的距离。距离可采用欧氏距离为：

$$\mathrm{ed}(x_i, t_j) = \sqrt{\sum_{r=1}^{m} (x_{ir} - t_{jr})^2} \tag{7-1}$$

或者曼哈顿距离：

$$\mathrm{md}(x_i, t_j) = \sqrt{\sum_{r=1}^{m} |x_{ir} - t_{jr}|} \tag{7-2}$$

（2）对距离按照递增进行排序；

（3）选取距离最小的 K 个样本，一般设置 $1 \leqslant K \leqslant 20$，如果类别数为偶数，那么通常 K 取奇数；如果类别数为奇数，那么通常 K 取偶数，可以避免投票平局的发生，当 $K=1$ 时，测试数据类别直接由最近的一个样本数据决定；

（4）采用 K 近邻算法解决分类问题，确定前 K 个样本在分类中出现的频率，将频率最高的样本类别赋予测试样本；采用 K 近邻算法解决回归问题，求前 K 个样本的平均值输出，为预测结果的特征向量。

7.2　K近邻算法实例分析

视频讲解

7.2.1　实例一：K近邻算法解决二分类问题

1. 问题描述

1）数据

以下采用K近邻算法来解决鸢尾花的分类问题，每个样本有两个特征：第一个为鸢尾花的花萼长度，第二个为鸢尾花的花萼宽度，具体数据见表7.1，设置K=3，采用欧氏距离，分析分类精度。

表7.1　鸢尾花数据特征

花萼长度/cm	花萼宽度/cm	花类别	花萼长度/cm	花萼宽度/cm	花类别
5.1	3.5	1	7.0	3.2	2
4.9	3.0	1	6.4	3.2	2
4.7	3.2	1	6.9	3.1	2
4.6	3.1	1	5.5	2.3	2
5.0	3.6	1	6.5	2.8	2
5.4	3.9	1	5.7	2.8	2
4.6	3.4	1	6.3	3.3	2
5.0	3.4	1	4.9	2.4	2
4.4	2.9	1	6.6	2.9	2
4.4	3.1	1	5.2	2.7	2

2）可视化

数据集只有两个特征，可以图形化显示K近邻算法的决策结果。

2. 实例分析参考解决方案

导入数据，并画出数据散点图如图7.1所示。MATLAB/Octave参考代码如下所示：

```
clear all;clc;
data = [5.1,3.5;4.9,3.0;4.7,3.2;4.6,3.1;5.0,3.6;5.4,3.9;4.6,3.4;5.0,3.4;4.4,2.9;4.9,3.1;
       7.0,3.2;6.4,3.2;6.9,3.1;5.5,2.3;6.5,2.8;5.7,2.8;6.3,3.3;4.9,2.4;6.6,2.9;5.2,2.7];
labels = [1;1;1;1;1;1;1;1;1;1;2;2;2;2;2;2;2;2;2;2];
figure;
gscatter(data(:,1),data(:,2),labels,'rb');
t_data = [4.6,3.2;5.3,3.7;5.0,3.3;6.2,2.9;4.9,2.5;6.7,2.8];
t_labels = [1;1;1;2;2;2];
xlabel('sepal length (cm)');
ylabel('sepal width (cm)');
```

采用K近邻算法对以上数据进行分类：

```
k = 3;
predicted_labels = zeros(size(t_data,1),1);
ed = zeros(size(t_data,1),size(data,1));
```

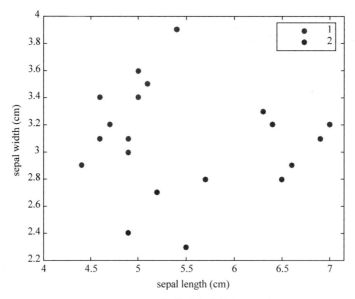

图 7.1　用于 K 近邻算法分类的数据散点图

```
ind = zeros(size(t_data,1),size(data,1));
k_nn = zeros(size(t_data,1),k);
for test_point = 1:size(t_data,1)
    for train_point = 1:size(data,1)
        % 计算并存储欧氏距离
        ed(test_point,train_point) = sqrt( …
            sum((t_data(test_point,:) - data(train_point,:)).^2));
    end
    [ed(test_point,:),ind(test_point,:)] = sort(ed(test_point,:));
end
% 为每个测试数据找到最近的 K 个邻居
k_nn = ind(:,1:k);
```

可视化分类结果如图 7.2 所示。

可视化分类 MATLAB/Octave 参考代码如下所示：

```
% 显示 K 个中心点
hold on;
plot(data(k_nn(:,:),1),data(k_nn(:,:),2),'color',[.5 .5 .5],'marker','o', …
    'linestyle','none','markersize',8);
legend('Iris - setosa','Iris - versicolor','test - data','nearest - neighbors');
hold on;
% 以 K 个点为中心画圆
for i = 1:size(t_data,1)
    h = rectangle('position',[t_data(i,:) - ed(i,3),2 * ed(i,3),2 * ed(i,3)], …
    'curvature',[1 1]);
    h.LineStyle = ':';
end
nn_index = k_nn(:,1);
% 少数服从多数方法投票
```

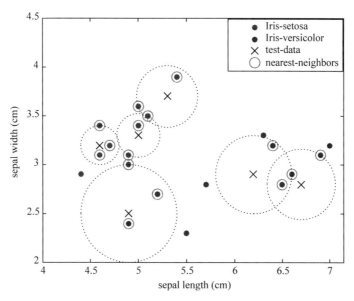

图 7.2　K 近邻分类结果可视化图

```
for i = 1:size(k_nn,1)
    options = unique(labels(k_nn(i,:)'));
    max_count = 0;
    max_label = 0;
    for j = 1:length(options)
        L = length(find(labels(k_nn(i,:)') == options(j)));
        if L > max_count
            max_label = options(j);
            max_count = L;
        end
    end
    predicted_labels(i) = max_label;
end
if isempty(t_labels) == 0
    accuracy = length(find(predicted_labels == t_labels))/size(t_data,1);
end
accuracy
```

运行以上代码也可在控制台查看分类精度如下：

```
accuracy =
    1
```

结果显示，K 近邻算法对测试样本可以完全正确分类。

7.2.2　实例二：K 近邻算法解决多分类问题

1. 问题描述

1）数据

导入本书配套源码中的数据文件 iris_mat.mat，采用 MATLAB/Octave 导入命令：

```
load('iris_mat.mat');
```

定义训练数据为 X，数据标签为 Y，命令如下：

```
X = meas;
Y = species;
```

2）距离函数

对本实例数据集，可采用 MATLAB 内置函数来训练 K 近邻算法实现分类，距离计算公式为：

$$d(x,z) = \sqrt{\sum_{j=1}^{m} w_j (x_j - z_j)^2}$$

其中 w_j 为样本每个特征的权重，MATLAB 实现距离计算的函数为：

```
chiSqrDist = @(x,Z,wt)sqrt((bsxfun(@minus,x,Z).^2) * wt);
```

3）权重对算法精度影响

K 近邻算法的优点很明显，算法简单，容易理解，精度高且理论成熟，既可以用于分类，也可以用于回归，可用于连续和离散数据，训练时间复杂度为 $O(n)$，对异常数据不敏感。然而，K 近邻算法的空间复杂度很高，对样本不平衡问题，如某些类别样本数量多，其他类别样本数据量少的情况很敏感。而且，无论是分类还是回归，衡量邻居相似度与数据特征结构紧密相关。本实例可对特征采取不同权值求解距离，查看 K 近邻算法精度的变化。

2. 实例分析参考解决方案

导入数据后，采用 MATLAB 内置命令来训练 K 近邻算法，距离计算调用以上带权重的距离计算函数，具体代码实现如下：

```
k = 3;
rng(1);
w1 = [0.3; 0.3; 0.2; 0.2];
CVKNNMdl1 = fitcknn(X,Y,'Distance',@(x,Z)chiSqrDist(x,Z,w1),…
    'NumNeighbors',k,'KFold',10,'Standardize',1);
classError1 = kfoldLoss(CVKNNMdl1)
```

代码运行结果为：

```
classError1 =
    0.0600
```

改变特征的权重，重新训练 K 近邻算法分类器如下所示：

```
w2 = [0.2; 0.2; 0.3; 0.3];
CVKNNMdl2 = fitcknn(X,Y,'Distance',@(x,Z)chiSqrDist(x,Z,w2),…
    'NumNeighbors',k,'KFold',10,'Standardize',1);
classError2 = kfoldLoss(CVKNNMdl2)
```

代码运行结果为：

```
classError2 =
    0.0400
```

可以看到,改变权重后的 *K* 近邻算法分类器的分类错误率明显降低。

7.3　习题

1. 请简述 *K* 近邻算法实现分类和预测的异同。

2. *K* 近邻算法是一种基于距离的原理简单、容易实现、效果较好的机器学习算法,可用于解决分类和预测问题。目前物联网边缘设备由于计算资源的限制,很多无法运行 Linux 或者 Windows 等支持 Python 或 Java 等高级编程语言的操作系统,而是直接采用 C/C++语言实现感知、传输和处理的业务功能,请根据以下 *K* 近邻算法的实现步骤,编写基于 C 语言的 *K* 近邻算法函数。

(1) *K* 近邻算法的实现步骤如下:

步骤 1,初始化距离为最大值;

步骤 2,计算未知样本和每个训练样本的距离 Dist;

步骤 3,得到目前 *K* 个最近邻样本中的最大距离 MaxDist;

步骤 4,如果 Dist<MaxDist,则将该训练样本作为 *K* 近邻样本;

步骤 5,重复步骤 2～步骤 4,直到未知样本和所有训练样本的距离计算完成;

步骤 6,统计 *K* 个近邻样本中每个类别出现的次数;

步骤 7,选择出现频率最高的类别作为未知样本的类别;

根据以上步骤设计 *K* 近邻算法,*K* 过小分类结果容易受噪声影响,*K* 过大近邻中可能包含太多其他类别的数据,请调试确定 *K* 值取多少合适。

(2) 数据集。数据集样本数为 $N=6$,数据维度为 $D=9$。

1.0	1.1	1.2	2.1	0.3	2.3	1.4	0.5	1
1.7	1.2	1.4	2.0	0.2	2.5	1.2	0.8	1
1.2	1.8	1.6	2.5	0.1	2.2	1.8	0.2	1
1.9	2.1	6.2	1.1	0.9	3.3	2.4	5.5	0
1.0	0.8	1.6	2.1	0.2	2.3	1.6	0.5	1
1.6	2.1	5.2	1.1	0.8	3.6	2.4	4.5	0

(3) 距离函数。当样本维度增多时,欧氏距离的区分能力变弱,对比欧氏距离与余弦相似度对预测结果的影响怎样? 参考 MATLAB 中带权重的距离函数公式,编写自定义 *K* 近邻算法的距离计算函数。

(4) 算法复杂度。对于物联网设备编写机器学习算法,必须考虑算法时间和空间复杂度,请对本题中的 *K* 近邻算法分析时间复杂度和空间复杂度,并在保证精度下降有限的前提下,讨论提高算法效率的思路。

## 第 8 章

K 均值算法

K 均值(K-Means)算法是一种简单的经典无监督机器学习算法。K 均值算法的实质是把相似的样本聚集到同一簇中,也就是聚类(Clustering),每一类中的数据的相似度依据距离来决定,距离越小相似度越高,聚类效果越好。与此前的有监督学习算法 K 近邻算法有相似之处,理论上都利用最近邻居的思想,但是实质上是完全不同的两种机器学习算法。

8.1 K 均值算法原理

在给定数据集中根据一定策略选择 K 个点作为每个聚类的簇中心,对剩余所有数据依据其与簇中心的距离划分到相应的簇中,重新计算每个簇中心,重新划分,直到簇中心保持不变或者到达最大迭代次数为止。

假设给定数据集 $\{x_1,x_2,\cdots,x_n\}$,每个样本包含 m 个特征,可以表示为:

$$x_i=(x_{i1},x_{i2},\cdots,x_{im})\in \mathbf{R}^m,i=1,2,\cdots,n \tag{8-1}$$

K 均值算法的目标是将数据划分为 K 类,$\{c_1,c_2,\cdots,c_k\}$,定义 K 个簇中心为:

$$\{\boldsymbol{\mu}_1,\boldsymbol{\mu}_2,\cdots,\boldsymbol{\mu}_k\},\boldsymbol{\mu}_j\in \mathbf{R}^m,j=1,2,\cdots,k \tag{8-2}$$

对于所有样本数据必须满足以下两个条件:

(1) 每个样本数据 x_i,必须属于某一个类 c_j,其中心为 $\boldsymbol{\mu}_j$,当且仅当:

$$\|x_i-\boldsymbol{\mu}_j\|\leqslant \|x_i-\boldsymbol{\mu}_h\|,j\neq h\in\{1,2,\cdots,k\} \tag{8-3}$$

(2) 簇中心点 $\boldsymbol{\mu}_1,\boldsymbol{\mu}_2,\cdots,\boldsymbol{\mu}_k$ 的选择依据是当函数 $J(\boldsymbol{\mu}_1,\boldsymbol{\mu}_2,\cdots,\boldsymbol{\mu}_k)$ 取最小值时,其函数表示为:

$$J(\boldsymbol{\mu}_1,\boldsymbol{\mu}_2,\cdots,\boldsymbol{\mu}_k)=\sum_{h=1}^{k}\sum_{x_i\in c_k}\|x_i-\boldsymbol{\mu}_h\|^2 \tag{8-4}$$

在每一个类 c_j 内部,计算新的簇中心,根据如下均值公式:

$$\boldsymbol{\mu}_j=\frac{1}{\text{NUM}_j}\sum_{x_s\in c_j}x_s \tag{8-5}$$

其中 NUM_j 为对应簇 c_j 中样本数,而且所有簇的样本数之和等于所有样本数,即:

$$\text{NUM}_1+\text{NUM}_2+\cdots+\text{NUM}_k=n \tag{8-6}$$

K 均值算法采用迭代的方法搜索目标函数的局部最优解,对于簇中心的初始值选择会直接影响算法的运行时间和收敛结果,一般采用随机策略选择初始点。距离算法的选择也会导致差异较大的结果,可采用如下闵氏距离公式:

$$D(\boldsymbol{x}_i, \boldsymbol{\mu}_h) = (\parallel \boldsymbol{x}_i - \boldsymbol{\mu}_h \parallel^p)^{\frac{1}{p}} \tag{8-7}$$

在式(8-7)中,当 $p=1$ 时,可表示曼哈顿距离;

当 $p=2$ 时,即可表示欧氏距离;

当 $p=\infty$ 时,即为切比雪夫距离。然而,闵氏距离也存在明显不足,没有充分考虑样本的分布差异。

因此,距离也可以采用夹角余弦法计算,公式表示为:

$$D(\boldsymbol{x}_i, \boldsymbol{\mu}_h) = \frac{\boldsymbol{x}_i \boldsymbol{\mu}_h}{\parallel \boldsymbol{x}_i \parallel \cdot \parallel \boldsymbol{\mu}_h \parallel} \tag{8-8}$$

K 均值算法的伪代码如下:

```
函数 KM
输入: Data = {x₁, x₂, …, xₙ}; K = k;
输出: μ = {μ₁, μ₂, …, μₖ};
开始
{μ₁, μ₂, …, μₖ} = RandomSelect(Data, K);
T = IterationTimes;
c₁ = c₂ = … = cₖ = φ; //inital  for  null
for  t = 1  to  T
  for  i = 1  to  n
    for  j = 1  to  K
      DistData(i, j) = DecreasSort(D(Dataᵢ - μⱼ));
      cⱼ = cⱼ ∪ {Dataᵢ⁽ʲ⁾};
    for  j = 1  to  K
      μ'ⱼ = 1/NUMⱼ(sum(cⱼ));
      if  μ'ⱼ ≠ μⱼ  then
        μⱼ = μ'ⱼ;
      else
        break;
return  {μ₁, μ₂, …, μₖ};
结束
```

以下通过一个实例分析 K 均值算法的实现原理。假设有 6 个样本点,每个样本点有两个特征,如表 8.1 所示。

表 8.1　用于 K 均值算法的数据

数　　据	X(特征 1)	Y(特征 2)
$S1$	0	0
$S2$	1	2
$S3$	3	1
$S4$	8	8
$S5$	9	10
$S6$	10	7

在表 8.1 中数据仅包含两个特征,可以可视化数据如图 8.1 所示。

从图 8.1 中可很明显地看到,$S1$、$S2$ 和 $S3$ 可以按照距离划分为一类,$S4$、$S5$ 和 $S6$ 可以划分为第二类,观察 K 均值算法是否可以得到相同结果。K 均值算法完成以上聚类任务的步骤如下所示:

步骤 1,选择初始簇中心 MU。此处选择 $MU1=S1$,$MU2=S2$;

步骤 2,计算聚类中心到每个样本点的欧氏距离。计算结果记录在表 8.2 中,其中加粗的为距离较小的。

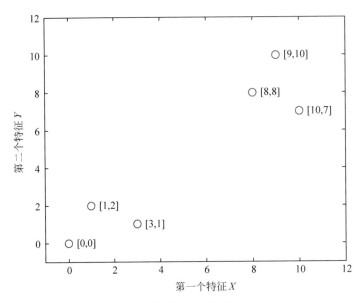

图 8.1 K 均值算法数据可视化图(见彩插)

表 8.2 聚类中心到每个样本的距离

数　　据	MU1(0,0)	MU2(1,2)
$S1(0,0)$	**0**	2.2316
$S2(1,2)$	2.2316	**0**
$S3(3,1)$	3.1623	**2.2361**
$S4(8,8)$	11.3137	**9.2195**
$S5(9,10)$	13.4536	**11.3173**
$S6(10,7)$	12.2066	**10.2965**

所以,第一次聚类的结果为:

第一类,$S1$

第二类,$S2$,$S3$,$S4$,$S5$,$S6$

步骤 3,计算新的簇中心;

$$\text{MU1}=S1=(0,0),\text{MU2}=\frac{1}{5}(S2+S3+S4+S5+S6)$$

$$=\left(\frac{(1+3+8+9+10)}{5},\frac{(2+1+8+10+7)}{5}\right)=(6.2,5.6)$$

步骤4,重新计算各个样本到新簇中心的距离,计算结果记录在表8.3中,其中加粗的为距离较小的。

表 8.3　新聚类中心到每个样本的距离

数　　据	MU1(0,0)	MU2(6.2,5.6)
S1(0,0)	**0**	8.3546
S2(1,2)	**2.2316**	6.3246
S3(3,1)	**3.1623**	5.6036
S4(8,8)	11.3137	**3.0000**
S5(9,10)	13.4536	**5.2154**
S6(10,7)	12.2066	**4.0497**

这时可以看到前3个样本数据到第一类簇中心距离更小,后3个样本到第二类簇中心距离更近,所以第二次聚类划分结果如下:

第一类,S1,S2,S3

第二类,S4,S5,S6

步骤5,计算新的簇中心;

$$MU1 = \frac{1}{3}(S1 + S2 + S3) = \left(\frac{(0+1+3)}{3}, \frac{(0+2+1)}{3}\right) = (1.3333, 1.0000)$$

$$MU2 = \frac{1}{3}(S4 + S5 + S6) = \left(\frac{(8+9+10)}{3}, \frac{(8+10+7)}{3}\right) = (9.0000, 8.3333)$$

步骤6,重新计算各个样本到新簇中心的距离,计算结果记录在表8.4中,其中加粗的为距离较小的。

表 8.4　更新聚类中心到每个样本的距离

数　　据	MU1(1.3333,1.0000)	MU2(9.000,8.3333)
S1(0,0)	**1.6666**	12.2656
S2(1,2)	**1.0541**	10.2035
S3(3,1)	**1.6667**	9.4751
S4(8,8)	9.6667	**1.0541**
S5(9,10)	11.8228	**1.6667**
S6(10,7)	10.5401	**1.6666**

所以,第三次聚类划分结果如下:

第一类,S1,S2,S3

第二类,S4,S5,S6

此时的聚类结果与上一次的聚类结果相同,当计算新的聚类中心与上一步无变化,说明算法已经收敛,可以看到 *K* 均值算法的聚类结果与预期结果一致。

8.2 K 均值算法实例分析

8.2.1 实例一: K 均值算法实现简单聚类

视频讲解

1. 问题描述

1）数据

随机生成一组正态分布的数据,采用 K 均值算法来实现聚类。

2）聚类

查看不同的 K 值对聚类结果的影响。

2. 实例分析参考解决方案

生正态分布的随机样本数据,每个样本包含两个特征,MATLAB 参考代码如下所示:

```
clc;clear all;close all;
Sigma = [0.5 0.05; 0.05 0.5];
f1      = mvnrnd([0.5 0],Sigma,100);
f2      = mvnrnd([0.5 0.5],Sigma,100);
f3      = mvnrnd([0.5 1],Sigma,100);
f4      = mvnrnd([0.5 1.5],Sigma,100);
F       = [f1;f2;f3;f4];
```

画出不同的 K 值聚类后的数据划分和簇中心,具体如图 8.2 所示。设置 K 均值训练的不同 K 值,参考代码如下所示:

```
% K = 1; % K = 4; % K = 6;
K = 3; KMI = 10; CENTS = F( ceil(rand(K,1) * size(F,1)) ,:); DAL = zeros(size(F,1),K+2);
for n = 1:KMI
    for i = 1:size(F,1)
        for j = 1:K
        DAL(i,j) = norm(F(i,:) - CENTS(j,:));
    end
    % 1:K 为到聚类中心的距离 1:K
    [Distance, CN] = min(DAL(i,1:K));
    DAL(i,K+1) = CN;                        % K+1 为聚类标签
    DAL(i,K+2) = Distance;                  % K+2 为最小距离
    end
    for i = 1:K
      A = (DAL(:,K+1) == i);                % K 个聚类中心
      CENTS(i,:) = mean(F(A,:));            % 新的聚类中心
      % 如果 CENTS(i,:)聚类中心为空,则用随机点替换
      if sum(isnan(CENTS(:))) ~= 0
          NC = find(isnan(CENTS(:,1)) == 1);  % 找到空的聚类中心
          for Ind = 1:size(NC,1)
              CENTS(NC(Ind),:) = F(randi(size(F,1)),:);
```

```
        end
    end
  end
end
```

画聚类中心的参考代码如下所示:

```
figure;
CV = ' + r + b + g + m + y + corobogomoysrsbscsmsksy'; % Color Vector
hold on
for i = 1 : K
```

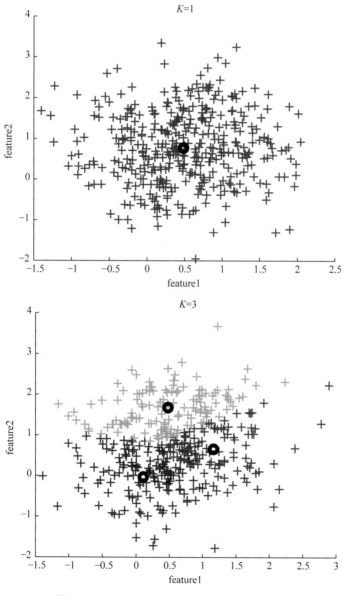

图 8.2 不同 K 值对应的聚类结果图(见彩插)

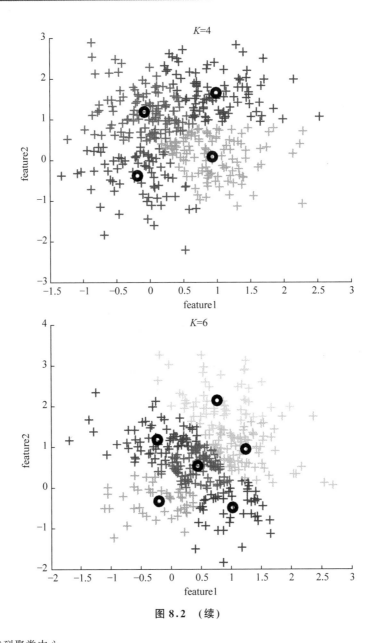

图 8.2 （续）

```
  % 找到聚类中心
  PT = F(DAL(:, K + 1) == i, :);
  % 确定画图的颜色和数据点的大小
  plot(PT(:, 1),PT(:, 2),CV(2 * i - 1 : 2 * i), 'LineWidth', 1);
  % 画聚类中心
  plot(CENTS(:, 1), CENTS(:, 2), 'ok', 'LineWidth', 3);
end
xlabel('feature1');ylabel('feature2');
title(sprintf('K = % g',K));
```

8.2.2　实例二：*K* 均值算法解决病毒聚类问题

1. 问题描述

1）数据

导入本书配套源码中的病毒数据,文件名为 ecoli.mat,数据集包含 336 个样本,分为 8 类,每个样本包含 7 个特征。

2）聚类

采用 MATLAB 内置 *K* 均值算法函数,对以上数据实现聚类,并对聚类标签相同类别的样本按顺序组合,图形显示样本的第一个特征与簇中心的关系。

2. 实例分析参考解决方案

忽略数据集中的标签列,对数据集实现聚类,参考代码如下所示:

```
clear all; close all;load('ecoli.mat');
[m, n] = size(A); B = A(1:end, 1:end − 1); Idx = kmeans(B, 8);
B1 = B(Idx == 1);B2 = B(Idx == 2);B3 = B(Idx == 3);B4 = B(Idx == 4);
B5 = B(Idx == 5);B6 = B(Idx == 6);B7 = B(Idx == 7);B8 = B(Idx == 8);
mu1 = mean(B1); mu2 = mean(B2); mu3 = mean(B3); mu4 = mean(B4);
mu5 = mean(B5); mu6 = mean(B6); mu7 = mean(B7); mu8 = mean(B8);
S1 = 1:length(B1);
S2 = S1(end) + 1:S1(end) + length(B2);
S3 = S2(end) + 1:S2(end) + length(B3);
S4 = S3(end) + 1:S3(end) + length(B4);
S5 = S4(end) + 1:S4(end) + length(B5);
S6 = S5(end) + 1:S5(end) + length(B6);
S7 = S6(end) + 1:S6(end) + length(B7);
S8 = S7(end) + 1:S7(end) + length(B8);
figure;
plot(S1, B1, 'ro', S2, B2, 'bd', S3, B3, 'gs', S4,B4, …
    'c^',S5,B5,'m + ',S6,B6,'yx',S7,B7,'r.',S8,B8,'b >');
hold on;
c1 = mean(S1); c2 = mean(S2); c3 = mean(S3); c4 = mean(S4);
c5 = mean(S5); c6 = mean(S6); c7 = mean(S7); c8 = mean(S8);
plot(c1, mu1, 'ko', c2, mu2, 'kd', c3, mu3, 'ks',c4, mu4, 'k^', …
    c5, mu5, 'k + ', c6, mu6, 'kx', c7, mu7, 'k.',c8, mu8,'k>','LineWidth', 3);
legend('Cluster1', 'Cluster2', 'Cluster3', 'Cluster4', …
    'Cluster5', 'Cluster6', 'Cluster7', 'Cluster8');
xlabel('Sampes ID');ylabel('Feature1');
```

显示第一个特征与簇中心的关系如图 8.3 所示。

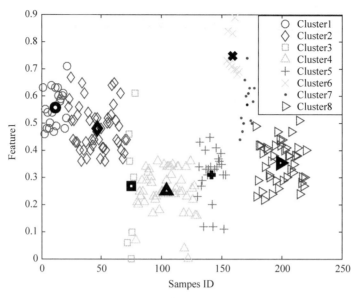

图 8.3　第一个特征与簇中心关系图（见彩插）

8.3　习题

1. K 均值算法与 K 近邻(K-NN)算法很相似,都是基于距离的简单机器学习算法,但是 K 均值算法是无监督的聚类算法,而 K 近邻算法是有监督的分类算法,请从两种算法的目标、训练数据、训练过程、K 的含义等几个方面说明两者的本质区别。

2. 基于 Python 的机器学习库 Sklearn 实现 K 均值聚类算法,分析 K 均值算法在处理非线性数据的局限性,并采用核函数将数据映射到更高维空间,再实现非线性数据的聚类。

（1）生成非线性随机数据（函数 make_moons）。

（2）采用 K 均值算法实现聚类（函数 KMeans）,观察算法对非线性数据聚类是否成功。如果无法正确划分非线性边界,请采用核函数（函数 SpectralClustering）投影数据到高维空间,观察投影后的数据是否可以线性分离。

## 第 9 章

高斯混合模型

高斯混合模型（Gaussian Mixture Model，GMM）和 K 均值算法类似，也是一种简单而成熟的聚类方法，它与 K 均值算法的不同之处在于，GMM 假设待聚类数据服从多个混合在一起的多元高斯分布，其中每一个高斯模型可以看作一个类别，根据高斯概率密度函数（Probability Density Function，PDF）来划分输入样本的类别，所以，GMM 相对于 K 均值聚类更精确，也更适合较为复杂的符合高斯分布的数据聚类分析。

9.1 高斯混合模型原理

假设 GMM 由 M 个高斯分布组成，每个高斯分布称为一个组件（Component），其中每个组件的高斯分布函数是均值（Mean）与协方差（Variance）的函数，所有组件线性累加在一起组成一个 GMM，可表示为：

$$p(\boldsymbol{x} \mid \boldsymbol{\theta}) = \sum_{k=1}^{M} w_k p(\boldsymbol{x} \mid \theta_k) \tag{9-1}$$

其中 w_k 表示 GMM 模型中第 k 个组件的权重，所有组件的权重之和为 1，即 $\sum_{k=1}^{M} w_k = 1$，$w_k > 0$；θ_k 表示第 k 个组件的参数均值和协方差，$\theta_k = (\boldsymbol{\mu}_k, \boldsymbol{\Sigma}_k)$；$p(\boldsymbol{x} \mid \theta_k)$ 是第 k 个组件的 D 元高斯概率密度函数，表示为：

$$p(\boldsymbol{x} \mid \theta_k) = p(\boldsymbol{x} \mid (\boldsymbol{\mu}_k, \boldsymbol{\Sigma}_k)) = \frac{1}{2\pi^{D/2} |\boldsymbol{\Sigma}_k|^{\frac{1}{2}}} e^{\left\{-\left(\frac{1}{2}\right)(\boldsymbol{x} - \boldsymbol{\mu}_k)^{\mathrm{T}} \boldsymbol{\Sigma}_k^{-1}(\boldsymbol{x} - \boldsymbol{\mu}_k)\right\}} \tag{9-2}$$

当采用 GMM 解决聚类问题时，目的就是寻找 GMM 的相关参数，包括均值、协方差和每个组件的权重，包括：

$$\{M, D, \boldsymbol{\mu}_1, \boldsymbol{\mu}_2, \cdots, \boldsymbol{\mu}_M, \boldsymbol{\Sigma}_1, \boldsymbol{\Sigma}_2, \cdots, \boldsymbol{\Sigma}_M\}$$

其中 M 表示 GMM 模型由多少个多元高斯函数叠加而成，D 表示每个高斯分布是几元的，一组 (M, D) 表示这个 GMM 模型由 M 个 D 元高斯分布叠加而成。其中 $\boldsymbol{\mu}_k$ 表示第 k 个 D 元高斯分布的均值，是一个 D 维向量。其中 $\boldsymbol{\Sigma}_k$ 表示第 k 个 D 元高斯分布的协方差矩阵，是 $D \times D$ 的正定矩阵。通常 D 与待聚类的数据维度一致，所以为已知量，其他均为未知量。

　　GMM 未知的参数可以采用最大期望（Expectation Maximization，EM）算法迭代逼近，但是 EM 算法对初始输入值很敏感，当设置不恰当的初始值时，常常会使得 EM 落入局部最优，所以常常采用 K 均值算法找到期望和协方差的初始值输入 EM，再开始对 GMM 的参数采用 EM 迭代确定最优值。

9.2　最大期望算法

　　最大期望（EM）算法是一种迭代的求解极大似然估计的方法，可以分为 E 步骤和 M 步骤两步交替来实现迭代。在 E 步，算法以极大似然函数的对数形式作为中间变量求出一个极大似然的估计值；在 M 步，算法利用 Jenson 不等式更新参数得到一个比估计值更优的极大似然函数。

　　采用 EM 算法来求解 GMM 模型参数，对每个数据点 $\boldsymbol{x}_i$，在每个 D 元高斯分布都引入中间变量 z_i^k，则其对应的高斯概率密度函数 Q_i，原来的极大似然函数可以表示为：

$$
\begin{aligned}
l(\boldsymbol{\theta}) &= \sum_{i=1}^{n} \sum_{z_i} Q_i(z_i) \log \frac{p(\boldsymbol{x}_i, z_i \mid \boldsymbol{\theta})}{Q_i(z_i)} \\
&= \sum_{i=1}^{n} \sum_{k=1}^{M} Q_i(z_i^k) \log w_k P(\boldsymbol{x}_i \mid \boldsymbol{\mu}_k, \boldsymbol{\Sigma}_k)
\end{aligned}
\tag{9-3}
$$

所以，在 EM 的 E 步中，求得中间变量 $Q_i(z_i^k)$ 表示为：

$$
\begin{aligned}
Q_i(z_i^k) &= p(z_i^k \mid \boldsymbol{x}_i; \boldsymbol{\theta}) \\
&= \frac{w_k P(\boldsymbol{x}_i \mid \boldsymbol{\mu}_k, \boldsymbol{\Sigma}_k)}{\sum_{k=1}^{M} w_k P(\boldsymbol{x}_i \mid \boldsymbol{\mu}_k, \boldsymbol{\Sigma}_k)}
\end{aligned}
\tag{9-4}
$$

然后，在 EM 的 M 步中更新参数的值，分别对每个参数求导，表示为：

$$
w_k = \frac{\sum_{i=1}^{n} Q_i(z_i^k)}{n}
\tag{9-5}
$$

$$
\boldsymbol{\mu}_k = \frac{\sum_{i=1}^{n} \boldsymbol{x}_i Q_i(z_i^k)}{\sum_{i=1}^{n} Q_i(z_i^k)}
\tag{9-6}
$$

$$
\boldsymbol{\Sigma}_k = \frac{\sum_{i=1}^{n} (\boldsymbol{x}_i - \boldsymbol{\mu}_k (\boldsymbol{x}_i - \boldsymbol{\mu}_k)^{\mathrm{T}} Q_i(z_i^k))}{\sum_{i=1}^{n} Q_i(z_i^k)}
\tag{9-7}
$$

　　循环执行 EM 的两步，直到 $Q_i(z_i^k)$ 收敛到一个稳定值，此时计算出来的参数 $\boldsymbol{\theta}$ 即可为聚类所用的 GMM 模型。

9.3 高斯混合模型实例分析

视频讲解

9.3.1 实例一：高斯混合模型聚类原理分析

1. 问题描述

为理解高斯混合模型解决聚类问题的原理,本实例采用 3 个一元高斯函数混合构成原始数据,再采用 GMM 来聚类。

1) 数据

3 个一元高斯组件函数可以采用均值和协方差表示,如表 9.1 所示。

表 9.1 3 个一元高斯组件函数的均值和协方差

高斯组件函数	均 值	协 方 差
1	-1	2.25
2	0	1
3	3	0.25

每个高斯组件函数分配不同的权重,其中 1 号组件权重为 30%,2 号组件权重为 50%,3 号组件权重为 20%,随机生成 1000 个样本数据。

2) 可视化

为了理解 3 个高斯组件函数是如何混合的,可以将 3 个一元高斯函数显示在二维坐标系中,显示 3 个高斯组件函数的钟形图。然后,3 个组件按照权重比率混合,显示 3 个组件函数混合后的图形。

3) 聚类

为了找到混合后的数据属于哪一个组件,可以采用聚类的方法来对数据分类。聚类后给每个数据分配 1、2 或者 3 其中的一个标签,回顾混合 3 个高斯函数时的顺序,对于 1000 个样本数据,是否对应前 300 个属于 1 号组件,正确标签应该为 1;中间 500 个属于 2 号组件;正确标签应该为 2;最后 200 个属于 3 号组件,正确标签应该为 3,查看聚类后得到分类标签的准确率。

2. 实例分析参考解决方案

数据生成 MATLAB/Octave 参考代码如下:

```
mu1 = [ -1];
mu2 = [0];
mu3 = [3];
sigma1 = [2.25];
sigma2 = [1];
sigma3 = [.25];
```

每个高斯组件函数分配不同的权重,其中 1 号组件权重为 30%,2 号组件权重为 50%,3 号组件权重为 20%,随机生成 1000 个样本数据,MATLAB 代码如下:

```
weight1 = [.3];
```

```
weight2 = [.5];
weight3 = [.2];
component_1 = mvnrnd(mu1,sigma1,300);
component_2 = mvnrnd(mu2,sigma2,500);
component_3 = mvnrnd(mu3,sigma3,200);
X = [component_1;component_2;component_3];
```

3 个一元高斯函数显示在二维坐标系中，MATLAB 代码如下：

```
gd1 = exp( - 0.5 * ((component_1 - mu1)/sigma1).^2)/(sigma1 * sqrt(2 * pi));
gd2 = exp( - 0.5 * ((component_2 - mu2)/sigma2).^2)/(sigma2 * sqrt(2 * pi));
gd3 = exp( - 0.5 * ((component_3 - mu3)/sigma3).^2)/(sigma3 * sqrt(2 * pi));
figure;
plot(component_1,gd1,'.');hold on;
plot(component_2,gd2,'.');hold on;
plot(component_3,gd3,'.');
title('Bell cureves of three components');
xlabel('Randomly produced numbers');ylabel('Gauss distribution');
```

运行以上代码后，可看到 3 个组件函数的钟形图如图 9.1 所示。

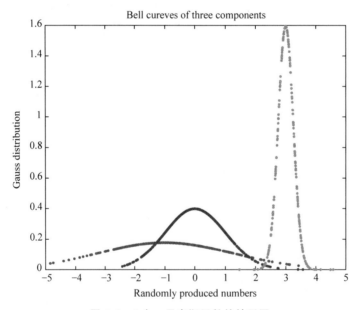

图 9.1　3 个一元高斯函数的钟形图

3 个组件按照权重比率混合，MATLAB 代码如下：

```
gm1 = gmdistribution.fit(X,3);
a = pdf(gm1,X);
figure; plot(X,a,'.');
title('Curve of Gaussian mixture distribution');
xlabel('Randomly produced numbers');
ylabel('Gauss distribution');
```

运行以上代码，获得 3 个组件混合后的图形，如图 9.2 所示。

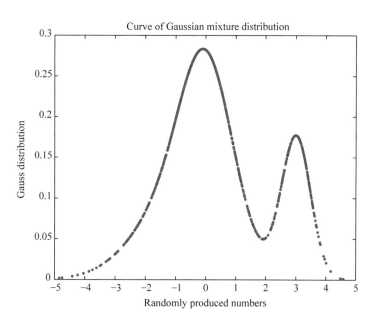

图 9.2　3 个一元高斯函数混合后的图形

为了找到混合后的数据属于哪一个组件,可以采用聚类的方法来对数据分类,
MATLAB 实现代码如下:

```
idx = cluster(gm1, X);
```

聚类后给每个数据分配 1、2 或者 3 其中的一个标签,回顾混合 3 个高斯函数时的顺序,
对于 1000 个样本数据,前 300 个属于 1 号组件,正确标签应该为 1;中间 500 个属于 2 号组
件,正确标签应该为 2;最后 200 个属于 3 号组件,正确标签应该为 3,聚类结果后得到分类
标签的准确率可以采用如下代码来查看:

```
figure;
hold on;
for i = 1:1000
    if idx(i) == 1
        plot(X(i), 0, 'r * ');
    elseif idx(i) == 2
        plot(X(i), 0, 'b + ');
    else
        plot(X(i), 0, 'go');
    end
end
title('Plot illustrating the cluster assignment');
xlabel('Randomly produced numbers');
ylim([ - 0.1 0.1]);
```

运行代码聚类结果如图 9.3 所示。

从图 9.3 可以看出,绝大部分的数据被分配到正确的标签,也存在少数错误分类。

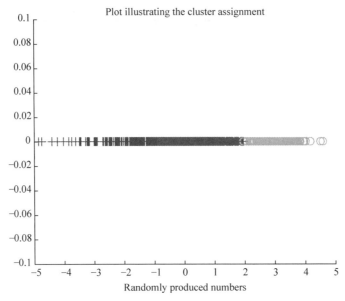

图 9.3　高斯混合模型聚类结果分析

9.3.2　实例二：高斯混合模型实现鸢尾花数据聚类

1. 问题描述

1）数据

导入鸢尾花数据训练集，数据文件 iris_gmm.mat 在本书配套的源码中，数据集中包含 150 条数据，每条记录包含两个特征，分别对应鸢尾花花萼的长度和宽度，部分数据显示如图 9.4 所示。

```
5.10   3.50
4.90   3.00
4.70   3.20
4.60   3.10
5.00   3.60
5.40   3.90
4.60   3.40
```

图 9.4　鸢尾花数据集部分数据

2）聚类

采用高斯混合模型聚类分析鸢尾花数据。

3）可视化

因为数据只有两个特征，可以图形显示待聚类鸢尾花数据。显示高斯混合模型对鸢尾花数据的聚类分析结果。

2. 实例分析参考解决方案

采用高斯混合模型聚类分析鸢尾花数据，MATLAB 源码如下：

```
clear all;clc;
load iris_gmm.mat;
X = meas;
[n,p] = size(X); rng(3);
% 可视化原始数据
figure;
plot(X(:,1),X(:,2),'.','MarkerSize',15);
title('Fisher''s Iris Data Set');
xlabel('Sepal length (cm)');
ylabel('Sepal width (cm)');
```

开始聚类参考代码如下：

```
% 开始聚类
k = 3;
Sigma = {'diagonal','full'};
nSigma = numel(Sigma);
SharedCovariance = {true,false};
SCtext = {'true','false'};
nSC = numel(SharedCovariance);
d = 500;
x1 = linspace(min(X(:,1)) - 2,max(X(:,1)) + 2,d);
x2 = linspace(min(X(:,2)) - 2,max(X(:,2)) + 2,d);
[x1grid,x2grid] = meshgrid(x1,x2);
X0 = [x1grid(:) x2grid(:)];
threshold = sqrt(chi2inv(0.99,2));
% 设置 EM 算法迭代参数为 1000
options = statset('MaxIter',1000);
c = 1;
for i = 1:nSigma;
    for j = 1:nSC;
        gmfit = fitgmdist(X,k,'CovarianceType',Sigma{i},...
            'SharedCovariance',SharedCovariance{j},'Options',options);
        clusterX = cluster(gmfit,X);
        mahalDist = mahal(gmfit,X0);
        figure;
        h1 = gscatter(X(:,1),X(:,2),clusterX);
        hold on;
        for m = 1:k;
            idx = mahalDist(:,m)<= threshold;
            Color = h1(m).Color * 0.75 + - 0.5 * (h1(m).Color - 1);
            h2 = plot(X0(idx,1),X0(idx,2),'.','Color',Color,'MarkerSize',1);
            uistack(h2,'bottom');
        end
        plot(gmfit.mu(:,1),gmfit.mu(:,2),'kx','LineWidth',2,'MarkerSize',10)
        title(sprintf('Sigma is % s, SharedCovariance = % s',...
            Sigma{i},SCtext{j}),'FontSize',7)
        hold off
        c = c + 1;
    end
end
```

运行代码，数据散点图如图 9.5 所示。

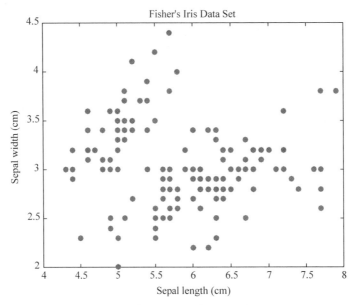

图 9.5 鸢尾花待聚类数据二维图

高斯混合模型聚类后结果如图 9.6 所示。

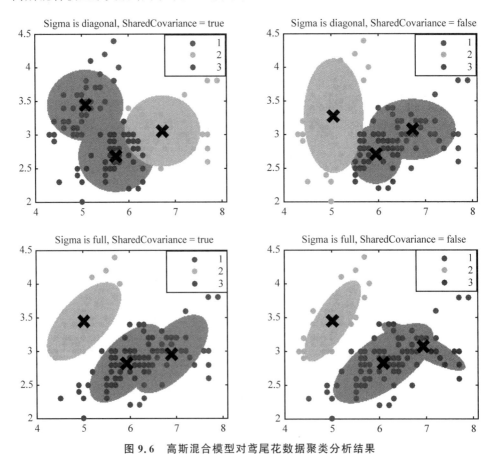

图 9.6 高斯混合模型对鸢尾花数据聚类分析结果

从图 9.5 可以看到,当选择不同的协方差矩阵,设置不同的超参数,可以获得不同形状的圆形或者椭圆形分类簇。

(1) 当协方差矩阵选择对角阵(Diagonal)时,即协方差全为 0,可以独立设置每个维度的类簇大小,并将得到的椭圆约束为轴对称,因为允许形成高斯椭圆等高线,所以可以更好地捕获数据特征。

(2) 当协方差矩阵不选对角阵时,即设置为 full 时,特征值表示在最大扩展方向上的方差幅度,允许将每个簇表示为任意方向的椭圆,计算相对复杂很多。

(3) 当 SharedCovariance 超参数设置为 true 时,意味着协方差矩阵共享相同的值,可有效降低模型的计算复杂度。

9.4 习题

1. 极大似然估计(Maximum-Likelihood Estimation,MLE)是建立在极大似然准则上的一个统计学习方法,当一种模型已知,而参数未知时,利用 MLE 迭代若干次后,得到某组参数使得样本出现的概率最大,则可以逼近最优参数。在现实问题中,对数据缺失和隐含观测变量的模型进行参数逼近时,极大似然函数通常难以求解,最大期望(Expectation Maximization,EM)算法就为解决这类问题而提出。请结合混合高斯模型的特点,简述 EM 算法的原理与实现步骤。

2. 高斯混合模型(GMM) 为克服 K 均值(K-Means)算法的局限性而提出,可以看作 K 均值算法的扩展,用于解决聚类问题,也可以作为一个概率密度估计的工具。

(1) 基于 Python 的机器学习 Sklearn 库中数据发生函数(make_moons),生成随机数据 8000 个,分为 3 个聚类中心,可视化显示数据的散点图。

(2) 对比 K 均值算法和 GMM 模型对第(1)问所生成数据的聚类误差。

## 第 10 章

降 维 算 法

实际的数据经常存在噪声和冗余,从而导致机器学习模型的泛化能力变弱,加之高维度样本稀疏化很容易引起维度灾难,同时由于人类三维物理空间的约束,高维数据无法可视化,所以如果可以保留数据中的有用信息,正确地降低数据维度,可以有效降低运算量,如果可以降低到二维或者三维,就更加可以直观可视化地观察数据特点。降维可以直接选择特征的子集作为数据新的特征,另一种方法是通过线性/非线性函数将原来高维空间的数据,映射到较低维度的特征空间。本章主要讨论两种常用的线性降维算法:第一种为线性判别分析(Linear Discrimination Analysis,LDA),第二种为主成分分析(Principal Component Analysis,PCA)。

10.1 降维算法原理

LDA 是一种有监督的降维算法,基于分类模型进行特征属性合并的操作,对于带标签的数据,通过投影的方式变换到更低的维度空间中,相同类别的点在投影后的低维空间更为接近,不同类别的点在投影后的低维空间应尽可能远离。LDA 的目标是使得投影后的数据点在类内方差最小,在类间方差最大。在 10.2 节将通过实例分析来理解 LDA 降维原理。

主成分分析 PCA 是另外一种常用的降维方法,PCA 可以从冗余特征中提取主要成分,在对模型分类或者预测结果影响不大的情况下,可以减少样本特征维度,提升模型的训练速度。假设有 n 个样本的 m 维训练数据集 D 定义为:

$$D = \begin{bmatrix} x_1 \\ x_2 \\ \vdots \\ x_n \end{bmatrix} = \begin{bmatrix} a_{11} & a_{12} & \cdots & a_{1m} \\ a_{21} & a_{22} & \cdots & a_{2m} \\ \vdots & \vdots & & \vdots \\ a_{n1} & a_{n2} & \cdots & a_{nm} \end{bmatrix}$$

数据集 D 表示为特征向量形式如表 10.1 所示。

表 10.1 数据集 D 表示为特征向量形式

样本	特 征			
	a_1	a_2	$\cdots$	a_m
x_1	a_{11}	a_{12}	$\cdots$	a_{1m}
x_2	a_{21}	a_{22}	$\cdots$	a_{2m}
$\vdots$	$\vdots$	$\vdots$	$\ddots$	$\vdots$
x_n	a_{n1}	a_{n2}	$\cdots$	a_{nm}

实现 PCA 算法的主要步骤如下所示：

（1）特征标准化。具体实现为分别求取每个特征向量 $\boldsymbol{x}_i$ 的均值，对所有样本都减去对应的均值。

$$a_{ij} = a_{ij} - \mu_j, i \in \{1, 2, \cdots, n\}, j \in \{1, 2, \cdots, m\} \tag{10-1}$$

其中 μ_j 为特征 a_j 的均值，$\mu_j = \dfrac{1}{n} \sum\limits_{i=1}^{n} a_{ij}$。

（2）计算协方差矩阵。计算公式如式（10-2）所示。

（3）计算协方差的特征值和特征向量。可以得到 m 个特征值（Eigenvalues）表示为 $\mathrm{eigva}_j(\boldsymbol{\Sigma})$，

$$\boldsymbol{\Sigma} = \begin{pmatrix} \mathrm{cov}(a_1, a_1) & \mathrm{cov}(a_1, a_2) & \cdots & \mathrm{cov}(a_1, a_m) \\ \mathrm{cov}(a_2, a_1) & \mathrm{cov}(a_2, a_2) & \cdots & \mathrm{cov}(a_2, a_m) \\ \vdots & \vdots & & \vdots \\ \mathrm{cov}(a_m, a_1) & \mathrm{cov}(a_m, a_2) & \cdots & \mathrm{cov}(a_m, a_m) \end{pmatrix} \tag{10-2}$$

对应 m 组特征向量，将特征值按照从大到小排序，选择最大的 k 个，其中 $k \leqslant m$，提取对应的 k 个特征向量作为列向量组成新的特征向量矩阵。

$$\mathrm{eigenvalues} = \begin{pmatrix} \mathrm{eigva}_1(\boldsymbol{\Sigma}) \\ \mathrm{eigva}_2(\boldsymbol{\Sigma}) \\ \vdots \\ \mathrm{eigva}_m(\boldsymbol{\Sigma}) \end{pmatrix}_{(m \times 1)} \tag{10-3}$$

$$\mathrm{eigenvectors} = \begin{pmatrix} \mathrm{eigve}_1^{(1)}(\boldsymbol{\Sigma}) & \mathrm{eigve}_1^{(2)}(\boldsymbol{\Sigma}) & \cdots & \mathrm{eigve}_1^{(m)}(\boldsymbol{\Sigma}) \\ \mathrm{eigve}_2^{(1)}(\boldsymbol{\Sigma}) & \mathrm{eigve}_2^{(2)}(\boldsymbol{\Sigma}) & \cdots & \mathrm{eigve}_2^{(m)}(\boldsymbol{\Sigma}) \\ \vdots & \vdots & & \vdots \\ \mathrm{eigve}_m^{(1)}(\boldsymbol{\Sigma}) & \mathrm{eigve}_m^{(2)}(\boldsymbol{\Sigma}) & \cdots & \mathrm{eigve}_m^{(m)}(\boldsymbol{\Sigma}) \end{pmatrix}_{(m \times m)} \tag{10-4}$$

然后，对特征值从大到小排序：

$$\mathrm{eigenvalues}^{(s)} = \begin{pmatrix} \mathrm{eigva}_1^{(s)}(\boldsymbol{\Sigma}) \\ \mathrm{eigva}_2^{(s)}(\boldsymbol{\Sigma}) \\ \vdots \\ \mathrm{eigva}_m^{(s)}(\boldsymbol{\Sigma}) \end{pmatrix}_{(m \times 1)},$$

$$|\mathrm{eigva}_1^{(s)}(\boldsymbol{\Sigma})| \geqslant |\mathrm{eigva}_2^{(s)}(\boldsymbol{\Sigma})| \geqslant \cdots \geqslant |\mathrm{eigva}_m^{(s)}(\boldsymbol{\Sigma})| \tag{10-5}$$

最后，选择对应的前 k 个特征值对应的特征向量组成新的特征向量矩阵：

$$\mathbf{new\_eigenvectors} = \begin{pmatrix} \mathrm{eigve}_1^{(1)}(\boldsymbol{\Sigma}) & \mathrm{eigve}_1^{(2)}(\boldsymbol{\Sigma}) & \cdots & \mathrm{eigve}_1^{(k)}(\boldsymbol{\Sigma}) \\ \mathrm{eigve}_2^{(1)}(\boldsymbol{\Sigma}) & \mathrm{eigve}_2^{(2)}(\boldsymbol{\Sigma}) & \cdots & \mathrm{eigve}_2^{(k)}(\boldsymbol{\Sigma}) \\ \vdots & \vdots & & \vdots \\ \mathrm{eigve}_m^{(1)}(\boldsymbol{\Sigma}) & \mathrm{eigve}_m^{(2)}(\boldsymbol{\Sigma}) & \cdots & \mathrm{eigve}_m^{(k)}(\boldsymbol{\Sigma}) \end{pmatrix}_{(m \times k)} \tag{10-6}$$

（4）计算新的 k 维特征向量。

$$z_j = \mathbf{new\_eigenvectors}^{\mathrm{T}} \times a_j \tag{10-7}$$

10.2 降维算法实例分析

10.2.1 实例一：线性判别分析（LDA）降维算法实现

视频讲解

1. 问题描述

1）数据

假设有客户购买手机的历史数据，手机类别为 Apple 和 Huawei 两类，表示为：

$$C = \{"Apple", "Huawei"\};$$

定义 Apple 手机类别为 0，Huawei 手机为 1，所以二分类问题标签可以表示为 $C = \{0, 1\}$；

数据的两个特征，x_1 为客户的年龄 age，x_2 为客户的收入 income，向量 $\boldsymbol{\mu}_i$ 表示第 i 类手机用户的年龄和收入的均值，$\boldsymbol{\Sigma}_i$ 表示第 i 类手机用户的年龄和收入的协方差，可随机生成 25 个客户数据。生成数据的分布可参考表 10.2 所示。

表 10.2 客户购买手机类型和年龄与收入的原始数据

年龄 Age/岁	收入 Income/元	类别 Class	年龄 Age/岁	收入 Income/元	类别 Class
29	7918	0	60	5553	1
33	12111	0	38	5415	1
34	8907	0	54	4712	1
33	13633	0	37	4346	1
30	9862	0	44	4399	1
27	5598	0	41	4571	1
42	11120	0	52	4529	1
26	6248	0	53	4288	1
38	12482	0	45	4852	1
29	10708	0	47	5323	1
			55	4897	1
			37	5008	1
			45	4140	1
			49	4769	1
			47	4536	1

2）任务

采用 LDA 算法将二维数据映射到一维空间。

2. 实例分析参考解决方案

随机生成客户数据的 MATLAB 参考代码如下：

```
% 假设购买苹果手机的用户平均年龄为 30 岁
% 年龄的标准差为 5
x1_apple_age = round(30 + randn(10,1) * 5);
% 假设购买华为手机的用户平均年龄为 45 岁
% 年龄的标准差为 10
x1_huawei_age = round(45 + randn(15,1) * 10);
% 假设购买苹果手机的用户平均收入为 10000RMB
```

```
% 收入的标准差为 2000RMB
x2_apple_income = round(10000 + randn(10,1) * 2000);
% 假设购买华为手机的用户平均收入为 5000RMB
% 收入的标准差为 500RMB
x2_huawei_income = round(5000 + randn(15,1) * 500);
X1 = [x1_apple_age;x1_huawei_age];
X2 = [x2_apple_income;x2_huawei_income];
X = [X1 X2];
```

给生成的 25 个数据分配标签,代码如下:

```
% 先分配 10 行的标签值为 0(Apple)
% 再分配 15 行的标签值为 1(Huawei)
Y = [zeros(10,1);ones(15,1)];
```

以上数据 MATLAB 可视化代码如下:

```
figure;
% 红色 + 表示数据为 Apple 类
scatter(X(1:10,1),X(1:10,2),'r + '); hold on;
% 蓝色△表示数据为 Huawei 类
scatter(X(11:25,1),X(11:25,2),'b^');
xlabel('age');ylabel('income');legend('Apple','Huawei');
```

运行以上代码可以获得如图 10.1 所示图形。

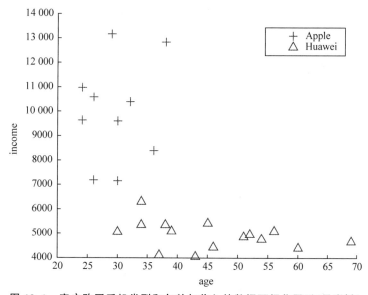

图 10.1 客户购买手机类型和年龄与收入的数据可视化图形(见彩插)

为采用 LDA 分析数据,需要为 LDA 初始化如下变量:

```
% 获得输入数据的行列数
[rows columns] = size(X);
% 获得数据的标签值
Labels = unique(Y);
% 获得每个标签类别对应的样本数
```

```
k = length(Labels);
% 初始化变量
nClass = zeros(k,1);                        % 分类数
ClassMean = zeros(k,columns);               % 平均值
PooledCov = zeros(columns,columns);         % 协方差
Weights = zeros(k,columns + 1);             % 权重参数
```

为计算 LDA 模型的权重，首先需要计算均值向量和协方差矩阵，代码如下所示：

```
Group1 = (Y == Labels(1));                  % 标签为 0
Group2 = (Y == Labels(2));                  % 标签为 1
% 为计算每个标签的样本数，将布尔数组 Group1 和 Group2 转换为数字，然后求和
numGroup1 = sum(double(Group1));
numGroup2 = sum(double(Group2));
```

计算均值和协方差：

```
% 计算标签为 0 的样本的均值向量
MeanGroup(1,:) = mean(X(Group1,:));
% 计算标签为 1 的样本的均值向量
MeanGroup(2,:) = mean(X(Group2,:));
MeanGroup
% 计算标签为 0 的样本的协方差矩阵
Cov1 = cov(X(Group1,:));
Cov1
% 计算标签为 1 的样本的协方差矩阵
Cov2 = cov(X(Group2,:));
Cov2
```

为理解以上均值向量和协方差矩阵求取的过程，首先来查看一下原始数据，如下所示：

```
first_group = [X(1:10,:) Y(1:10)]
second_group = [X(11:25,:) Y(11:25)]
```

假设随机生成数据如表 10.1 所示。对第 0 类的年龄和收入的均值计算结果为：

$$32.1000000000000 \quad 9858.70000000000$$

类似地，对第 1 类的年龄和收入的均值计算结果为：

$$46.9333333333333 \quad 4755.86666666667$$

将以上计算的均值按照矩阵的形式存储在变量 MeanGroup 中，表示为：

$$32.1000000000000 \quad 9858.70000000000$$

$$46.9333333333333 \quad 4755.86666666667$$

类似地，对第 0 类的协方差矩阵计算结果存储在变量 Cov1 中：

$$24.9888888888889 \quad 8745.70000000000$$

$$8745.70000000000 \quad 7152762.90000000$$

其次，对第 1 类的协方差矩阵计算结果存储在变量 Cov2 中：

$$48.6380952380952 \quad 438.133333333333$$

$$438.133333333333 \quad 179561.980952381$$

同时，为计算方便，可以对所有类别采用一个协方差矩阵来计算，表示为：

```
PooledCov = (numGroup1 - 1)/(rows - k). * Cov1 + (numGroup2 - 1)/(rows - k). * Cov2;
```

运行以上代码得到一个包含两个类所有 25 个样本数据的协方差矩阵为：

$$39.3840579710145 \quad 3688.92028985507$$
$$3688.92028985507 \quad 2908205.81884058$$

再计算两类数据的先验概率为：

```
% 类别 0 的先验概率
PriorProb1 = numGroup1/rows;
% 类别 1 的先验概率
PriorProb2 = numGroup2/rows;
```

其中变量 PriorProb1 为 $10/25=0.4$，变量 PriorProb2 为 $15/25=0.6$。

通过以上计算后，可以最后来计算分类的权重参数，代码如下：

```
% 计算用于分类目的的权重参数
Weights(1,1) = - 0.5 * (MeanGroup(1,:)/PooledCov) * MeanGroup(1,:)' + log(PriorProb1);
Weights(1,2:end) = MeanGroup(1,:)/PooledCov;
Weights(2,1) = - 0.5 * (MeanGroup(2,:)/PooledCov) * MeanGroup(2,:)' + log(PriorProb2);
Weights(2,2:end) = MeanGroup(2,:)/PooledCov;
Weights
```

运行以上代码，可以获得分类的权重矩阵如下所示：

Weights
$$- 23.1583$$
$$- 28.5009$$

最后，采用 LDA 算法将二维数据映射到一维空间，代码如下：

```
LDAY = X * Weights
```

10.2.2　实例二：主成分分析(PCA)降维算法实现

1. 问题描述

1) 数据

有一组三维数据如表 10.3 所示。

表 10.3　三维原始数据

样本(Samples)	特征 1(Feature1)	特征 2(Feature2)	特征 3 (Feature3)
1	269.8	38.9	50.5
2	272.4	39.5	50.0
3	270.0	38.9	50.5
4	272.0	39.3	50.2
5	269.8	38.9	50.5
6	269.8	38.9	50.5
7	268.2	38.6	50.2
8	268.2	38.6	50.8

续表

样本(Samples)	特征 1(Feature1)	特征 2(Feature2)	特征 3 (Feature3)
9	267.0	38.2	51.1
10	267.8	38.4	51.0
11	273.6	39.6	50.0
12	271.2	39.1	50.4
13	269.8	38.9	50.5
14	270.0	38.9	50.5
15	270.0	38.9	50.5

2) 任务

对表 10.2 的三维数据采用 PCA 降维，可以降低到一维和二维，对降维后的数据统计错误率和重构数据保留信息的百分比。

2. 实例分析参考解决方案

具体实现 MATLAB 源码如下：

```
clear all;clc;
DA = [269.8 38.9 50.5;272.4 39.5 50.0;270.0 38.9 50.5;
    272.0 39.3 50.2;269.8 38.9 50.5;269.8 38.9 50.5;
    268.2 38.6 50.2;268.2 38.6 50.8;267.0 38.2 51.1;
    267.8 38.4 51.0;273.6 39.6 50.0;271.2 39.1 50.4;
    269.8 38.9 50.5;270.0 38.9 50.5;270.0 38.9 50.5];
[n,m] = size(DA);
mu = mean(DA);                        % 计算均值
DB = zeros(size(DA));
for i = 1:n
    DB(i,:) = DA(i,:) - mu;
end
CovD = zeros(m);                      % 协方差矩阵
for i = 1:m
    for j = 1:m
        CovD(i,j) = 0;
        for h = 1:n
            CovD(i,j) = CovD(i,j) + DB(h,i) * DB(h,j)/n;
        end
    end
end
% 计算特征向量和特征值
[V,D] = eig(CovD);latent = diag(D);
% 对特征值按照从大到小排序
[eigval,I] = sort(latent,'descend');
% 根据特征值调整特征向量
U = V(:,I);
error = zeros(1,m);                   % 降维
for i = 1:m
    k = i;F = U(:,1:k);
    DC = DB * F;
```

```
DD = DC * F';
for j = 1:n
    DD(j,:) = DD(j,:) + mu;
end
error(1,i) = norm(DD - DA,2)^2;
end
var = cumsum(var(DC)) / sum(var(DC))
error
```

运行以上代码,可以得到 k 个主成分的方差为:

k	1	2	3
var(k)	0.9912	0.9996	1.0000

从以上方差结果可知,如果仅选择第一个主成分,可以保留原始数据的 99.12% 信息,如果选择前两个主成分,可以保留原始数据的 99.96% 的信息,如果选择前 3 个主成分,可以全部保留原始数的信息。所以对于 PCA 算法,应该根据具体数据精度要求,对 k 值做出合理选择,例如该实例中如果需要保留 99% 以上的原始数据信息,则可以从三维降低到一维,选择 $k=1$,如果需要保留 99.5% 以上的原始数据信息,则不能降低到一维,只能从三维降到二维,或者三维才可以满足精度需求,必须选择 $k=2$ 或者 $k=3$。

应用 PCA 降低到 k 维后的重构数据,与原始数据对比的误差为:

k	1	2	3
error(k)	0.4024	0.0213	0.0000

从以上误差趋势可以看出,PCA 是一种有损压缩的降维算法。所以,PCA 算法广泛应用于图像、视频和语音数据的降噪和去除冗余信息,从而提高其他机器学习算法的计算效率。

10.3 线性判别分析与主成分分析对比

LDA 和 PCA 是两种应用最广泛的机器学习中的降维算法,都实现了将数据从高维空间到低维空间的映射,但是映射的方向并不相同,LDA 充分利用数据的标签信息,将数据按照标签根据同类数据间距离最小,不同类数据间距离最大的原则映射,一般 LDA 降维后可以直接分类。而 PCA 只是将数据整体映射到包含最多原始数据信息的低维空间中,映射不包含任何数据内部的分类信息,因此一般 PCA 降维后数据表示更有效,但或许分类更加困难。

两种降维算法的主要区别如表 10.4 所示。

表 10.4 LDA 与 PCA 算法的主要区别

对 比 角 度	LDA	PCA
出发思想	考虑标签信息,不同类别间的距离最大,同类数据间的距离最小	依据特征的协方差,选择最大方差的方向
学习模式	有监督学习	无监督学习
降维后可用维度数量	可生成分类标签 C-1 维子空间,与原始数据的维度 m 无关,只与数据标签分类数量有关	可生成 $k \leqslant m$ 维子空间,与原始数据的维度 m 紧密相关

续表

对 比 角 度	LDA	PCA
应用特点	优势：简单，可独立用于分类和预测 不足：当样本数量远小于特征维度时，不能得到最优投影方向；不适合非高斯分布的样本降维；在样本分类信息依赖方差而不是均值时，LDA 效果不好；容易过度拟合数据	优势：降低算法的计算开销，去除数据噪声，便于数据可视化表示 不足：损失数据的部分信息；不适合非高斯分布的样本降维；必须与其他分类或预测算法配合使用

10.4 习题

1. 线性判别分析 LDA 算法和主成分分析 PCA 算法，都是目前机器学习领域常用的经典降维算法，两种算法有很多共同点，LDA 的原理是寻找一个维度，实现数据投影，且投影后类内方差最小，类间方差最大，从而使得投影后的数据尽量可分；PCA 的原理是去除原始数据中的冗余维度，把数据投影到子空间，投影后子空间的各个维度的方差最大，从而使得投影后的数据也尽量可分。请对比分析 LDA 算法与 PCA 算法在学习模式，出发思想，降维后的维数和应用等方面的主要区别。

2. 基于 Python 的机器学习库 Sklearn 实现 LDA 降维算法。

(1) 生成非线性高斯分布的随机数据样本 1000 个，包含两个特征，容易可视化，数据划分为 4 类（函数 make_gaussian_quantiles）。

(2) 采用 LDA 实现数据降维（函数 LinearDiscriminantAnalysis），从二维数据降到一维，可视化查看降维后的数据是否可分？

## 第 11 章

隐马尔可夫模型

隐马尔可夫模型(Hidden Markov Model,HMM)是一种统计模型,是可以处理隐藏状态的马尔可夫模型。HMM 通过输入观测值序列,再假设齐次马尔可夫性,即假设任意时刻状态只依赖前一时刻的状态,与其他时刻的状态和观测无关;还假设观测独立性,即假设任意时刻的观测只依赖于该时刻的状态,与其他观测和状态无关,由初始概率向量、状态转移概率矩阵和对应观测概率矩阵 3 个要素决定生成模型。HMM 可以解决 3 类基本问题:概率计算问题,即已知模型和观测序列,计算观测序列出现的概率,对应算法包括遍历算法、前向(Forward algorithm)和后向算法(Backward algorithm);预测问题,也称为解码(Decoding),即已知模型和观测序列,求解观测序列的最大可能对应的状态序列,对应算法包括维特比算法(Viterbi algorithm),即用动态规划求概率最大路径(最优路径),HMM 中一条路径对应一个状态序列;学习问题,也称为训练(Training),即已知观测序列,估计模型的 3 个要素的参数,使得在该模型下观测序列概率最大,常用最大似然估计的方法估计模型参数,对应算法为鲍姆-韦尔奇算法(Baum-Welch algorithm),它是 EM 算法在 HMM 中的应用。HMM 广泛应用于自然语言处理、语音识别、生物信息等领域。

11.1 隐马尔可夫模型定义

HMM 基本模型可以表示为如图 11.1 所示,其中 X 表示观测序列(输入),Y 表示状态序列(输出)。

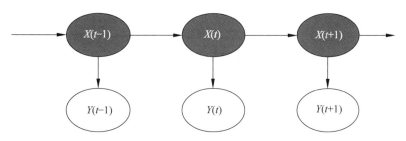

图 11.1 隐马尔可夫模型定义

HMM 可以表示为一个五元组 (Y,X,π,A,B),其中 π 为初始概率向量,A 为状态转移概率矩阵,B 为对应观测概率矩阵,HMM 的概率计算公式为:

$$P(X,Y) = \prod_{i=1}^{n} P(y_i \mid y_{i-1}) \cdot P(x_i \mid y_i) \tag{11-1}$$

11.2 隐马尔可夫模型实例分析

11.2.1 实例一：HMM 实现简单序列预测

1. 问题描述

1）背景

假设有一名男子,受雇于一家软件企业,该男子的情绪由老板心情决定,该男子的妻子不能直接观察该男子老板的心情,希望通过观察该男子在家中的情绪,来预测该男子老板某一天的心情,猜测其对待该男子的态度,假设妻子是一名机器学习专业的博士,她将使用HMM 来解决这个问题。

2）问题定义

老板某一天的心情定义为两种:生气(angry=1),高兴(happy=2)

男子某一天在家中的情绪定义为 3 种:沉默(silent=1),咆哮(yell=2),开心(joke=3)记录连续几天男子在家中的情绪如表 11.1 所示。

表 11.1　观测连续几天男子在家中的情绪

周一	周二	周三	周四
silent	yell	joke	silent

请问老板这几天最大可能的心情序列是什么?

2. 实例分析参考解决方案

假设老板的心情状态初始概率向量为:

$$\{\text{'angry'}:0.4, \text{'happy'}:0.6\}$$

老板心情两种状态的转移概率矩阵为:

$$\begin{pmatrix} \text{'angry'}:\{\text{'angry'}:0.6, \text{'happy'}:0.4\}, \\ \text{'happy'}:\{\text{'angry'}:0.3, \text{'happy'}:0.7\} \end{pmatrix}$$

在转移概率矩阵的第一行,表明老板某一天心情为生气,则接下来一天生气的概率为0.6,接下来一天高兴的概率为 0.4;矩阵第二行,表明老板某一天心情为高兴,则接下来一天生气的概率为 0.3,接下来一天高兴的概率为 0.7。

对应老板的心情,该男子的情绪对应观测概率矩阵为:

$$\begin{pmatrix} \text{'angry'}:\{\text{'silent'}:0.3, \text{'yell'}:0.6, \text{'joke'}:0.1\}, \\ \text{'happy'}:\{\text{'silent'}:0.4, \text{'yell'}:0.1, \text{'joke'}:0.5\} \end{pmatrix}$$

在对应观测概率矩阵的第一行,表明老板某一天心情为生气,妻子在家中观测到男子的情绪为沉默的概率是 0.3,为咆哮的概率是 0.6,为开心的概率是 0.1;矩阵第二行,表明老板某一天心情为高兴,妻子能在家中观测到男子的情绪为沉默的概率是 0.4,为咆哮的概率是 0.1,为开心的概率是 0.5。

以老板心情为隐藏状态,男子在家中情绪为观测序列,对 HMM 输入观测序列,预测输出隐藏的老板心情序列。假设观测序列为:

$$\{\text{Monday}:'\text{silent}'=1,\text{Tuesday}:'\text{yell}'=2,\text{Wednesday}:'\text{joke}'=3,\text{Thursday}:'\text{silent}'=1\}$$

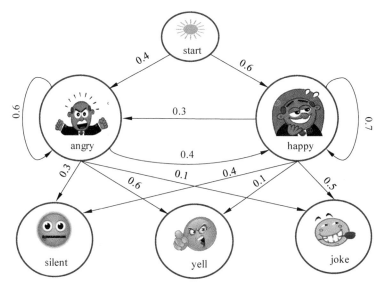

图 11. 2　HMM 参数示意图

以上 HMM 的参数示意图如图 11. 2 所示。实现 HMM 的 MATLAB 源码如下:

初始化参数:

```
clear all;clc;
states = {'angry','happy'};
obs = [1,2,3,1];                  % 定义 silent = 1, yelling = 2, joking = 3
start_P = [0.4,0.6];              % 设置 angry_P = 0.4, happy_P = 0.6
% 初始状态为 angry 和 happy
trans_A = [0.6,0.4;              % 从 angry 开始的转移概率
          0.3,0.7];             % 从 happy 开始的转移概率
% 观测状态为 silent, yell 和 joke
emits_B = [0.3,0.6,0.1;          % 从 angry 开始的观测状态概率
          0.4,0.1,0.5];         % 从 happy 开始的观测状态概率
V = {};
V{1} = {start_P(1),states(1)};   % V(1) = {0.4,'angry'};  V(1)对应初始概率和状态
V{2} = {start_P(2),states(2)};   % V(2) = {0.6,'happy'};  V(2)对应初始概率和状态
```

HMM 根据初始化参数,从观测序列来预测隐藏序列源码如下:

```
[n,m] = size(obs);
for i = 1:m
    U = {};
    nextstate = 1;     % 观测状态 observe = 'silent', 下一状态为 nextstate = 'angry'
    argma = []; valmax = 0;
    sourcestate = 1;    % 观测状态 observe = 'silent',下一状态为 nextstate = 'angry',前一状态为
                        % sourcestate = 'angry'
    Vi = V{sourcestate};v_prob = Vi{1};v_path = Vi{2};
```

```
        p1 = emits_B(sourcestate, obs(i)) * trans_A(sourcestate, nextstate);
        v_prob = v_prob * p1;
        if v_prob > valmax
            argmax = [v_path, states(nextstate)]; valmax = v_prob;
        end
        sourcestate = 2;    % 观测状态 observe = 'silent', 下一状态 nextstate = 'angry', 前一状态
                            % sourcestate = 'happy'
        Vi = V{sourcestate}; v_prob = Vi{1}; v_path = Vi{2};
        p2 = emits_B(sourcestate, obs(i)) * trans_A(sourcestate, nextstate);
        v_prob = v_prob * p2;
        if v_prob > valmax
            argmax = [v_path, states(nextstate)]; valmax = v_prob;
        end
        U{nextstate} = {valmax, argmax};
        nextstate = 2;      % 观测状态 observe = 'silent', 下一状态 next state = 'happy'
        argmax = []; valmax = 0;
        sourcestate = 1;    % 观测状态 observe = 'silent', 下一状态 nextstate = 'happy', 前一状态
                            % sourcestate = 'angry'
        Vi = V{sourcestate}; v_prob = Vi{1}; v_path = Vi{2};
        p3 = emits_B(sourcestate, obs(i)) * trans_A(sourcestate, nextstate);
        v_prob = v_prob * p3;
        if v_prob > valmax
            argmax = [v_path, states(nextstate)]; valmax = v_prob;
        end
        sourcestate = 2;    % 观测状态 observe = 'silent', 下一状态 nextstate = 'happy', 前一状态
                            % sourcestate = 'happy'
        Vi = V{sourcestate}; v_prob = Vi{1}; v_path = Vi{2};
        p4 = emits_B(sourcestate, obs(i)) * trans_A(sourcestate, nextstate);
        v_prob = v_prob * p4;
        if v_prob > valmax
            argmax = [v_path, states(nextstate)]; valmax = v_prob;
        end
        U{nextstate} = {valmax, argmax};
        V = U;
    end
```

显示 HMM 预测序列结果：

```
seq1_probability = V{1}
seq1 = V{1}{2}
seq2_probability = V{2}
seq2 = V{2}{2}
```

运行以上代码显示如下结果：

```
seq1_probability =
    [7.2576e-04]    {1x5 cell}
seq1 =
    'angry'    'angry'    'happy'    'happy'    'angry'
seq2_probability =
    [0.0017]    {1x5 cell}
seq2 =
```

'angry' 'angry' 'happy' 'happy' 'happy'

很明显,序列 2 的概率要高于序列 1,所以,根据 HMM,妻子可以预测老板本周最大可能的心情序列如图 11.3 所示。

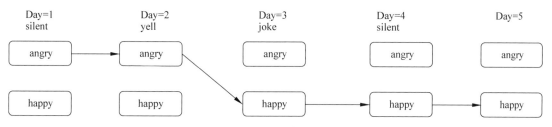

图 11.3　实例 HMM 预测出的隐藏状态序列图

11.2.2　实例二：HMM 解决车流预测问题

1. 问题描述

视频讲解

1) 数据

某城市一路段的早高峰和晚高峰的车流量,数据参考源码中文件 traffic.csv,数据共有 2500 条记录,第一列为早高峰车流量数据,第二列为晚高峰车流量,可视化原始传感器数据如图 11.4 所示。

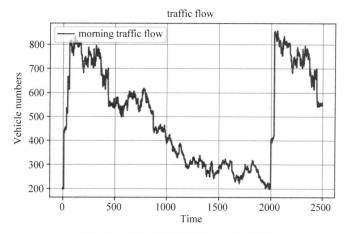

图 11.4　某城市路段早高峰车流数据

2) 问题

采用 HMM 实现车流预测,并可视化预测结果。

2. 实例分析参考解决方案

基于 Python 的 hmmlearn 机器学习库实现预测,代码如下:

```
import warnings
import time
import sys
import numpy as np
import matplotlib.pyplot as plt
```

```
from hmmlearn import hmm
NUM_TEST = 100          # 测试数据
K = 50                  # HMM 隐藏节点数
NUM_ITERS = 1000        # 迭代次数
labels = ['morning','night']
likelihood_vect = np.empty([0,1])
aic_vect = np.empty([0,1])
bic_vect = np.empty([0,1])
# HMM 隐藏状态数
STATE_SPACE = range(2,15)
dataset = np.genfromtxt('traffic.csv', delimiter = ',')
predicted_flow_data = np.empty([0,dataset.shape[1]])
likelihood_vect = np.empty([0,1])
aic_vect = np.empty([0,1])
bic_vect = np.empty([0,1])
for states in STATE_SPACE:
    num_params = states * * 2 + states
    dirichlet_params_states = np.random.randint(1,K,states)
    model = hmm.GaussianHMM(n_components = states, covariance_type = 'full',
                       tol = 0.0001, n_iter = NUM_ITERS)
    model.fit(dataset[NUM_TEST:,:])
    if model.monitor_.iter == NUM_ITERS:
        sys.exit(1)
    likelihood_vect = np.vstack((likelihood_vect, model.score(dataset)))
    aic_vect = np.vstack((aic_vect, - 2 * model.score(dataset) + 2 * num_params))
    bic_vect = np.vstack((bic_vect, - 2 * model.score(dataset) +
                       num_params * np.log(dataset.shape[0])))
opt_states = np.argmin(bic_vect) + 2
for idx in reversed(range(NUM_TEST)):
    train_dataset = dataset[idx + 1:,:]
    test_data = dataset[idx,:];
    num_examples = train_dataset.shape[0]
    if idx == NUM_TEST - 1:
        model = hmm.GaussianHMM(n_components = opt_states,
                           covariance_type = 'full', tol = 0.0001,
                           n_iter = NUM_ITERS, init_params = 'stmc')
    else:
        # 调用 HMM 模型参数
        model = hmm.GaussianHMM(n_components = opt_states,
                           covariance_type = 'full', tol = 0.0001,
                           n_iter = NUM_ITERS, init_params = '')
        model.transmat_ = transmat_retune_prior
        model.startprob_ = startprob_retune_prior
        model.means_ = means_retune_prior
        model.covars_ = covars_retune_prior
    model.fit(np.flipud(train_dataset))
    transmat_retune_prior = model.transmat_
    startprob_retune_prior = model.startprob_
```

```
    means_retune_prior = model.means_
    covars_retune_prior = model.covars_
    if model.monitor_.iter == NUM_ITERS:
        sys.exit(1)
    iters = 1;
    past_likelihood = []
    curr_likelihood = model.score(np.flipud(train_dataset[0:K - 1, :]))
    while iters < num_examples / K - 1:
        past_likelihood = np.append(past_likelihood,
                            model.score(np.flipud(train_dataset[iters:iters +
                                        K - 1, :])))
        iters = iters + 1
    likelihood_diff_idx = np.argmin(np.absolute(past_likelihood - curr_likelihood))
    predicted_change = train_dataset[likelihood_diff_idx,:] - train_dataset[likelihood_
diff_idx + 1,:]
    predicted_flow_data = np.vstack((predicted_flow_data, dataset[idx + 1,:] +
                            predicted_change))
for i in range(2):
    plt.figure()
    plt.plot(range(NUM_TEST), predicted_flow_data[:,i],'r--', label = 'Predicted '+
            labels[i] + 'flow');
    plt.plot(range(NUM_TEST),np.flipud(dataset[range(NUM_TEST),i]),'g-',
            label = 'Actual '+ labels[i] + 'flow')
    plt.xlabel('Time')
    plt.ylabel('Vehicle numbers')
    plt.title(labels[i] + 'flow' + 'of' + 'traffic')
    plt.grid(True)
    plt.legend(loc = 'upper right')
plt.show(block = False)
```

运行以上代码,预测结果如图 11.5 和图 11.6 所示。

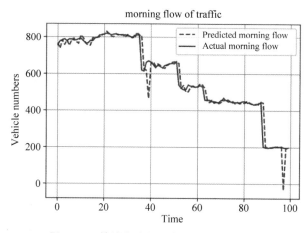

图 11.5 某城市路段早高峰车流预测结果

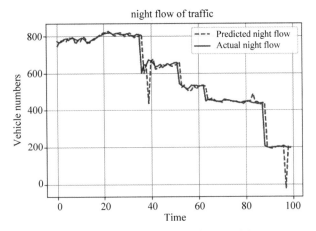

图 11.6　某城市路段晚高峰车流预测结果

11.3　习题

1. 隐马尔可夫模型（Hidden Markov Model，HMM）多用于根据观测数据预测隐藏状态，基于 Python 的 HMM 库 hmmlearn 中的接口（函数 GaussianHMM），解决掷骰子问题：记录 15 次掷骰子数字序列为 $\{1,6,3,5,2,7,3,5,2,4,3,6,1,5,4\}$；假设有 3 种骰子：6 面（0），4 面（1），8 面（2）；状态初始概率和转移概率均为 1/3，观测概率对 3 种骰子 6 面为 1/6，4 面为 1/4，8 面为 1/8；通过 hmmlearn 库中解码（函数 decode）接口来求对应 $\{1,6,3,5,2,7,3,5,2,4,3,6,1,5,4\}$，每次丢出骰子的种类是 6 面的，4 面的，还是 8 面的？

2. 请简述 HMM 的维特比算法用于解决预测问题的原理和具体步骤，并基于 Python 语言实现维特比算法（Viterbi Algorithm，这是一种动态规划算法，主要用于求解观测结果最可能的解释）。

## 第 12 章

强 化 学 习

相对于有监督和无监督学习机器学习算法,强化学习(Reinforcement Learning, RL)是第三大类更接近生物趋利避害学习本质的机器学习算法。有监督学习从历史带标签的数据中学习输入到输出的映射,无监督学习从历史无标签数据挖掘数据隐藏的结构,而 RL 开始并没有数据和标签,通过一次次对环境的尝试,获取数据和标签,再通过学习环境和数据对应的奖励与惩罚,获取数据和标签的对应关系。RL 中经典的算法有基于价值的 Q-learning、Sarsa 和 Deep Q network 算法;有基于概率的 Policy Gradients 算法,有结合 Q-learning 和 Policy Gradients 算法的 Actor-Critic 算法。RL 算法中根据环境的不同也可以分为:Model-free 方法,即不需要理解环境,环境提供什么数据算法就学习什么数据;Model-based 方法,即需要理解环境,为环境抽象一个模型来代表环境。相对于 Model-free 方法,Model-based 方法能通过虚拟各种可能的场景,提供丰富的学习数据,这也就是 AlphaGo 会超越人类棋手的原因。RL 也可以根据更新方式的不同分为:回合更新 (Monte-Carlo update),假设 RL 在玩游戏,游戏有 Game-start 和 Game-over,回合更新指的是在 Game-over 后,总结回合中所有的正确和错误,来更新下一回合的行为;单步更新 (Temporal-Difference update),假设 RL 在玩游戏,游戏有 Game-start,第一步,第二步,…,第 n 步,直到 Game-over,其中每一步都可以更新,不必等到 Game-over,因此单步更新实现了边玩边学习,错误和正确的反馈更及时、更高效。RL 根据参与学习的方式可以分为:在线学习(On-policy),假设 RL 在玩游戏,在线 RL 一定是本人边玩边学习;离线学习 (Off-policy),离线 RL 可以选择自己玩,也可以选择看别人玩,所以离线 RL 算法可以从过往的经验中学习,可以边玩边学,边看边学,也可以存储下来有空再学习,相对在线 RL 更灵活高效,经典的有离线 Q-learning 和 Deep-Q-Network。

12.1 Q-learning 强化学习算法原理

RL 是通过智能体(Agent)对环境(Environment)状态(State)的感知,选择相应的动作(Action),记录从环境接受到的奖惩(Reward),多次探索后根据奖惩,建立环境的输入状态与动作之间的关系,使得智能体再次遇到相同状态时做出更优的动作选择。一个智能体的经验序列可以表示如下:

$$\{s_0, a_0, r_1, s_1, a_1, r_2, s_2, a_2, r_3, s_3, a_3, r_4, s_4 \cdots\}$$

　　Q-learning 从生物行为主义理论获得启发，例如以孩子为智能体，以考试为环境，成绩为状态，当孩子获得较高成绩时，父母给予鼓励，当孩子成绩较差时，父母加以惩罚，多次强化学习后，智能体就会把成绩高与愉快的经验关联起来。所以，以上序列意味着智能体在状态 s_0，选择动作 a_0，就会获得报酬 r_1 同时转换到状态 s_1；然后智能体在状态 s_1，选择动作 a_1，就会获得报酬 r_2 同时转换到状态 s_2；继续智能体在状态 s_2，选择动作 a_2，就会获得报酬 r_3 同时转换到状态 s_3，如此连续学习直到收敛。

　　Q-learning 中的智能体可以表示为以下四元组：

$$\text{Agent}(s,a,r,s')$$

其中智能体的当前状态为 s，选择动作 a，就可以得到回报 r 并转移到新的状态 s'。
Q-learning 算法的步骤如下所示：

　　步骤 1，计算回报矩阵 $R[s,a]$，以 0 初始化 Q 矩阵 $Q[s,a]$。

　　步骤 2，设置折扣因子 λ，设置最大迭代次数 episode。

　　步骤 3，随机选取状态 s。

　　步骤 4，从 R 中随机选择对应当前状态 s 的一个动作 a。

　　步骤 5，若执行 a 动作，转移到新的状态 s'，从 Q 矩阵 $Q[s,a]$ 中选择 s' 对应所有动作 a'。

　　步骤 6，根据 Bellman 等式更新 $Q[s,a]$，表达为：

$$Q[s,a]=(1-\alpha)Q[s,a]+\alpha(R(s,a)+\lambda(\max_{a'}Q[s',a'])) \tag{12-1}$$

其中 α 为学习率，取值范围 $0<\alpha\leqslant 1$，为简化算法可取 $\alpha=1$。λ 为回报的折扣因子，取值范围 $0<\lambda\leqslant 1$。

　　步骤 7，转换到下一个状态 s'。

　　步骤 8，如果状态不是目标状态，则返回第 4 步。

　　步骤 9，如果小于最大迭代次数 episode，则返回第 3 步。

　　最后，根据以上步骤，简化 Q-learning 算法实现的伪代码如下：

```
函数 Q-learning(S, A, Lambda, Alpha)
输入:
    S 为状态集合
    A 为动作集合
    Lambda 为折扣因子
    Alpha 为学习率
开始
    设置环境回报矩阵 R(state, action);
    初始化矩阵 Q(state, action) 的值为 0;
    设置折扣因子 Lambda; 设置默认学习率 Alpha = 1;
    for 每一个 episode:
        选择一个随机初始状态;
        当目标状态未到达时开始 while 循环:
            为当前状态随机选择一个动作;
            对所有可能动作为新状态求 Q 最大值;
            执行动作并转移到新状态;
            计算:
                Q(state, action) = R(state, action) + Lambda * Max(Q(new state, all actions));
```

　　　　　　　　　设置下一状态为当前状态；
　　　　　　　结束 while 循环；
　　　　　结束 for 循环
结束

　　为理解 Q-learning 实现的原理，下面通过一个实际的例子来一步一步分析 Q-learning 算法的学习过程。假设某一个建筑物有 5 个房间，房间之间的连通分布如图 12.1 所示。

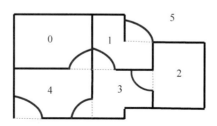

图 12.1　某建筑物房间连通分布图

　　对图 12.1 中 5 个房间依次从 0 到 4 编号，假设建筑物之外为一个大房间，编号为 5。对以上待解决的问题环境建立抽象模型，房间抽象为一个节点，如果房间之间有门连接，则相应节点用边线连接，从门可以进入房间也可以退出房间，所以边用双向箭头表示，以 2 号房间为开始，以 5 号房间为目标，对每个边线关联一个 Reward 值：直接连接到目标的边 Reward＝100，其他 Reward＝0。实例构建的环境模型图如图 12.2 所示。

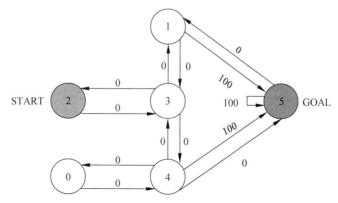

图 12.2　某建筑物房间连通分布模型图

　　定义每个房间为智能体的一个状态，定义智能体从一个房间走到另一个房间为一个行为，则在图 12.2 中，状态对应节点，行为对应箭头，假设智能体从 2 号房间开始探索，可以发现：

　　（1）从状态 2，智能体可以执行走到状态 3 的动作。

　　（2）从状态 3，智能体可以执行走到状态 1 或状态 4，或者回到状态 3。

　　（3）从状态 1，智能体可以走到状态 3 或状态 5。

　　（4）从状态 4，智能体可以走到状态 0、状态 3 或者状态 5。

　　（5）从状态 0，智能体可以走到状态 4。

　　根据以上状态为行，行为为列，定义"－1"表示状态节点间没有直接连接，构建一个 Reward 矩阵 **R**，如图 12.3 所示。

action

state	0	1	2	3	4	5
0	-1	-1	-1	-1	0	-1
1	-1	-1	-1	0	-1	100
2	-1	-1	-1	0	-1	-1
3	-1	0	0	-1	0	-1
4	0	-1	-1	0	-1	100
5	-1	0	-1	-1	0	100

$\mathbf{R} =$

图 12.3　Reward 矩阵 $\mathbf{R}$

初始化一个与 $\mathbf{R}$ 同阶的 $\mathbf{Q}$ 矩阵，记录 Agent 从环境学习到的知识，$\mathbf{Q}$ 矩阵初始化如图 12.4 所示。

action

state	0	1	2	3	4	5
0	0	0	0	0	0	0
1	0	0	0	0	0	0
2	0	0	0	0	0	0
3	0	0	0	0	0	0
4	0	0	0	0	0	0
5	0	0	0	0	0	0

$\mathbf{Q} =$

图 12.4　初始化与 Reward 同阶 $\mathbf{Q}$ 矩阵

设置学习率 lamda=0.8，随机选择一个状态 1 开始，查看 $\mathbf{R}$ 矩阵的第二行，包含两个非负值，对应状态 3 和状态 5，所以从状态 1 可以转移到状态 3，也可以转移到状态 5，随机选择从状态 1 转移到状态 5，想象一下，如果智能体在转移到状态 5 后，会发生什么事情呢？

查看 $\mathbf{R}$ 矩阵的第六行，对应有 3 个非负数值，分别对应 3 个可能的动作：1、4 和 5。

回顾 Bellman 公式，可以根据该公式更新 $\mathbf{Q}$ 矩阵。更新计算如下：

$$\mathbf{Q}(1,5) = \mathbf{R}(1,5) + 0.8 \times \max\{\mathbf{Q}(5,1), \mathbf{Q}(5,4), \mathbf{Q}(5,5)\}$$
$$= 100 + 0.8 \times \{0, 0, 0\}$$
$$= 100$$

则 $\mathbf{Q}$ 矩阵更新为：

$$\mathbf{Q} = \begin{bmatrix} 0 & 0 & 0 & 0 & 0 & 0 \\ 0 & 0 & 0 & 0 & 0 & 100 \\ 0 & 0 & 0 & 0 & 0 & 0 \\ 0 & 0 & 0 & 0 & 0 & 0 \\ 0 & 0 & 0 & 0 & 0 & 0 \\ 0 & 0 & 0 & 0 & 0 & 0 \end{bmatrix}$$

设置状态 5 为当前状态,因为 5 号为目标状态,所以本次循环结束。

继续新的探索,随机从状态 3 开始,查看 R 矩阵的第四行,对应 3 个动作:转移到状态 1、状态 2 或者状态 4,随机选择转移到状态 1,查看 R 矩阵的第二行,对应 3 和 5 两个动作,所以更新 Q 如下:

$$Q(3,1) = R(3,1) + 0.8 \times \max\{Q(1,3), Q(1,5)\}$$
$$= 0 + 0.8 \times \{0, 100\}$$
$$= 80$$

注意,其中 $Q(1,5)$ 用的刷新后的 Q 矩阵值,此时 Q 再次更新为:

$$Q = \begin{bmatrix} 0 & 0 & 0 & 0 & 0 & 0 \\ 0 & 0 & 0 & 0 & 0 & 100 \\ 0 & 0 & 0 & 0 & 0 & 0 \\ 0 & 80 & 0 & 0 & 0 & 0 \\ 0 & 0 & 0 & 0 & 0 & 0 \\ 0 & 0 & 0 & 0 & 0 & 0 \end{bmatrix}$$

其中,状态 1 为当前状态,查看矩阵 R 的第二行,对应状态 3 和状态 5,不妨假设很幸运地随机选择到状态 5,查看 R 矩阵的第六行,对应状态 1、状态 4 和状态 5,所以更新 Q 如下:

$$Q(1,5) = R(1,5) + 0.8 \times \max\{Q(5,1), Q(5,4), Q(5,5)\}$$
$$= 100 + 0.8 \times \{0, 0, 0\}$$
$$= 100$$

刷新 Q 后,与上一次比较并无变化。因为 5 为目标,所以此次循环结束。如此反复多次执行学习场景(Episode),最后 Q 矩阵会收敛到如图 12.5 所示。

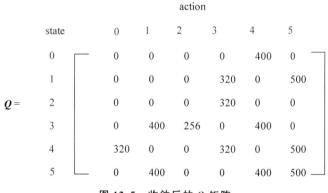

图 12.5　收敛后的 Q 矩阵

然后,对以上 Q 矩阵规范化如图 12.6 所示。

当矩阵 Q 足够接近收敛,智能体就可学习到从开始到目标的最佳路径,如图 12.7 所示。

如图 12.7 所示,从状态 2 开始,利用 Q 矩阵的值,总是选择边最大的路径,则:

(1) 从状态 2,最大 Q 元素指向状态 3。

(2) 从状态 3,最大 Q 元素指向状态 1 或者状态 4(当值相同时,可随机选择一个,假设选择 1)。

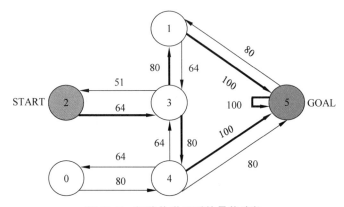

action

state	0	1	2	3	4	5
0	0	0	0	0	80	0
1	0	0	0	64	0	100
2	0	0	0	64	0	0
3	0	80	51	0	80	0
4	64	0	0	64	0	100
5	0	80	0	0	80	100

$$\boldsymbol{Q} =$$

图 12.6　规范化后的 $\boldsymbol{Q}$ 矩阵

图 12.7　智能体学习到的最佳路径

（3）从状态 1，最大 $\boldsymbol{Q}$ 元素指向状态 5。

所以，采用 Q-learning 的方法给出的解决方案为：

2->3->1->5

12.2　Q-learning 实例分析

12.2.1　实例一：Q-learning 解决走迷宫问题

1. 问题描述

1）地图定义

创建一个 $n \times n$ 的迷宫地图，定义迷宫起始点 START，迷宫结束点 GOAL，定义地图每格的两种状态值：通行为 1，障碍为 −50。定义每一步对应的状态如下：

（1）上行，Up $= i - n$。

（2）下行，Down $= i + n$。

（3）向左，Left $= i - 1$。

（4）向右，Right $= i + 1$。

（5）对角线方向上左，NW＝$i-n-1$。

（6）对角线方向上右，NE＝$i-n+1$。

（7）对角线方向下左，SW＝$i+n-1$。

（8）对角线方向下右，SE＝$i+n+1$。

动作方向图示如图 12.8 所示。

NW=i-n-1	Up=i-n	NE=i-n+1
Left=i-1	Agent(i)	Right=i+1
SW=i+n-1	Down=i+n	SE=i+n+1

图 12.8　动作方向示意图

2）更新公式

$\boldsymbol{Q}$ 矩阵更新公式采用简化的 Bellman 方程如下：

$$\boldsymbol{Q}(s,a)=\boldsymbol{R}(s,a)+\lambda \times \max_{a}\{\boldsymbol{Q}(s',a')\}$$

3）任务

对所定义的迷宫问题采用 Q-learning 算法，给出一条从 START 到 GOAL 的优化通行路径。

2. 实例分析参考解决方案

参考 MATLAB 代码如下：

```
clear all;clc;
% 随机生成迷宫地图
n = 12;maze = -50 * ones(n,n);
for i = 1:(n-4)*n
    maze(randi([1,n]),randi([1,n])) = 1;
end
maze(1,1) = 1;      % 起始节点
maze(n,n) = 10;     % 目标节点
    可视化迷宫地图：
disp(maze);n = length(maze);
figure;
set(gcf,'position',[100,100,400,300]);
imagesc(maze);colormap(winter);
for i = 1:n
    for j = 1:n
        if maze(i,j) == min(maze)
            text(j,i,'X','HorizontalAlignment','center');
        end
    end
```

```
end
text(1,1,'START','HorizontalAlignment','center','Color','red','FontSize',7);
text(n,n,'GOAL','HorizontalAlignment','center','Color','red','FontSize',7);
axis off;
```

运行以上代码,迷宫地图显示如图 12.9 所示。

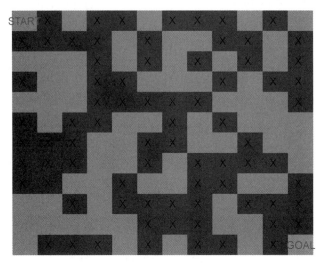

图 12.9　随机生成的迷宫地图

初始化 Reward 矩阵 R：

```
Goal = n * n; fprintf('Goal State is: % d\n', Goal);
reward = zeros(n * n);
for i = 1:Goal
    reward(i,:) = reshape(maze',1,Goal);
end
```

按照可能的动作填充 R 矩阵对应的值,用负无穷(-Inf)填充除了图 12.8 定义的 8 种动作之外的所有动作:

```
for i = 1:Goal
    for j = 1:Goal
        if j~ = i - n && j~ = i + n && j~ = i - 1 && j~ = i + 1 &&…
            j~ = i + n + 1 && j~ = i + n - 1 && j~ = i - n + 1 && j~ = i - n - 1
            reward(i, j) = - Inf;
        end
    end
end
for i = 1:n:Goal
    for j = 1:i + n
        if j == i + n - 1 || j == i - 1 || j == i - n - 1
            reward(i, j) = - Inf; reward(j, i) = - Inf;
        end
    end
end
```

开始 Q-learning 过程，初始化超参数：

```
q = randn(size(reward)); gamma = 0.9; maxItr = 50;
```

初始化 Q-learning 的参数后，开始迭代学习：

```
% cs 为当前状态,ns 为下一状态,重复直到收敛或者到达最大迭代次数
for i = 1:maxItr
    % 从起始节点位置开始
    cs = 1;
    % 重复搜索直到到达目标节点
    for j = 1:10000
        % 为所选状态寻找可能动作
        n_actions = find(reward(cs,:)> 0);
        if length(n_actions)> 0
            %随机选择一个动作,并设置其为下一状态
            ns = n_actions(randi([1 length(n_actions)],1,1));
            % 为所选状态搜索所有可能动作
            n_actions = find(reward(ns,:)> = 0);
            % 找出最大的 q 值,即下一个状态下的最佳动作
            max_q = 0;
            for j = 1:length(n_actions)
                max_q = max(max_q,q(ns,n_actions(j)));
            end
            % 根据 Bellman 方程更新 Q 值
            q(cs,ns) = reward(cs,ns) + gamma * max_q;
            % 检查 episode 是否已完成,即已达到目标
            if(cs == Goal)
                break;
            end
            % 将当前状态设置为下一个状态
            cs = ns;
        end
    end
end
```

学习结束后输出结果，由于随机生成迷宫地图，所以存在迷宫有解和无解两种情况：对于无解的情况，输出提示语句，再次运行程序生成地图，重新学习求解；对于有解的情况，输出通行路径，并可视化显示。有解的情况，输出对应的通行路径，源码如下：

```
start = 1; move = 0; path = start;
while(move~ = Goal)
    [~,move] = max(q(start,:));
    %删除陷入小循环的机会(最多 4 个)
    if ismember(move,path)
        [~,x] = sort(q(start,:),'descend');
        move = x(2);
        if ismember(move,path)
            [~,x] = sort(q(start,:),'descend'); move = x(3);
            if ismember(move,path)
                [~,x] = sort(q(start,:),'descend'); move = x(4);
```

```
                        if ismember(move,path)
                            [~,x] = sort(q(start,:),'descend');
                            move = x(5);
                        end
                    end
                end
            end
        % 追加下一个操作/移动到路径
        path = [path,move];
        start = move;
    end
    fprintf('Final path:\n % s\n',num2str(path))
    fprintf('Total steps: % d\n',length(path))
    % 复制路径到路径矩阵
    pmat = zeros(n,n);
    [qq, rr] = quorem(sym(path),sym(n));
    qq = double(qq); rr = double(rr);
    qq(rr~ = 0) = qq(rr~ = 0) + 1; rr(rr == 0) = n;
    fprintf('Matrix path:');
    for i = 1:length(qq)
        pmat(qq(i),rr(i)) = 50;
        if(qq(i) == n&&rr(i) == n)
            fprintf('( % d, % d)\n',n,n);
        else
            fprintf('( % d, % d) ->',qq(i),rr(i));
            if (i == length(qq)/2)
                fprintf('\n');
            end
        end
    end
end
```

可视化输出路径到迷宫地图，源码如下：

```
figure;
imagesc(pmat);
colormap(white);
for i = 1:n
    for j = 1:n
        if maze(i,j) == min(maze)
            text(j,i,'X','HorizontalAlignment','center');
        end
        if pmat(i,j) == 50
            text(j,i,'\bullet','Color','red','FontSize',15);
        end
    end
end
text(1,1,'START','HorizontalAlignment','center','Color','red','FontSize',7);
text(n,n,'GOAL','HorizontalAlignment','center','Color','red','FontSize',7);
hold on;
imagesc(maze,'AlphaData',0.2);
colormap(winter);
```

hold off; axis off;

1）程序运行结果之一

如果迷宫无解，则输出提示，并返回：

```
if (cs ~ = Goal)
    fprintf('The maze problem can not be resolved! \n');
    return;
end
```

运行代码随机生成的无解迷宫，矩阵显示如下：

```
    1   -50     1   -50   -50     1   -50   -50   -50     1   -50     1
  -50   -50   -50   -50     1   -50     1     1   -50   -50     1   -50
    1     1     1   -50     1   -50     1   -50     1   -50     1   -50
  -50     1     1   -50   -50     1     1     1   -50     1   -50   -50
    1     1     1   -50   -50   -50   -50   -50     1     1     1   -50
  -50     1   -50   -50     1     1   -50     1   -50     1     1     1
  -50   -50   -50     1     1   -50   -50     1     1   -50     1     1
  -50   -50   -50     1     1   -50     1   -50   -50   -50   -50     1
  -50   -50     1     1   -50     1     1   -50   -50     1     1   -50
    1     1   -50     1   -50   -50   -50   -50     1   -50   -50   -50
    1     1     1     1     1   -50   -50   -50     1     1   -50   -50
    1   -50   -50   -50     1   -50     1   -50   -50     1   -50    10
```

```
Goal State is: 144
The maze problem can not be resolved!
```

无解的迷宫地图可视化为如图12.9所示。

2）程序运行结果之二

如果随机生成的地图有解，则输出结果如下所示：

```
    1     1     1     1   -50   -50   -50     1   -50   -50     1     1
    1     1   -50   -50   -50     1   -50   -50   -50     1     1     1
  -50     1   -50     1   -50   -50     1   -50   -50     1   -50     1
  -50   -50     1     1     1   -50   -50     1   -50   -50     1   -50
    1     1   -50     1   -50     1   -50   -50     1     1   -50   -50
    1   -50     1     1     1   -50     1   -50     1     1     1     1
  -50     1     1     1   -50   -50     1     1     1     1     1     1
    1   -50   -50     1     1   -50     1   -50     1   -50     1   -50
  -50     1   -50     1   -50     1     1   -50   -50   -50   -50   -50
  -50   -50   -50   -50   -50     1   -50   -50   -50     1     1     1
    1     1   -50     1     1     1     1     1   -50   -50     1     1
    1     1   -50     1     1   -50   -50     1     1     1   -50    10
```

```
Goal State is: 144
Final path:
 1   13   26   39   52   63   76   89  102  114  127  128  141  142  131  144
Total steps: 16
Matrix path:(1,1)->(2,1)->(3,2)->(4,3)->(5,4)->(6,3)->(7,4)->(8,5)->
(9,6)->(10,6)->(11,7)->(11,8)->(12,9)->(12,10)->(11,11)->(12,12)
```

对应有解迷宫地图可视化通行路径如图 12.10 所示。

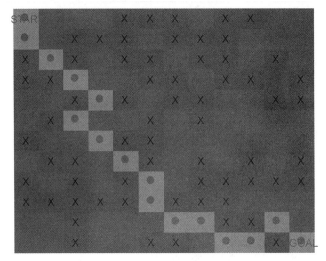

图 12.10　有解迷宫对应的通行路径

12.2.2　实例二：Q-learning 解决小车爬坡问题

1. 问题描述

1）环境定义

小车轨迹为一维，定位在两个山峰之间的山坡地段。假设小车的发动机不足以让小车一次爬上山坡，所以需要来回摆动增加动量爬坡，其中小车的环境状态由其位置（Position）和速度（Velocity）来决定，位置的最低点处约为 -0.5，左边坡顶为 -1.2，右边小旗所标位置为 0.6，小车速度最小值 -0.07，最大值为 0.07。小车的动作分为：向左（0），停止（1），向右（2）。当小车超过目的地小旗位置时奖励设置为 0.5，其余位置设置奖励均为 -1。爬坡小车如图 12.11 所示。

视频讲解

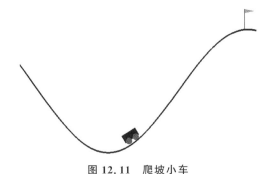

图 12.11　爬坡小车

2）任务

采用 Q-learning 算法解决小车爬坡问题，并采用动画显示训练结果。

2. 实例分析参考解决方案

参考 Python 代码如下：

```python
import numpy as np
import gym
from gym import wrappers
n_states = 40
iter_max = 5000
initial_lr = 1.0                                              # 初始学习率
min_lr = 0.003
gamma = 1.0
t_max = 5000
eps = 0.02
env_name = 'MountainCar - v0'
env = gym.make(env_name)
env.seed(0)
np.random.seed(0)
# 开始 Q-learning 算法学习
q_table = np.zeros((n_states, n_states, 3))
for i in range(iter_max):
    obs = env.reset()
    total_reward = 0
    eta = max(min_lr, initial_lr * (0.85 * * (i//100)))    # 每一步减小学习率
    for j in range(t_max):
        env_low = env.observation_space.low
        env_high = env.observation_space.high
        env_dx = (env_high - env_low) / n_states
        a = int((obs[0] - env_low[0])/env_dx[0])
        b = int((obs[1] - env_low[1])/env_dx[1])
        if np.random.uniform(0, 1) < eps:
            action = np.random.choice(env.action_space.n)
        else:
            logits = q_table[a][b]
            logits_exp = np.exp(logits)
            probs = logits_exp / np.sum(logits_exp)
            action = np.random.choice(env.action_space.n, p = probs)
        obs, reward, done, _ = env.step(action)
        total_reward += reward
        # 更新 Q 表
        env_low = env.observation_space.low
        env_high = env.observation_space.high
        env_dx = (env_high - env_low) / n_states
        a_ = int((obs[0] - env_low[0])/env_dx[0])
        b_ = int((obs[1] - env_low[1])/env_dx[1])
        q_table[a][b][action] = q_table[a][b][action] + eta * (reward + gamma * np.max\
(q_table[a_][b_]) - q_table[a][b][action])
        if done:
            break
    if i % 100 == 0:
        print('Iteration # % d -- Total reward =  % d.' % (i + 1, total_reward))
solution_policy = np.argmax(q_table, axis = 2)
# 动画显示训练结果
obs = env.reset()
total_reward = 0
```

```
step_idx = 0
for _ in range(t_max):
    env.render()
    env_low = env.observation_space.low
    env_high = env.observation_space.high
    env_dx = (env_high - env_low) / n_states
    a = int((obs[0] - env_low[0])/env_dx[0])
    b = int((obs[1] - env_low[1])/env_dx[1])
    action = solution_policy[a][b]
    obs, reward, done, _ = env.step(action)
    total_reward += gamma * * step_idx * reward
    step_idx += 1
    if done:
        break
```

运行以上代码，可以观察小车爬坡训练结果的动画效果，如果小车成功爬上右边山坡，则结果如图 12.12 所示。

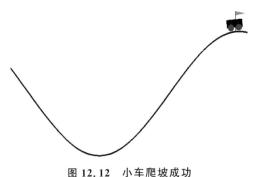

图 12.12　小车爬坡成功

12.3　习题

1. 强化学习（Reinforcement Learning，RL）是机器学习中的重要分支，RL 主要解决无模型的动态规划问题，包含智能体、环境、行动和奖励 4 个元素，请简述 RL 与有监督学习和无监督学习的区别，并从 RL 的 4 个元素的角度概述其主要算法分类以及算法应用场景。

2. Q-Learning 是一种经典的无模型强化学习算法，主要利用智能体在马尔可夫环境中的历史动作序列，基于 ε 贪婪策略或者 Bellman 分布策略来选择最优动作。假设 2×2 迷宫问题，迷宫的左上为入口，右下为出口，左下为陷阱，具体为：

入口	通行
陷阱	出口

请采用 Q-learning 算法试探 100 次解决以上迷宫问题，并采用 Python 语言编码实现，输出状态和动作的二维 Q 表。

## 第 13 章

决 策 树

决策树(Decision Tree,DT)是一种简单直观的有监督机器学习算法,基于训练数据的特征属性将数据划分为不同的类别,当数据离散时称为分类树,数据连续时称为回归树。DT 学习得到一个树形结构的模型,由根节点、干节点和叶子节点构成,根节点和干节点表示一个特征属性上的测试,每个分支代表这个特征属性对应的值域输出,每个叶子节点存放一个类别标签,可以是二叉树,用于解决二分类问题;也可以是多叉树,用于解决多分类问题。DT 算法简单快速,已经成功应用于医学、生物学和气象学等领域。

13.1 决策树构造原理

决策树是一个用于回归或者分类的预测模型,反映了数据特征属性与标签之间的一种映射关系,构造 DT 的过程,就是建立一种 IF-THEN 的集合。对于给定的带标签的训练数据集,构建 DT 的过程就是解决以下 3 个问题:

(1) 根节点放置哪个属性,根节点包含几个分支;

(2) 干节点放置哪个属性,对应干节点包含几个分支;

(3) 何时停止树的生长。

为解决以上 3 个问题,引入信息熵(Information entropy)的概念。熵表示一个系统的有序度,系统越有序,则熵越小,系统越混乱,则熵越大。此处引入信息论中的香农熵(Shannon entropy)公式为:

$$\text{En}(x) = -\sum_i P(x_i)\log_b P(x_i) \tag{13-1}$$

其中 x 为随机事件序列,$\text{En}(x)$ 被称为 x 的熵,$P(x_i)$ 为第 i 个事件发生的概率,概率越小的事件一旦发生,则包含的信息量越多。其中 $b=2$ 或者 $b=e=2.71828$。

构建 DT 的过程,就是通过对训练数据集的划分,不断降低数据信息熵的过程。主流的算法包括 ID3(Iterative Dichotomiser 3)、ID3 的改进算法 C4.5(Successor of ID3)、更高精度的 CART(Classification and Regression tree)、多树组合的随机森林(Random forest)等。

最基础的 ID3 算法,依据信息增益(Information gain)来决策 DT 的当前节点应该用哪个特征属性,信息增益的计算公式为:

$$\text{Gain}(y,a) = \text{En}(y) - \sum_{v \in \text{Value}(a)} \frac{|y_v|}{|y|}\text{En}(y_v) \tag{13-2}$$

其中 y 为训练数据集的标签，a 为数据的特征属性，$\text{Value}(a)$ 是特征 a 所有的取值集合，v 是特征 a 的某一个值，y_v 是标签 y 中 $a=v$ 的集合。

以下通过一个实例来分析 ID3 算法实现决策树的过程。假设有一组患者数据如表 13.1 所示。

表 13.1　一组患者数据

性别（Gender）	年龄（Age）	营养状况（Health）
男（Male，1）	小于 60 岁（Below 60，1）	好（Positive，1）
男（Male，1）	大于 60 岁（Above 60，2）	好（Positive，1）
女（Female，2）	大于 60 岁（Above 60，2）	坏（Negative，3）
女（Female，2）	小于 60 岁（Below 60，1）	中（Middle，2）

其中，数据量化表示为：

$$x = \begin{matrix} a_1 & a_2 \\ \begin{bmatrix} 1 & 1 \\ 1 & 2 \\ 2 & 2 \\ 2 & 2 \end{bmatrix} \end{matrix}, \quad y = \begin{bmatrix} 1 \\ 1 \\ 3 \\ 2 \end{bmatrix}$$

首先，计算数据集的信息熵：

$$\begin{aligned} \text{En}(\boldsymbol{y}) &= -\left(\frac{2}{4}\right)\log_2\left(\frac{2}{4}\right) - \left(\frac{1}{4}\right)\log_2\left(\frac{1}{4}\right) - \left(\frac{1}{4}\right)\log_2\left(\frac{1}{4}\right) \\ &= 0.5 + 0.5 + 0.5 \\ &= 1.5 \end{aligned}$$

对性别特征 a_1 求信息增益，分析性别有两个可能的值，一个是"男性"，一个是"女性"，$\text{Value}(a_1) = \{1, 2\}$，所以数据可以划分为两个子集。第一个 Gender＝Male 的子集如表 13.2 所示。

表 13.2　男性患者数据

年龄（Age）	营养状况（Health）
小于 60 岁（Below 60，1）	好（Positive，1）
大于 60 岁（Above 60，2）	好（Positive，1）

其中，第二个 Gender＝Female 的子集如表 13.3 所示。

表 13.3　女性患者数据

年龄（Age）	营养状况（Health）
大于 60 岁（Above 60，2）	坏（Negative，3）
小于 60 岁（Below 60，1）	中（Middle，2）

然后，计算性别特征的信息增益：

$$\text{Gain}(y, a = \text{Gender}) = \text{En}(y) - \sum_{v \in \{1,2\}} \frac{|y_v|}{|y|} \text{En}(y_v)$$

$$= 1.5 - \left\{ \left(\frac{2}{4}\right)\left(-\frac{2}{2}\log_2\left(\frac{2}{2}\right)\right) + \left[\left(\frac{2}{4}\right)\left(\left(-\frac{1}{2}\log_2\left(\frac{1}{2}\right)\right) + \left(-\frac{1}{2}\log_2\left(\frac{1}{2}\right)\right)\right)\right] \right\}$$

$$= 1.5 - \left\{ 0 + \left[\left(\frac{2}{4}\right)\left(\left(\frac{1}{2} + \frac{1}{2}\right)\right)\right] \right\}$$

$$= 1.5 - \{0 + 0.5\}$$

$$= 1$$

对年龄特征 a_2 求信息增益,分析年龄有两个可能的值,一个是"小于 60 岁",一个是"大于 60 岁",$\text{Value}(a_2) = \{1,2\}$,所以数据可以划分为两个子集。第一个 Age=Below60 子集如表 13.4 所示。

表 13.4　年龄小于 60 岁患者数据

性别(Gender)	营养状况(Health)
男(Male,1)	好(Positive,1)
女(Female,2)	中(Middle,2)

其中,第二个 Age=Above60 的子集如表 13.5 所示。

表 13.5　年龄大于 60 岁患者数据

性别(Gender)	营养状况(Health)
男(Male,1)	好(Positive,1)
女(Female,2)	坏(Negative,3)

最后,计算年龄特征的信息增益:

$$\text{Gain}(y, a = \text{Age}) = \text{En}(y) - \sum_{v \in \{1,2\}} \frac{|y_v|}{|y|} \text{En}(y_v)$$

$$= 1.5 - \left\{ \left[\left(\frac{2}{4}\right)\left(\left(-\frac{1}{2}\log_2\left(\frac{1}{2}\right)\right) + \left(-\frac{1}{2}\log_2\left(\frac{1}{2}\right)\right)\right)\right] + \right.$$

$$\left. \left[\left(\frac{2}{4}\right)\left(\left(-\frac{1}{2}\log_2\left(\frac{1}{2}\right)\right) + \left(-\frac{1}{2}\log_2\left(\frac{1}{2}\right)\right)\right)\right] \right\}$$

$$= 1.5 - \{0.5 + 0.5\}$$

$$= 0.5$$

分析以上计算结果,因为 $\text{Gain}(y, a = \text{Gender}) > \text{Gain}(y, a = \text{Age})$,所以,选择性别特征为决策树的根节点,按照性别为"男"或者"女"划分为两个分支:第一分支 gender=male,子集中数据标签均为"好",所以划分到叶子节点,分支停止生长;第二分支的干节点从其余的特征中选择信息增益最大的,考虑实例数据集中只有两个特征,年龄特征就毫无竞争地作为根节点的一个干节点,根据 ID3 的规则,以年龄特征为根生长分支。此时数据集中只有两条记录,按照年龄特征划分为两个分支,分别到"小于 60 岁"的标签"中","大于 60 岁"的标签"坏",分支停止生长。

采用 ID3 算法可以成功地对以上数据集分类,构建如图 13.1 的决策树模型。

ID3 算法基于数据的信息增益来构建决策树,算法理论清晰,简单直观,但是根据信息

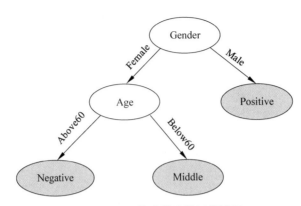

图 13.1　ID3 构建的决策树模型图

增益最大的原则，会偏好可取值数目较多的特征属性，这样划分出来的决策树的泛化能力会较差。例如，给以上数据集添加一个无意义的序号特征，如表 13.6 所示。

表 13.6　增加序号的患者数据

序号(Number)	性别(Gender)	年龄(Age)	营养状况(Health)
1	男(Male,1)	小于 60 岁(Below 60,1)	好(Positive,1)
2	男(Male,1)	大于 60 岁(Above 60,2)	好(Positive,1)
3	女(Female,2)	大于 60 岁(Above 60,2)	坏(Negative,3)
4	女(Female,2)	小于 60 岁(Below 60,1)	中(Middle,2)

　　计算特征序号的信息增益，根据序号可以把数据划分为 4 个子集，$\text{Value}(a_0)=\{1,2,3,4\}$，首先，序号为 1，Number=1 子集如表 13.7 所示。

表 13.7　序号为 1 的患者数据

性别(Gender)	年龄(Age)	营养状况(Health)
男(Male,1)	小于 60 岁(Below 60,1)	好(Positive,1)

　　其次，序号为 2，Number=2 子集如表 13.8 所示。

表 13.8　序号为 2 的患者数据

性别(Gender)	年龄(Age)	营养状况(Health)
男(Male,1)	大于 60 岁(Above 60,2)	好(Positive,1)

　　再次，序号为 3，Number=3 子集如表 13.9 所示。

表 13.9　序号为 3 的患者数据

性别(Gender)	年龄(Age)	营养状况(Health)
女(Female,2)	大于 60 岁(Above 60,2)	坏(Negative,3)

　　最后，序号为 4，Number=4 子集如表 13.10 所示。

表 13.10　序号为 4 的患者数据

性别(Gender)	年龄(Age)	营养状况(Health)
女(Female,2)	小于 60 岁(Below 60,1)	中(Middle,2)

计算以上序号特征的信息增益：

$$\mathrm{Gain}(y,a=\mathrm{Number})=\mathrm{En}(y)-\sum_{v\in\{1,2,3,4\}}\frac{|y_v|}{|y|}\mathrm{En}(y_v)$$

$$=1.5-\left\{\left[\left(\frac{1}{4}\right)\left(\left(-\frac{1}{1}\log_2\left(\frac{1}{1}\right)\right)\right)\right]+\left[\left(\frac{1}{4}\right)\left(\left(-\frac{1}{1}\log_2\left(\frac{1}{1}\right)\right)\right)\right]+\right.$$

$$\left.\left[\left(\frac{1}{4}\right)\left(\left(-\frac{1}{1}\log_2\left(\frac{1}{1}\right)\right)\right)\right]+\left[\left(\frac{1}{4}\right)\left(\left(-\frac{1}{1}\log_2\left(\frac{1}{1}\right)\right)\right)\right]\right\}$$

$$=1.5-\{0+0+0+0\}$$

$$=1.5$$

显然，对于有序号的数据集，其他特征的信息增益都会小于序号的信息增益，这也是 ID3 算法的一个明显不足。

为弥补 ID3 算法的这个缺陷，改进后的 C4.5 算法基于信息增益率(Gain ratio)来划分数据集，信息增益率的定义为：

$$\mathrm{Gain\_ratio}(y,a)=\frac{\mathrm{Gain}(y,a)}{-\sum_{v\in\mathrm{Value}(a)}\frac{|y_v|}{|y|}\log_2\left(\frac{|y_v|}{|y|}\right)}\tag{13-3}$$

则计算数据集中性别特征的信息增益率为：

$$\mathrm{Gain\_ratio}(y,a=\mathrm{Gender})=\frac{\mathrm{Gain}(y,a=\mathrm{Gender})}{-\sum_{v\in\mathrm{Value}(a)}\frac{|y_v|}{|y|}\log_2\left(\frac{|y_v|}{|y|}\right)}$$

$$=\frac{1}{\left(-\left(\frac{2}{4}\right)\log_2\left(\frac{2}{4}\right)\right)+\left(-\left(\frac{2}{4}\right)\log_2\left(\frac{2}{4}\right)\right)}$$

$$=1$$

接着计算年龄特征的信息增益率：

$$\mathrm{Gain\_ratio}(y,a=\mathrm{Age})=\frac{\mathrm{Gain}(y,a=\mathrm{Age})}{-\sum_{v\in\mathrm{Value}(a)}\frac{|y_v|}{|y|}\log_2\left(\frac{|y_v|}{|y|}\right)}$$

$$=\frac{0.5}{\left(-\left(\frac{2}{4}\right)\log_2\left(\frac{2}{4}\right)\right)+\left(-\left(\frac{2}{4}\right)\log_2\left(\frac{2}{4}\right)\right)}$$

$$=0.5$$

最后，计算序号特征的信息增益率：

$$\mathrm{Gain\_ratio}(y,a=\mathrm{Number})=\frac{\mathrm{Gain}(y,a=\mathrm{Number})}{-\sum_{v\in\mathrm{Value}(a)}\frac{|y_v|}{|y|}\log_2\left(\frac{|y_v|}{|y|}\right)}$$

$$= \frac{1.5}{\left(-\left(\frac{1}{4}\right)\log_2\left(\frac{1}{4}\right)\right) + \left(-\left(\frac{1}{4}\right)\log_2\left(\frac{1}{4}\right)\right) + \left(-\left(\frac{1}{4}\right)\log_2\left(\frac{1}{4}\right)\right) + \left(-\left(\frac{1}{4}\right)\log_2\left(\frac{1}{4}\right)\right)}$$

$$= 0.75$$

根据以上计算结果，此时有：

$$\text{Gain\_ratio}(y, a = \text{Gender}) > \text{Gain\_ratio}(y, a = \text{Number}) > \text{Gain\_ratio}(y, a = \text{Age})$$

所以，C4.5 算法根据信息增益率，在有序号特征的情况下，依然选择性别特征作为决策树的根节点。在下一轮迭代中，年龄特征与序号特征比较，根据增益率的大小来决定首先选择哪个特征呢？对于 Gender=Male 子集，因为两条记录属于同一类别，即熵为 0，不需要划分。对于 Gender=Female 子集，其信息熵不为 0，所以需要继续划分，因为子集只有两条记录，无论根据序号划分，还是根据年龄划分，会得到相同的信息增益和增益率，所以可以随机选择其中任意一个属性作为决策树的干节点，假设随机选择年龄特征划分，此时 C4.5 算法可以获得与 ID3 算法相同的决策树预测模型。

ID4.5 解决以上问题的 MATLAB 源码如下：

```
clear all;clc;
TrainData = [1 1 1 1;
             2 1 2 1;
             3 2 2 2;
             4 2 1 3];
train_patterns = TrainData';
train_patterns = train_patterns(1:3,:);
train_targets = TrainData(:,end)';
disp('Building decison tree...')
tree = make_tree(train_patterns, train_targets);
% 打印决策树
disp_tree(tree,0,0)
```

其中，函数 make_tree 源码如下：

```
function tree = make_tree(patterns, targets)
[Ni, L] = size(patterns);Uc = unique(targets);
tree.dim = 0;tree.split_loc = inf;
if isempty(patterns),                          % 如果 Patterns 为空，则返回
    return
end
% 返回条件：当维度为 1,或者样本数为 1
if ((L == 1) | (length(Uc) == 1)),
    H = hist(targets, length(Uc));
    [m, largest]   max(H);
    tree.Nf = [];
    tree.split_loc = [];
    tree.child = Uc(largest);
    return
end
% 计算节点的信息熵
for i = 1:length(Uc),
    Pnode(i) = length(find(targets == Uc(i))) / L;
```

```
end
Inode = - sum(Pnode. * log(Pnode)/log(2));
% 对每一维度, 当离散模式, 计算增益比的纯度
delta_Ib = zeros(1, Ni);split_loc = ones(1, Ni) * inf;
for i = 1:Ni,
    data = patterns(i,:);
    Ud = unique(data);
    Nbins = length(Ud);
    % 离散模式
    P = zeros(length(Uc), Nbins);
    for j = 1:length(Uc),
        for k = 1:Nbins,
            indices = find((targets == Uc(j)) & (patterns(i,:) == Ud(k)));
            P(j,k) = length(indices);
        end
    end
    Pk = sum(P);P = P/L;
    Pk = Pk/sum(Pk);info = sum( - P. * log(eps + P)/log(2));
    delta_Ib(i) = (Inode - sum(Pk. * info))/ - sum(Pk. * log(eps + Pk)/log(2));
end
% 找到 delta_Ib 最小值并返回维度
[m, dim] = max(delta_Ib);dims = 1:Ni;tree.dim = dim;
% 沿着 dim 所返回的维度拆分节点
Nf = unique(patterns(dim,:));Nbins = length(Nf);
tree.Nf = Nf;tree.split_loc = split_loc(dim);
% 如果此时只剩下一个值, 则不能拆分
if (Nbins == 1)
    H = hist(targets, length(Uc));
    [m, largest] = max(H);
    tree.Nf = [];
    tree.split_loc = [];
    tree.child = Uc(largest);
    return
end
% 递归地构建决策树
for i = 1:Nbins,
    indices = find(patterns(dim, :) == Nf(i));
    tree.child(i) = make_tree(patterns(dims, indices), targets(indices));
end
end % make_tree 函数结束
```

显示决策树的 disp_tree 函数, 也需要递归地显示 make_tree 构建出来的决策树, 为清晰地显示决策树的结构, 先定义分隔符函数 dashes 如下:

```
function d = dashes(n)
dashe = '- ';
d = dashe(ones(1,n));
end
```

再从主程序中调用 disp_tree 函数, 在控制台输出采用 C4.5 构建出的决策树, 函数 disp_tree 的源码如下:

```
function disp_tree(tree, depth, Nf)
% 显示由算法 C4.5 构建出的决策树
if isstruct(tree.child)
    NODE_TYPE = 'Node';
    N = size(tree.child, 2);        % 获得子节点的数量
    has_child = true;
else
    NODE_TYPE = 'Leaf';
    has_child = false;
end
% 生成根节点
if isequal(depth,0)
    NODE_TYPE = 'Root(0)';
end
% 打印分隔符
PRINT_TEXT = [dashes(2 * depth), NODE_TYPE];
% 打印叶子节点并返回
if ~has_child
    PRINT_TEXT = [PRINT_TEXT, '(', num2str(Nf), ')', ' : ',num2str(tree.child)];
    disp(PRINT_TEXT);
    return
end
% 打印分支节点
if isequal(depth,0)
    PRINT_TEXT = [PRINT_TEXT, '<', num2str(N), '>'];
elseif depth > 0
    PRINT_TEXT = [PRINT_TEXT, '(', num2str(Nf), ')', '<', num2str(N), '>'];
end
disp(PRINT_TEXT);
Nf = tree.Nf;
depth = depth + 1;
for i = 1:N
    node = tree.child(i);
    % 递归的显示决策树
    disp_tree(node,depth,Nf(i))
end
end   % disp_tree 函数结束
```

运行以上程序，得到以下结果：

```
Building decision tree...
Root(0)< 2 >
-- Leaf(1) : 1
-- Node(2)< 2 >
---- Leaf(3) : 2
---- Leaf(4) : 3
```

13.2 决策树实例分析

13.2.1 实例一：应用 CART 算法构造决策树

1. 问题描述

1) CART 算法原理

决策树算法 ID3 和 C4.5 均基于特征属性的信息熵来划分数据，根据贪婪策略求得最大信息熵增益或者信息熵增益率的特征之后，此后的数据划分中该特征不会再起作用，虽然算法分割快速，但是准确率并不高。CART 算法基于基尼(Gini)指数来选择最优数据划分的特征，基尼指数刻画数据的纯度，与信息熵的概念相似。CART 构建的决策树是一个二叉树，每次把数据分割为两个子集，分别构成左子树和右子树，每个干节点都有两个孩子，叶子节点比非叶子节点多 1。CART 算法既可以用于分类，也可以用于回归。

基尼指数的计算公式为：

$$\text{Gini}(x) = 1 - \sum_i (P(x_i))^2 \tag{13-4}$$

CART 决策树的二分类基尼指数计算公式为：

$$\text{CartGini}(y, a) = \frac{|y_1|}{|y|} \text{Gini}(y_1) + \frac{|y_2|}{|y|} \text{Gini}(y_2) \tag{13-5}$$

其中 y 为训练数据集的标签，a 为数据的特征属性。CART 算法每次选择基尼指数最小的特征进行划分。MATLAB 的决策树函数 fitctree 实现了标准的 CART 分类树，函数 fitrtree 实现了标准的 CART 回归树。

2) 生成随机数据

基于 MATLAB 的内置决策树 fitctree 函数实现分类，随机生成 50 组随机数据用于训练和测试。

2. 实例分析参考解决方案

生成随机数据，源码如下：

```
clear all;clc;
X = rand(50,2);[m,n] = size(X);Y = zeros(m,1);
figure;
for i = 1:m,
    if (X(i,1)< 0.3)&(X(i,2)< 0.6),
        Y(i) = 1;plot(X(i,1),X(i,2),'r * '); hold on;
    else
        Y(i) = 0;plot(X(i,1),X(i,2),'bo'); hold on;
    end
end
xlabel('x1');ylabel('x2');
```

运行以上代码可视化二维随机数据如图 13.2 所示。

构建决策树模型代码如下：

```
tree = fitctree(X,Y);
```

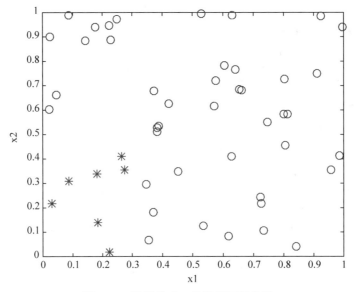

图 13.2　随机生成二维数据可视化图

可视化决策树代码如下：

```
view(tree,'mode','graph');
```

可获得决策树如图 13.3 所示。然后，输入测试数据代码如下：

```
test = [0.1 0.1;
        0.5 0.1;
        0.2 0.8];
test_label = predict(tree,test)
```

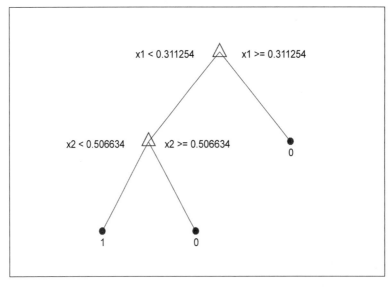

图 13.3　CART 分类决策树模型图

运行代码,获得预测结果如下:

test_label =

    1
    0
    0

13.2.2 实例二:决策树算法拟合曲线

1. 问题描述

1) 构建曲线

创建一组随机分布的数值 x,采用 Sin 函数生成纵坐标 y,并添加噪声,所创建曲线类似图 13.4 所示。

视频讲解

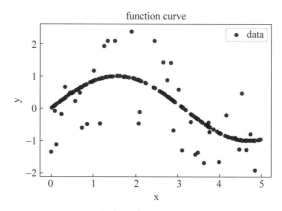

图 13.4 包含噪声的正弦曲线散点图

2) 任务

基于 Python 的机器学习库 Sklearn 中的回归决策树 DecisionTreeRegressor 接口函数,拟合所生成的函数曲线,观察树的深度对拟合结果的影响。

2. 实例分析参考解决方案

参考 Python 源码如下:

```
import numpy as np
from sklearn.tree import DecisionTreeRegressor
import matplotlib.pyplot as plt
rng = np.random.RandomState(1)  # 随机数种子
# 生成0~5之间随机分布的x,200行1列,按照axis = 0(行)从小到大排序
X = np.sort(5 * rng.rand(200,1), axis = 0)
# 对函数值采用.ravel()降为1维
y = np.sin(X).ravel()
y[::5] += 3 * (0.5 - rng.rand(40))  # 为曲线添加噪声
# 可视化随机数据
plt.figure()
plt.scatter(X, y, s = 20, edgecolor = "black",c = "blue", label = "data")
plt.xlabel("x")
```

```
plt.ylabel("y")
plt.title("function curve")
plt.legend()
plt.show()
```

运行以上代码，可视化包含噪声的曲线如图 13.4 所示。

构建决策树模型，并设置树的深度为 3，参考代码如下：

```
reg = DecisionTreeRegressor(criterion = 'mse', max_depth = 3, max_features = None,
            max_leaf_nodes = None, min_impurity_decrease = 0.0,
            min_impurity_split = None, min_samples_leaf = 1,
            min_samples_split = 2, min_weight_fraction_leaf = 0.0,
            presort = False, random_state = None, splitter = 'best')
```

训练所构建的决策树：

```
reg.fit(X, y)
```

接着输入测试数据：

```
X_test = np.arange(0.0, 5.0, 0.01)[:, np.newaxis]     # 其中 np.newaxis 为数据增加 1 个维度
y_pre = reg.predict(X_test)
```

最后，可视化测试结果：

```
plt.figure()
plt.scatter(X, y, s = 20, edgecolor = "black",c = "blue", label = "data")
plt.plot(X_test, y_pre, color = "green",label = "max_depth = 3", linewidth = 2) # 拟合曲线
plt.xlabel("x_data")
plt.ylabel("y_target")
plt.title("Decision Tree Regression")
plt.legend()
plt.show()
```

运行以上代码，决策树深度为 3 时的拟合结果如图 13.5 绿色曲线所示。然后，修改 DecisionTreeRegressor 函数中的 max_depth 参数，调整决策树的深度为 5，再次运行测试程序，拟合曲线，结果如图 13.5 中的曲线所示。

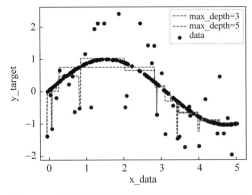

图 13.5 不同深度的决策树拟合结果（见彩插）

对比图 13.5 中的拟合结果,可以明显看到,当决策树深度设置过高时,决策树学习到了数据中的噪声,使得模型的拟合结果偏离了真实的正弦曲线,出现了过拟合现象。

13.3 习题

1. 决策树(Decision tree)可以构建对象属性和对象值之间的一种映射关系,树中的每个节点表示某个对象,每个分支路径代表某个可能属性,每个叶子节点表示从根节点访问该叶子节点所经历的路径对应的对象的值,请对比分析 ID3、C4.5 和 CART 3 种主流算法构建决策树的原理。

2. 基于 Python 的机器学习库 Sklearn 和可视化函数库 Graphviz 和 Pydotplus,实现简单决策树模型,并可视化决策树思考的过程图。决策树测试所用居民出行数据如表 13.11 所示。

表 13.11 居民出行数据

序　　号	距　　离	限　　号	出 行 类 别
0	近 0	是 1	步行 0
1	近 0	否 0	步行 0
2	近 0	是 1	步行 0
3	近 0	否 0	步行 0
4	中 1	否 0	自行车 1
5	中 1	是 1	自行车 1
6	中 1	否 0	自行车 1
7	中 1	是 1	自行车 1
8	远 2	是 1	地铁 2
9	远 2	否 0	自驾车 3
10	远 2	是 1	地铁 2
11	远 2	否 0	自驾车 3

## 第 14 章

启发式优化算法

通用机器学习算法常采用非解析模型,在对训练数据合理拟合的同时,兼顾模型复杂度的损失函数最小化,其实质为测试数据集上精度最大化和模型损失函数的最小化,最终目标是逼近实际问题的最优解,所以机器学习模型中多用到各种优化算法。优化算法可分为精确(Exact)和启发式(Heuristics)两类。此前章节讨论过的梯度下降法、牛顿法、拟牛顿法、最小二乘法、拉格朗日因子法等,都是经典的确定优化算法,并在线性回归、逻辑回归、支持向量机以及神经网络模型上成功应用。本章主要讨论与机器学习算法原理相似的启发式优化算法,包括早期的禁忌搜索(Tabu Search,TS)、模拟退火算法(Simulated Annealing,SA)、广泛应用的遗传算法(Genetic Algorithm,GA)、受生物群智启发的蚁群(Ant Colony Optimization,ACO)算法、数据独立的元启发式(Metaheuristic)算法,主流的包括粒子群(Particle Swarm Optimization,PSO)算法和输出结果稳定的差分进化(Differential Evolution,DE)算法,最新的结果更优的快速优化算法,即人工蜂群(Artificial Bee Colony,ABC)算法。

14.1 遗传算法原理

遗传算法(GA)借鉴达尔文生物进化的遗传学说,是一种高效、并行、随机的全局搜索和优化的算法。经典的 GA,包括以下几个部分:编码(Coding),即将待优化参数转换为染色体(Chromosome)的过程;解码(Decoding),将染色体转换为优化问题的解形式;生成染色体(Chromosome),随机生成一定数目的个体,每个个体可以是一维或多维,以二进制串表示,每个个体即为染色体;适应度评价(Fitness evaluation),对每个个体根据适应度函数计算适应度值,并从高到低排序;个体选择(Selection),计算每个个体的适应度概率,随机选择个体进行繁殖;繁殖新的染色体种群,交叉(Crossover),随机匹配染色体对,依据交叉概率,从两个染色体某一相同位置开始,其后的二进制串互换;变异(Mutation),依据变异概率,某一个染色体的某些二进制位,从 1 变异到 0,或者从 0 变异到 1,从而产生新的个体。

GA 的实现步骤如下:

(1) 初始化参数。

M:种群规模;G:终止进化代数;Pc:交叉发生的概率;Pm:变异发生的概率;Tf:

进化产生的任何一个个体的适应度函数超过 Tf,则可以终止进化过程。

（2）随机产生第一代种群 Pop。

（3）迭代优化。

GA 的伪代码如下：

```
Repeat1:
    计算种群 Pop 中每一个体的适应度 F(i);
    初始化空种群 newPop;
    Repeat2:
        根据适应度以比例选择算法从种群 Pop 中选出 2 个个体;
        if (random (0，1) < Pc) {对 2 个个体按交叉概率 Pc 执行交叉操作;}
        if (random (0，1) < Pm) {对 2 个个体按变异概率 Pm 执行变异操作;}
        将 2 个新个体加入种群 newPop 中;
    Until (M 个子代被创建)
    用 newPop 取代 Pop;
Until (任何染色体得分超过 Tf,或繁殖代数超过 G)
```

以下通过求解一元函数的最大值来理解 GA 的原理。假设有目标函数为：

$$y = 10\sin(5x) + 7\cos(4x)$$

则,求解函数在 $x \in [0,5]$ 的最大值。

求解详细步骤如下：

步骤 1,经典 GA 运算的染色体为二进制基因组成的符号串,所以,首先需要把变量 x 转换为二进制的符号串,即编码。对于区间[0,5],假设需要解的精度为 $e = 0.01$,则可以将变量 x 的区间划分为 $(5-0)/0.01 = 500$ 等份,由于 $2^8 = 256 < 500 < 2^9 = 512$,所以至少需要 9 位二进制数来表示这些解。因此,每个染色体长度为 9 位二进制串。初始化种群时,染色体的二进制串可以随机生成。本例中种群规模为 5,即种群由 5 个二进制串的染色体构成,每个个体随机产生,例如其中的 5 条染色体如表 14.1 所示。

表 14.1　染色体

编　号	染　色　体								
1	1	0	0	0	1	0	0	1	1
2	0	1	0	0	1	1	0	1	0
3	0	1	1	0	0	0	0	0	0
4	0	1	0	0	1	0	0	0	1
5	1	0	1	1	1	0	0	0	0

步骤 2,解码计算。对于随机生成的初始种群染色体的二进制串,或者新一代种群的染色体的二进制串,在计算个体适应度值之前,需要转换到解空间,即解码。设变量 x 的区间为[lower,upper],染色体为 chromosome,染色体长度 chromolength=9,解码计算公式：

$$x = \frac{\text{lower} + \text{decimal}(\text{chromosome}) \times (\text{upper} - \text{lower})}{2^{\text{chromolength}} - 1}$$

本例中 lower=0,upper=5,decimal 函数将二进制转换为十进制数。本例中 5 条染色体解码后的值如表 14.2 所示。

表 14.2　染色体解码

编号	decimal 染色体									解码[0,5]
1	256	0	0	0	16	0	0	2	1	2.6908
2	0	128	0	0	16	8	0	2	0	1.5068
3	0	128	64	0	0	0	0	0	0	1.8787
4	0	128	0	0	16	0	0	0	1	1.4188
5	256	0	64	32	16	0	0	0	0	3.6008

步骤 3，适应度函数。在 GA 中，一个个染色体就是对应的解，解的好或者坏使用适应度函数来评价。在本例中，由于求解函数的极大值，所以就采用目标函数作为适应度函数，即将解码后的值代入目标函数，求得适应度函数的值越大，解的质量越高。适应度函数是 GA 的重要部分，合理设计适应度函数才可以确保 GA 成功收敛到最优解。本例不考虑适应度函数为负数的情况，其中 5 条染色体的适应度值如表 14.3 所示。

表 14.3　染色体适应度值

编　号	解码[0,5]	适 应 度 值
1	2.6908	6.1439
2	1.5068	16.2654
3	1.8787	2.6441
4	1.4188	12.9934
5	3.6008	0

步骤 4，繁殖新的种群。对于随机初始化的种群，要通过不断地进化，繁殖新的更优秀的种群，即种群中每个染色体个体对应的函数值，都最大可能地接近在区间[lower,upper]上的极大值。用于繁殖新种群的遗传算子有 3 种。

（1）选择（Selection）：将种群个体按照适应度从小到大排序，求出个体适应度与种群适应度的比值，即个体适应度概率，采用随机轮盘赌的选择方法或者精英贪婪的选择方法，与个体适应度概率成正比地选择较好的个体，淘汰较差的个体。由于贪婪选择法容易过早收敛于局部最优，所以，本例分析采用随机轮盘赌的选择法。其中 5 条染色体的适应度概率如表 14.4 所示。

表 14.4　染色体适应度概率

编　号	适 应 度 值	适应度概率
1	6.1439	0.1615
2	16.2654	0.4275
3	2.6441	0.0695
4	12.9934	0.3415
5	0	0
总和	38.0468	1

当采用随机轮盘赌算法时,每个染色体被随机选中的概率如图 14.1 所示。

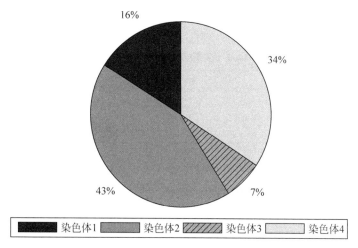

图 14.1　染色体被随机选中的概率

轮盘转动时,指针会随机地停留在某一个染色体所代表的区域内,显然,适应度概率比较大的染色体被选中的概率更高。随机轮盘赌的一次选择产生新种群如表 14.5 所示。

表 14.5　选择后的新一代染色体

编号	选择操作后新一代染色体									对应原染色体编号
1	1	0	0	0	1	0	0	1	1	1
2	0	1	0	0	1	1	0	1	0	2
3	0	1	0	0	1	1	0	1	0	2
4	0	1	0	0	1	1	0	1	0	2
5	0	1	0	0	1	0	0	0	1	4

从表 14.5 可知,对适应度概率最高的 2 号染色体选择复制了 3 次,对 1 号染色体选择复制 1 次,对 4 号染色体选择复制 1 次,淘汰了适应度概率较低的或为 0 的 3 号和 5 号染色体。

(2) 交叉(Crossover):按照交叉概率选择不同的两个染色体作为父母,采用单点交叉或者多点交叉的方法,生成新一代个体。一般交叉概率较大,可取值 0.5~0.9,本例分析交叉概率取值 $P_c=0.6$。本例中染色体 1 和染色体 2 在从左向右的第 6 号位置开始交叉,交叉前和交叉后的对比如表 14.6 所示。

表 14.6　交叉前后的染色体对比

染色体配对	交　叉　前									交叉起始点位置
1	1	0	0	0	1	0	0	1	1	6
2	0	1	0	0	1	1	0	1	0	6
染色体配对	交　叉　后									交叉起始点位置
1	1	0	0	0	1	0	0	1	0	6
2	0	1	0	0	1	1	0	1	1	6

（3）变异(Mutation)：对交叉完成后的染色体种群，依据变异概率，随机选择染色体上的某一个或多个基因，然后修改基因的值，从 1 变异到 0，从 0 变异到 1。本例采用单点变异，变异前和变异后的染色体对比如表 14.7 所示。

表 14.7　变异前后的染色体对比

染色体编号	变　异　前									变异点位置
1	1	0	0	0	1	0	0	1	0	3
染色体编号	变　异　后									变异点位置
1	1	0	1	0	1	0	0	1	0	3

步骤 5，对选择、交叉和变异后产生的新种群，依据适应度值，评价其好坏，适应度值最大的被认为最好，记录这个最优的染色体。例如，本例中第一次迭代最优解如表 14.8 所示。

表 14.8　第一次迭代后的最优解

最优染色体										x	y
0	1	0	1	1	1	1	0	1		1.8493	4.8597

显然，这并不是函数的全局最优解。

本例分析中所有表格中的数据均随机产生，为便于理解，特意选择了一些有代表性的数值，在实际运算的过程中，常常需要多次迭代才可以找到最优结果。以下对实例具体编写代码，进一步理解 GA 的运行过程。

初始化 GA 参数，MATLAB 源码如下：

```
clear all;clc;
popsize = 5; chromlength = 5;
pc = 0.6; pm = 0.001;
iterat = 5;
lower = 0;upper = 5;
% 随机初始化种群
pop = round(rand(popsize,chromlength));
```

迭代生成新的种群，MATLAB 源码如下：

```
for j = 1:iterat
    % 编码
    pop1 = pop(:,1:chromlength);[px,py] = size(pop1);      % 行和列
    for i = 1:py
        pop2(:,i) = 2.^(py - i). * pop1(:,i);
    end
    pop3 = sum(pop2,2); % sum rows
    xx = pop3 * 5/(2^chromlength - 1);                     % 从二进制数转换为实数
    objvalue = 10 * sin(5 * xx) + 7 * cos(4 * xx);          % 目标函数
    % 个体适应度
    Cmin = 0;[px,py] = size(objvalue);
    for i = 1:px
        if objvalue(i) + Cmin > 0
            temp = Cmin + objvalue(i);
```

```
    else
        temp = 0.0;
    end
fitvalue(i) = temp;
end
fitvalue = fitvalue';
%选择
totalfit = sum(fitvalue);
fitvalue1 = fitvalue/totalfit;
fitvalue1 = cumsum(fitvalue1);
[px,py] = size(pop);ms = sort(rand(px,1));  %从小到大排序
fitin = 1;newin = 1;
while newin <= px
    if(ms(newin)) < fitvalue1(fitin)
        newpop(newin) = pop(fitin);newin = newin + 1;
    else
        fitin = fitin + 1;
    end
end
%交叉
[px,py] = size(pop);newpop = ones(size(pop));
for i = 1:2:px - 1
    if(rand < pc)
        cpoint = round(rand * py);
        newpop(i,:) = [pop(i,1:cpoint),pop(i + 1,cpoint + 1:py)];
        newpop(i + 1,:) = [pop(i + 1,1:cpoint),pop(i,cpoint + 1:py)];
    else
        newpop(i,:) = pop(i);newpop(i + 1,:) = pop(i + 1);
    end
end
%变异
[px,py] = size(pop);newpop = ones(size(pop));
for i = 1:px
    if(rand < pm)
        mpoint = round(rand * py);
        if mpoint <= 0
            mpoint = 1;
        end
        newpop(i) = pop(i);
        if any(newpop(i,mpoint)) == 0
            newpop(i,mpoint) = 1;
        else
            newpop(i,mpoint) = 0;
        end
    else
        newpop(i) = pop(i);
    end
end
%适应度最大的个体
[px,py] = size(pop);bestindividual = pop(1,:);bestfit = fitvalue(1);
for i = 2:px
```

```
          if fitvalue(i)>bestfit
                bestindividual = pop(i,:);bestfit = fitvalue(i);
          end
      end
      % 最优个体
      y(j) = max(bestfit);n(j) = j;pop5 = bestindividual;
      % 解码
      pop6 = pop5(:,1:chromlength);[px,py] = size(pop6);
      for i = 1:py
            pop7(:,i) = 2.^(py - i). * pop6(:,i);
      end
      pop8 = sum(pop7,2);x(j) = pop8 * 5/(2^chromlength - 1);
      pop = newpop;
end % 迭代结束
```

可视化 GA 迭代的结果并显示最优解和目标函数的 MATLAB 源码如下：

```
fplot(@(x)10. * sin(5. * x) + 7. * cos(4. * x),[0,5]);hold on;
plot(x,y, 'bo');
[z index] = max(y);
xm = x(index);y = z;
plot(xm,ym,'r * ');str = sprintf('[ %.2f, %.2f]',xm,ym);
text(xm + 0.1,ym - 0.1,str);xlabel('x');ylabel('y');
title('GA iteration optimal solution');
legend('function', 'iteration solution','optimal solution');hold off
```

运行以上代码，函数和优化结果可视化如图 14.2 所示。

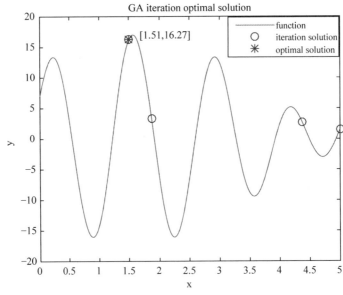

图 14.2　函数和优化结果

从控制台输出结果也可以看到，多次迭代后 GA 收敛到如下所示的最优解：

```
xm =
    1.5068
```

```
y =
    16.2654
```

14.2 优化算法对比实例分析

14.2.1 实例一：粒子群（PSO）算法

1. 问题描述

1) PSO 算法原理

PSO 算法是一种简单有效的基于生物群体社会行为的优化算法，粒子模拟觅食的鸟群中的个体行为，具有速度 V 和位置 P 两个属性，其中速度代表移动的快慢，位置代表移动的方向。每个粒子在搜索空间中独立地寻求最优解，标记为当前局部最优位置 P_{best}，整个群体共享信息，最优个体的局部最优位置作为当前全局最优位置 G_{best}，所有粒子根据自己的 P_{best} 和种群的 G_{best} 来更新速度和位置。

PSO 算法的步骤如下：

步骤 1，初始化参数和种群。设置种群规模、最大迭代次数、速度区间、位置空间，以及随机初始化种群每个粒子的位置和速度值。

步骤 2，计算适应度值。选择合适的适应度函数，求种群中每个粒子的适应度值，如果新的适应度 newFitness 小于当前适应度值 bestFitness，用新的位置替换当前位置，即可设置 $P_{best} = P_{current}$。选择种群中最优适应度值的粒子的位置，作为种群全局最优的位置，即设置 $G_{best} = \text{optima}(P_{best})$。

步骤 3，更新速度和位置。根据以下公式更新每个粒子的速度和位置：

$$V^i = \omega V^i + C_1 \text{rand}(0,1)(P^i_{best} - P^i) + C_2 \text{rand}(0,1)(G_{best} - P^i)$$

$$P^i = P^i + aV^i \tag{14-1}$$

其中，ω 为惯性因子，一般取值 $[0.9, 1.2]$，其值越大则全局搜索能力越强，越小局部搜索能力越强；C_1 和 C_2 为学习因子，一般取值 $C_1 + C_2 \leqslant 4$，$\text{rand}(0,1)$ 为区间 $[0,1]$ 的随机数；a 为约束因子，目的是控制速度在更新位置时的权重，一般取 1。

步骤 4，迭代终止。如果迭代次数小于初始设置值，返回步骤 2 继续迭代，否则终止迭代。

2) PSO 优化函数

根据 PSO 实现步骤，编写 PSO 优化参数的函数，并可被其他实例应用调用。

2. 实例分析参考解决方案

实例的 MATLAB 参考源码如下：

```
% PSO 函数
% 参数：
%   problem: 优化问题的名称，例如 @pso, @sphere,
%   data: 数据结构，数据维度，迭代次数
%   parameters: 优化器参数，例如种群规模 popsize，约束因子 factor
% 返回：
```

```
%    bestX: 目前空间中的最优解
%    bestFitness: 最优解 bestX 的适应度
%    evaluations: 适应度评价的次数
function [bestX, bestFitness, evaluations] = pso(problem, data, parameters)
    % 为便于计算,将参数 data 复制到函数内的局部变量
    n = data.Dim;acceptableFitness = data.AcceptableFitness;
    maxEvaluations = data.MaxEvaluations;
    lowerInit = data.LowerInit;upperInit = data.UpperInit;
    lowerBound = data.LowerBound;upperBound = data.UpperBound;
    % PSO 优化器的行为参数
    s = parameters(1);                  % 种群规模
    omega = parameters(2);              % 惯性因子
    phiP = parameters(3);               % 粒子的学习因子
    phiG = parameters(4);               % 种群的学习因子
    a = parameters(5);                  % 约束因子
    % 初始化速度边界
    range = upperBound - lowerBound;
    lowerVelocity = - range;upperVelocity = range;
    % 初始化种群
    x = zeros(s,n);
    for i = 1:s
        x(i,:) = rand(1, n). * (upperInit - lowerInit) + lowerInit;
    end
    p = x;                              % 种群位置
    v = zeros(s,n);                     % 初始化种群速度
    for i = 1:s
        v(i,:) = rand(1, n). * (upperVelocity - lowerVelocity) + lowerVelocity;
    end
    % 计算初始粒子的适应度值
    fitness = zeros(1, s);              % 预分配数组空间以提高函数效率
    for i = 1:s
        fitness(i) = feval(problem, x(i,:), data);
    end
    % 确定最优粒子的适应度和索引
    [bestFitness, bestIndex] = min(fitness);
    evaluations = s;                    % 以适应度作为迭代开始
    while (evaluations < maxEvaluations) && (bestFitness > acceptableFitness)
        i = ceil(s * rand(1,1));   % 从群中随机选择一个粒子,并获取其索引值
        % 随机生成权重参数
        rP = rand(1, 1);
        rG = rand(1, 1);
        % 更新第 i 个粒子的速度
        v(i,:) = omega * v(i,:) + …
                rP * phiP * (p(i,:) - x(i,:)) + …
                rG * phiG * (p(bestIndex,:) - x(i,:));
        v(i,:) = min(upperVelocity, max(lowerVelocity, v(i,:)));   % 约束速度
        x(i,:) = x(i,:) + a * v(i,:);                             % 更新第 i 个粒子的位置
        x(i,:) = min(upperBound, max(lowerBound, x(i,:)));       % 约束位置
        newFitness = feval(problem, x(i,:), data);              % 计算适应度
        % 更新最佳位置
        if newFitness < fitness(i)
```

```
                fitness(i) = newFitness;
                p(i,:) = x(i,:);
                if newFitness < bestFitness
                    bestIndex = i;                          % 数组 p 中的索引位置
                    bestFitness = newFitness;
                end
            end
            time(evaluations) = evaluations;
            Best_fitness(evaluations) = bestFitness;
            evaluations = evaluations + 1;                  % 累加计数
        end
        bestX = p(bestIndex,:);                             % 设置适应度值并返回最优解
        figure;
        plot(time,Best_fitness,'b:','LineWidth', 1); hold on;
        xlabel('迭代次数');ylabel('适应度值');
end % PSO 函数结束
```

14.2.2 实例二：差分进化(DE)算法

1. 问题描述

1) DE 算法原理

DE 算法是一种更类似于 GA 的启发式优化算法,也包含了变异、交叉和选择 3 种基本操作,但是 DE 算法与 GA 的区别主要有以下 3 点。

(1) 变异(Mutation):GA 在满足变异概率后,随机生成变异点,在变异点进行 1 和 0 互换操作;而 DE 通过个体的差值来实现个体变异,这是区别于 GA 的主要标志,DE 算法常用的变异更新策略(Mutation strategies)有:

DE/rand/1:$XM_i = X_{r1} + F \times (X_{r2} - X_{r3})$

DE/rand/2:$XM_i = X_{r1} + F \times (X_{r2} - X_{r3}) + F \times (X_{r4} - X_{r5})$

DE/best/1:$XM_i = X_{best} + F \times (X_{r1} - X_{r2})$

DE/best/2:$XM_i = X_{best} + F \times (X_{r1} - X_{r2}) + F \times (X_{r3} - X_{r4})$

DE/rand-to-best/1:$XM_i = X_{r1} + F \times (X_{best} - X_{r2}) + F \times (X_{r3} - X_{r4})$

假设 NP 为种群中个体数量,则 **X** 为当前种群向量,**XM** 为变异后的临时新一代种群向量,$r_1 \neq r_2 \neq r_3 \neq r_4 \neq i \in \{1,2,\cdots,NP\}$,其中 DE 优化的缩放因子 $F \in [0,1]$。策略表示形式 DE/a/b,其中 a 表示生成变异分量的策略,可以是随机选择当前种群中的向量(rand),或者当前种群中的最优向量(best);其中 b 表示参与变异的向量数目,其中 1 表示一对向量的差值参与变异操作,2 表示两对向量的差值参与变异操作。

(2) 交叉(Crossover):变异操作完成后,对当前种群的 n 维向量 $\boldsymbol{X} = [X_1, X_2, \cdots, X_n]$,和变异后的新一代种群的 n 维向量 $\mathbf{XM} = [XM_1, XM_2, \cdots, XM_n]$,按照概率进行交叉操作,交叉后的临时新一代种群的 n 维向量表示为 **XC**,计算公式为:

$$XC_i = \begin{cases} XM_{i,j}, rand_i \leqslant P_c \\ X_{i,j}, 其他 \end{cases} \tag{14-2}$$

其中,P_c 为交叉概率,取值区间 $[0,1]$,$j \in \{1,2,\cdots,n\}$ 是随机产生的交叉起始位置,交叉操

作在整体种群的空间内进行，因此 $i \in \{1, 2, \cdots, NP\}$。

（3）选择（Selection）：在交叉操作完成后，DE算法根据适应函数的值，按照贪婪策略在当前种群和临时新一代种群向量之间执行选择操作，即选择最优的个体复制保留到下一代种群 XN 中，计算公式为：

$$XN_i = \begin{cases} XC_i, & fitness(XC_i) \leqslant fitness(X_i) \\ X_i, & \text{其他} \end{cases} \tag{14-3}$$

DE算法的流程如下：

步骤1，初始化参数和种群。设置种群规模、最大迭代次数、交叉概率、随机初始化种群个体值。

步骤2，变异。按照某一个变异策略进行变异操作。

步骤3，交叉。如果满足交叉概率，在变异后的种群和当前种群间执行交叉操作。

步骤4，选择。计算交叉后种群和当前种群每个个体的适应度值，按照贪婪策略，选择最优个体复制到新一代种群中。

步骤5，迭代。如果迭代次数小于初始设置值，返回步骤2继续迭代，否则终止迭代。

2）DE优化函数

根据DE实现流程，编写DE优化参数的函数，可被其他实例应用调用。

2. 实例分析参考解决方案

实现DE优化算法的MATLAB代码如下：

```
% 差分进化(DE)算法,所用策略为 DE/rand/1/bin, 函数参数与返回与 PSO 相同
function [bestX, bestFitness, evaluations] = de(problem, data, parameters)
    n = data.Dim; acceptableFitness = data.AcceptableFitness;
    maxEvaluations = data.MaxEvaluations;
    lowerInit = data.LowerInit; upperInit = data.UpperInit;
    lowerBound = data.LowerBound; upperBound = data.UpperBound;
    % 优化器参数
    np = parameters(1);              % 种群规模
    cr = parameters(2);              % 交叉概率
    f = parameters(3);               % 缩放因子
    x = zeros(np, n);                % 初始化种群
    for i = 1:np
        x(i,:) = rand(1, n). * (upperInit - lowerInit) + lowerInit;
    end
    % 为种群中所有个体计算适应度
    fitness = zeros(1, np);
    for i = 1:np
        fitness(i) = feval(problem, x(i,:), data);
    end
    % 确定最优个体的适应度和索引
    [bestFitness, bestIndex] = min(fitness);
    evaluations = np;
    while (evaluations < maxEvaluations) && (bestFitness > acceptableFitness)
        % 从群中随机有区分地选择个体
        indices = randperm(np);
        i = indices(1);              % 需要更新的个体
```

```
        a = indices(2);                    % 其他个体 a
        b = indices(3);                    % 其他个体 b
        c = indices(4);                    % 其他个体 c
        R = ceil(n * rand(1,1));           % 随机选择索引
        y = x(i,:);                        % 将原来个体复制到新个体中
        % 用 DE 策略公式计算新个体
        for j = 1:n
            if (j == R) || (rand(1,1) < cr)
                y(j) = x(a,j) + f * (x(b,j) - x(c,j));
            end
        end
        y = min(upperBound, max(lowerBound, y));       % 约束位置
        newFitness = feval(problem, y, data);          % 计算适应度
        % 如果适应度改进,则更新个体
        if newFitness < fitness(i)
            fitness(i) = newFitness;                   % 更新适应度
            x(i,:) = y;                                % 更新个体位置
            % 如果适应度改进,则更新种群最优解
            if newFitness < bestFitness
                bestFitness = newFitness;bestIndex = i;
            end
        end
        time(evaluations) = evaluations;
        Best_fitness(evaluations) = bestFitness;
        evaluations = evaluations + 1;
    end
    bestX = x(bestIndex,:);                            % 设置最优解的边界
    hold on;plot(time,Best_fitness,'g - .','LineWidth', 1); hold on;
    xlabel('迭代次数');ylabel('适应度值');
end  % DE 函数结束
```

14.2.3 实例三：人工蜂群(ABC)算法

1. 问题描述

1) ABC 算法原理

ABC 算法模拟蜂群采蜜行为,是一种新颖、简单但是搜索能力很强的算法,可以用于求解很多实际工程领域的优化问题。ABC 算法把蜂群分为 3 类:雇佣蜂(Employed bees)、观察蜂(Onlooker bees)和侦查蜂(Scout bees),优化的目标为寻找花蜜最大的食物源(Food source)。

ABC 算法实现步骤如下:

步骤 1,初始化阶段(Initialization phase)。

假设有食物源 $\vec{x}_m$,每个食物源为 n 维向量,即 x_{mi},$i=1,2,\cdots,n$。食物源数量初始化为 SN,则有 $m \in SN$,采用以下公式初始化所有食物源:

$$x_{mi} = lower + rand(0,1) \times (upper - lower) \tag{14-4}$$

其中,lower 和 upper 为食物源的下界和上界;rand(0,1)为区间[0,1]的随机数。

初始化侦查蜂更新边界为 L。

步骤 2，雇佣蜂阶段（Employed bees phase）。

雇佣蜂搜索新的食物源 v_m，更新公式：

$$v_{mi} = x_{mi} + \phi_{mi} \times (x_{mi} - x_{ki}) \tag{14-5}$$

其中，$\vec{x}_k$ 为随机选择的食物源，而且满足 $m \neq k$，i 为在区间 $[1, n]$ 随机选择的整数；ϕ_{mi} 为在区间 $[-a, a]$ 的随机数，a 为加速因子，一般可以设置 $a = 1$。通过损失函数（Cost function），计算 $\vec{v}_m$ 和 $\vec{x}_m$ 的代价，采用贪婪策略（Greedy selection）在 $\vec{v}_m$ 和 $\vec{x}_m$ 之间选择一个，作为食物源保留到下一阶段，并记录未更新食物源作为侦查蜂更新依据。

步骤 3，计算所有食物源的适应度。

ABC 算法可以选择特定适应度函数（Fitness function）。例如，最小化优化问题可以定义适应度函数为：

$$\text{fit}_m(\vec{x}_m) = \begin{cases} \dfrac{1}{1 + f_m(\vec{x}_m)}, & f_m(\vec{x}_m) \geqslant 0 \\ 1 + \text{abs}(f_m(\vec{x}_m)), & f_m(\vec{x}_m) < 0 \end{cases} \tag{14-6}$$

其中 $f_m(\vec{x}_m)$ 为解 $\vec{x}_m$ 代入目标函数的值。

再例如，损失函数最小化问题可以定义适应度函数为：

$$\text{fit}_m(\vec{x}_m) = \frac{\exp(-c_m(\vec{x}_m)/\text{mean}(c_m))}{\displaystyle\sum_{m=1}^{\text{SN}} \exp(-c_m(\vec{x}_m)/\text{mean}(c_m))} \tag{14-7}$$

其中 $c_m(\vec{x}_m)$ 为解 $\vec{x}_m$ 代入损失函数的值。

将本阶段的食物源 $\boldsymbol{X} = \{\vec{x}_1, \vec{x}_2, \cdots, \vec{x}_{\text{SN}}\}$ 共享给观察蜂。

步骤 4，观察蜂阶段（Onlooker bees phase）。

观察蜂的数量与雇佣蜂相同，按照轮盘赌选择（Roulette wheel selection）观察蜂的食物源，轮盘赌概率计算公式为：

$$p_m = \frac{\text{fit}_m(\vec{x}_m)}{\displaystyle\sum_{m=1}^{\text{SN}} \text{fit}_m(\vec{x}_m)} \tag{14-8}$$

对随机轮盘赌概率选择的观察蜂的食物源，采用与雇用蜂更新相同的更新公式来更新食物源，表示为：

$$o_{mi} = x_{mi} + \phi_{mi} \times (x_{mi} - x_{ki})$$

通过损失函数，计算 $\vec{o}_m$ 和 $\vec{x}_m$ 的代价，依然采用贪婪策略在 $\vec{o}_m$ 和 $\vec{x}_m$ 之间选择一个，作为食物源保留下来，并记录未更新食物源作为侦查蜂更新依据。

将本阶段的食物源 $\boldsymbol{X} = \{\vec{x}_1, \vec{x}_2, \cdots, \vec{x}_{\text{SN}}\}$ 共享给侦查蜂。

步骤 5，侦查蜂阶段（Scout bees phase）。

对侦查蜂的食物源，如果累计未更新次数大于边界值 L，即经过雇佣蜂和观察蜂两个更新阶段后，那些表现糟糕的食物源，在侦查蜂阶段，可采用与初始化相同的更新公式：

$$s_{mi} = \text{lower} + \text{rand}(0,1) \times (\text{upper} - \text{lower})$$

其中 lower 和 upper 为侦查蜂的食物源下界和上界，$\text{rand}(0,1)$ 为区间 $[0,1]$ 的随机数。

步骤 6，记录迄今为止的最优食物源，即当前最优解（Best solution achieved so far）。

$$\text{currentbest} = x_{\text{best}}$$

其中 $x_{best} \in \{\vec{x}_1, \vec{x}_2, \cdots, \vec{x}_{m+j} = \vec{v}_{m+j}, \vec{x}_{m+j+1} = \vec{o}_{m+j+1}, \vec{x}_{m+j+2} = \vec{s}_{m+j+2}, \cdots, \vec{x}_{SN}\}$。

步骤 7,迭代。如果迭代次数小于初始设置值,返回步骤继续迭代,否则终止迭代。

2) ABC 优化函数

根据 ABC 实现步骤,编写 ABC 优化参数的函数,可被其他实例应用调用。

2. 实例分析参考解决方案

实现 ABC 优化算法的 MATLAB 参考代码如下:

```
% 人工蜂群(ABC)算法,函数参数与返回与 PSO 相同
function [bestX, bestFitness, evaluations] = abc(problem, data, parameters)
    n = data.Dim;acceptableFitness = data.AcceptableFitness;
    maxEvaluations = data.MaxEvaluations;
    lowerInit = data.LowerInit;upperInit = data.UpperInit;
    lowerBound = data.LowerBound;upperBound = data.UpperBound;
    % 蜂群行为参数
    nPop = parameters(1);              % 食物源数量
    a = parameters(2);                 % 加速因子
    CostFunction = @(x) problem(x);    % 代价函数
    nOnlooker = nPop;                  % 观察蜂数量
    L = round(0.6 * n * nPop);         % 约束参数
    % 食物源的数据结构
    food_source.Position = [];food_source.Cost = [];
    pop = repmat(food_source,nPop,1);
    BestSol.Cost = inf;                % 初始化最优解
    % 创建初始蜂群
    for i = 1:nPop
        pop(i).Position = rand(1, n) .* (upperInit - lowerInit) + lowerInit;
        pop(i).Cost = CostFunction(pop(i).Position);
        if pop(i).Cost < = BestSol.Cost
            BestSol = pop(i);
        end
    end
    C = zeros(nPop,1);                          % 采用数组保存最优解
    evaluations = nPop;bestFitness = BestSol.Cost;
    while (evaluations < maxEvaluations) && (bestFitness > acceptableFitness)
        % 雇佣蜂阶段
        for i = 1:nPop
            % 随机选择 K,且不能等于 i
            K = [1:i - 1 i + 1:nPop]; k = K(randi([1 numel(K)]));
            phi = a * unifrnd( - 1, + 1,[1 n]); % 定义加速因子
            % 生成新蜂
            newbee.Position = ...
                pop(i).Position + phi. * (pop(i).Position - pop(k).Position);
            newbee.Cost = CostFunction(newbee.Position); % Evaluation
            % 比较代价
            if newbee.Cost < = pop(i).Cost
                pop(i) = newbee;
            else
                C(i) = C(i) + 1;
```

```matlab
            end
        end
    % 计算适应度和选择概率
    F = zeros(nPop, 1); MeanCost = mean([pop.Cost]);
    for i = 1:nPop
        F(i) = exp( - pop(i).Cost/MeanCost);    % 将代价转换为适应度
    end
    P = F/sum(F);
    % 观察蜂阶段
    for m = 1:nOnlooker
        % 轮盘选择观察蜂
        r = rand; PC = cumsum(P); i = find(r < = PC, 1, 'first');
        % 随机选择 K, 且不能等于 i
        K = [1:i - 1 i + 1:nPop]; k = K(randi([1 numel(K)]));
        % 定义加速因子
        phi = a * unifrnd( - 1, + 1, [1 n]);
        % 生成新蜂
        newbee.Position = ...
            pop(i).Position + phi. * (pop(i).Position - pop(k).Position);
        newbee.Cost = CostFunction(newbee.Position);  % 计算代价
        % 比较代价
        if newbee.Cost < = pop(i).Cost
            pop(i) = newbee;
        else
            C(i) = C(i) + 1;
        end
    end
    % 侦查蜂阶段
    for i = 1:nPop
        if C(i)> = L
            pop(i).Position = rand(1, n). * (upperBound - lowerBound) + lowerBound;
            pop(i).Cost = CostFunction(pop(i).Position);
            C(i) = 0;
        end
    end
    % 更新最优解
    for i = 1:nPop
        if pop(i).Cost < = BestSol.Cost
            BestSol = pop(i);
        end
    end
    bestFitness = BestSol.Cost;
    time(evaluations) = evaluations;
    Best_fitness(evaluations) = bestFitness;
    evaluations = evaluations + 1;
end
% 返回最优解
bestX = BestSol.Position;
hold on;
plot(time, Best_fitness, 'r -- ', 'LineWidth', 1); hold on;
xlabel('迭代次数'); ylabel('适应度值');
```

```
        legend('PSO','DE','ABC');
end  % ABC 函数结束
```

14.2.4　实例四：对比粒子群、差分进化和人工蜂群算法

视频讲解

1. 问题描述

1）对比 PSO、DE 和 ABC 算法

PSO、DE 和 ABC 算法均属于启发式优化算法,在不同应用领域表现不尽相同,为进一步理解以上 3 种算法,本实例对 sphere 基准函数分别采用 PSO、DE 和 ABC 算法进行优化实验,对比分析 3 种算法的性能。其中 sphere 函数数学公式为:

$$f(x) = \sum_{i=1}^{d} x_i^2$$

该基准函数是连续,单峰的凸函数。所以,全局最优点为:

$$f(x^*) = 0, \quad x^* = (0, \cdots, 0)$$

对于 sphere 函数,分别采用 PSO、DE 和 ABC 3 种算法进行寻优。

2）分析寻优结果

分别设置初始化参数如表 14.9 所示,对比分析 3 种算法的寻优结果。

表 14.9　PSO、DE 和 ABC 初始化参数

算　　　法	参　　　数
PSO、DE、ABC	Dim = 20 AceeptableFitness = 0.001 MaxEvaluations = 10000 LowerInit = 50 * ones(1,dim) UpperInit = 100 * ones(1,dim) LowerBound = −100 * ones(1,dim) UpperBound = 100 * ones(1,dim)
PSO	PSO_5DIM_1000EVALS = [30,−0.3593,−0.7238,2.0289,1]
DE	DE_5DIM_1000EVALS = [30,0.7122,0.6301]
ABC	ABC_5DIM_1000EVALS = [30, 1]

2. 实例分析参考解决方案

实现 sphere 函数的 MATLAB 参考代码如下:

```
% Sphere 基准问题
% 参数:
%     x: 在搜索空间中的位置
%     data: 优化问题参数数据结构
% 返回:
%     fitness: 函数值
function fitness = sphere(x, data)
    d = length(x);
```

```
    sum = 0;
    for ii = 1:d
      xi = x(ii);sum = sum + xi^2;
    end
    fitness = sum;
end % Sphere 函数结束
```

对于 sphere 函数，分别采用 PSO、DE 和 ABC 3 种算法进行寻优，实现代码如下：

```
clear all;clc;
dim = 20;evals = 10000; %搜索维度和最大迭代次数
data = struct('Dim', dim, …
              'AcceptableFitness', 0.001, …
              'MaxEvaluations', evals, …
              'LowerInit', 50 * ones(1, dim), …
              'UpperInit', 100 * ones(1, dim), …
              'LowerBound', - 100 * ones(1, dim), …
              'UpperBound', 100 * ones(1, dim));
PSO_5DIM_1000EVALS   = [ 30, - 0.3593, - 0.7238, 2.0289,1];
DE_5DIM_1000EVALS    = [ 30, 0.7122, 0.6301];
ABC_5DIM_1000EVALS   = [ 30,1];
for i = 1:10
  [bestX1, bestFitness1(i), evaluations1(i)] = feval(@ pso, @ sphere, data, PSO_5DIM_
1000EVALS);
  [bestX2, bestFitness2(i), evaluations2(i)] = feval(@ de, @ sphere, data, DE_5DIM_
1000EVALS);
  [bestX3, bestFitness3(i), evaluations3(i)] = feval(@ abc, @ sphere, data, ABC_5DIM_
1000EVALS);
  ave1(i) = sum(bestX1)/dim;ave2(i) = sum(bestX2)/dim;ave3(i) = sum(bestX3)/dim;
end
```

对 3 种算法分别按照要求设置参数如代码所示，运行 20 次，记录最好和最差的适应度值、迭代次数和最优值的平均，如表 14.10 所示。3 种算法的收敛曲线如图 14.3 所示。

表 14.10   PSO、DE 和 ABC 算法优化结果

算　　法	PSO	DE	ABC
最大适应度	2.0760e+04	3.1411	9.9705e-04
最小适应度	3.4771e+03	0.3243	6.5406e-04
平均适应度	9.4431e+03	1.3278	8.7262e-04
最大迭代次数	10000	10000	987
最小迭代次数	10000	10000	641
平均迭代次数	10000	10000	765
最大平均值	16.9991	0.1087	0.0041
最小平均值	1.0546	-0.0875	-0.0015
平均值	6.9205	-0.0014	3.1894e-04

从以上实验结果可以清楚地看出,ABC算法在对该基准函数的寻优搜索中,需要设置的参数较少,迭代次数最少,结果更接近最优值。但是由于本章的实验仅针对单目标优化问题,如果考虑算法稳定性以及高维多目标优化问题的收敛速度,还需要进一步深入评估。

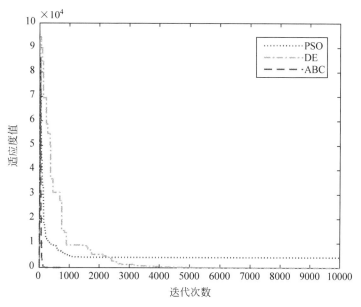

图 14.3 PSO、DE 和 ABC 收敛曲线

总而言之,GA出现较早,应用领域广泛,标准GA采用二进制编码,在实际应用中有整数和实数编码的改进GA,PSO、DE和ABC均采用浮点实数编码,相对于GA,在解决高维复杂问题上表现更优秀,因此更适用于实际工程应用。其中PSO和DE算法需要设置缩放因子和交叉概率等参数。参数的设置一般需要根据经验不断调整,增加了算法的应用难度。DE算法收敛速度快,在相同精度下,多次输出结果更稳定。ABC算法是新的启发式优化算法,具有良好的全局搜索能力。在实际工程应用中,也可以考虑混合多种优化算法,取长补短,以更好地解决具体的工程问题。其他传统优化算法,例如受到固体降温的物理过程启示,基于蒙特卡洛迭代求解策略的一种寻优算法——模拟退火(Simulated Annealing,SA)算法,可以很好地解决全局优化问题。再例如,还有一种启发式优化算法,来源于蚂蚁觅食的过程,即蚁群(Ant Colony Optimization,ACO)算法,多用于解决离散的组合优化问题,例如动态路径规划等,也可以将ACO扩展到连续函数优化,其中最常用的连续优化的蚁群算法为ACOR,本章主要讨论连续函数优化问题,所以ACO不作为重点关注算法。

14.3 习题

1. 遗传算法(GA)借鉴达尔文生物进化的遗传学说,是一种高效、并行、随机的全局搜索和优化的算法。粒子群(PSO)算法是一种简单有效的基于生物群体社会行为的优化算法,粒子模拟觅食的鸟群中的个体行为。差分进化(DE)算法是一种更类似于GA的启发式优化算法，也像 GA 那样包含了变异、交叉和选择 3 种基本操作。人工蜂群（ABC）算法模拟蜂群采蜜行为，是一种新颖简单但是搜索能力很强的算法，可以用于求解很多实际工程领域的优化问题。对比分析 GA、PSO、DE 和 ABC 4 种算法，简述算法的优缺点以及适用领域。

2. 采用 GA 求解基准函数 sphere 的最优解。其中 sphere 函数数学公式为 $f(x) = \sum_{i=1}^{d} x_i^2$，而且该基准函数是连续，单峰的凸函数。全局最优点为

$$f(x^*) = 0, x^* = (0, \cdots, 0)$$

## 第 15 章

深 度 学 习

深度学习(Deep Learning,DL)是目前机器学习(Machine Learning,ML)和人工智能(Artificial Intelligence,AI)最新的研究领域,DL 采用复杂的多层非线性模型,直接实现从原始数据到分类或预测的最终目标。相对于传统机器学习算法手动获取特征,深度学习采用有监督或无监督的特征学习,实现自动地分层提取数据特征。目前广泛成功应用的深度学习框架主要由深度神经网络实现。随着深度学习的飞速发展,将深度学习的优秀感知能力与强化学习的强壮决策能力相结合,实现从原始数据到最终控制的端到端的深度强化学习(Deep Reinforcement Learning,DRL),例如基于 Q 学习策略的深度 Q 网络(Deep Q-Network,DQN),已经广泛应用到机器人控制、游戏博弈等领域。深度学习起源于多层神经网络,其成功原因在于强大计算能力的硬件 GPU、TPU 和 FPGA 的平台保障,以及大数据时代的海量异构数据的知识保障。研究人员用了三十几年的时间发明了误差反向传播(Back Propagation,BP)算法,成功解决了单层神经网络缺少训练目标的问题;又花费了二十几年的时间,成功解决了多层神经网络难于训练的问题,实现了优于其他机器学习模型的性能,让人类更接近真正意义的 AI。尽管深度学习模型普遍具有良好的性能,但是并非全新的技术,而是对多层神经网络在梯度消失(Vanishing gradient)、过拟合(Overfitting)和复杂计算(Computational load)3 个方向的改进,因此深度学习延续了神经网络中的绝大部分概念。本章主要介绍主流的深度神经网络(Deep Neural Network,DNN)包括卷积神经网络、循环神经网络的训练技巧以及简单应用。

15.1 卷积神经网络

卷积神经网络(CNN)是一种包含多个隐含层的前馈多层神经网络模型,经过数十年的研究改进,已经成功应用于图像视频处理。CNN 模仿大脑视觉神经识别图像的原理,由自动特征提取网络和分类网络顺序连接构成,将原始图像输入 CNN,经过多个卷积层(Convolutional layer)和多个池化层(Pooling layer)顺序连接构成的自动特征提取网络,再经过分类网络输出分类预测结果。在 CNN 中,卷积层采用卷积操作提取图像的局部信息,池化层用于降低提取后的局部信息的维度;分类网络由浅层机器学习中的分类器实现分类预测,称为全连接层(Fully connected layer)。典型的 CNN 结构如图 15.1 所示。

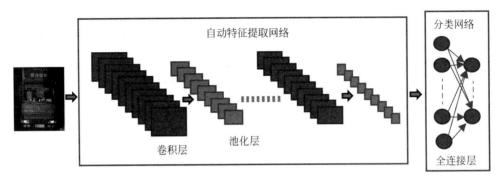

图 15.1　典型卷积神经网络结构

15.1.1　卷积层

卷积层从输入的原始图像中，提取唯一的特征输出，输出称为特征图（Feature maps）。不同于神经网络中的隐含层，CNN 中的卷积层没有连接权重，也不需要执行权重加和操作，而是采用滤波器（Filter），也称为核（Kernel）来转换图像，因此 CNN 中的核也称为卷积滤波器（Convolution filters）或者卷积核（Convolution kernel）。假设一幅图表示为像素矩阵，如图 15.2 所示。

1	1	1	3
4	6	4	8
30	0	1	5
0	2	2	4

图 15.2　像素矩阵

可以用如图 15.3 所示的两个滤波器来转换如图 15.2 所示的像素矩阵，需要注意的是，在实际的 CNN 中，滤波器是经过训练确定的，并不需要手工指定滤波器中的值。

1	0
0	1

0	1
1	0

图 15.3　滤波器

首先，用图 15.3 左边第一个滤波器来卷积图片，从图片像素矩阵的左上角开始，每次向右滑动一位，直到行结束，具体如图 15.4 所示。

图 15.4 的计算公式为：

$$(1 * 1) + (1 * 0) + (4 * 0) + (6 * 1) = 7$$

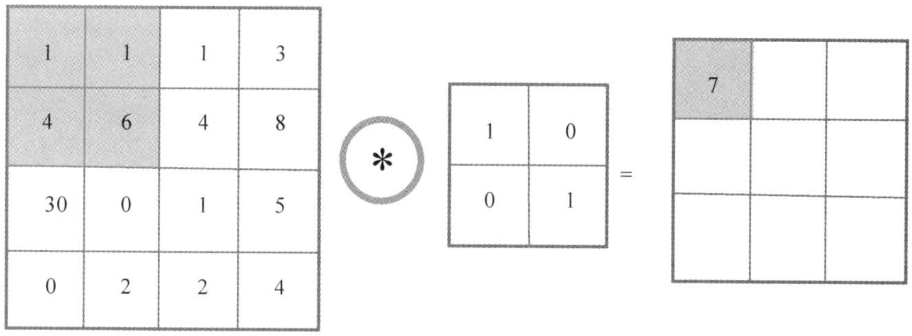

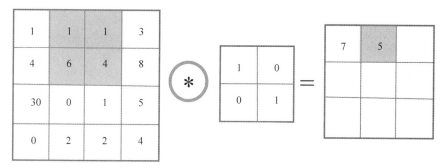

图 15.4　第一次卷积操作

向右滑动一位继续执行卷积操作,具体如图 15.5 所示。

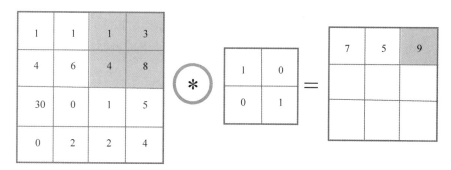

图 15.5　第二次卷积操作

图 15.5 的计算公式为:

$$(1 * 1) + (1 * 0) + (6 * 0) + (4 * 1) = 5$$

继续再向右滑动一位执行卷积操作,具体如图 15.6 所示。

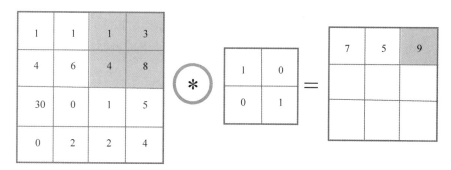

图 15.6　第三次卷积操作

图 15.6 的计算公式为:

$$(1 * 1) + (3 * 0) + (4 * 0) + (8 * 1) = 9$$

第一行卷积操作到达行结束后,返回来沿着像素矩阵列的方向下移一位,继续从左向右开始卷积,具体如图 15.7 所示。

图 15.7 的计算公式为:

$$(4 * 1) + (6 * 0) + (30 * 0) + (0 * 1) = 4$$

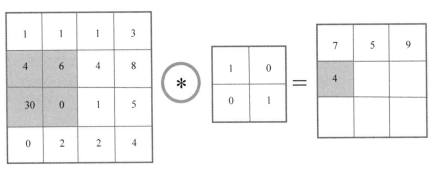

图 15.7　第四次卷积操作

以此类推，重复卷积操作，直到像素矩阵的最后一行最后一列结束，最后一次卷积操作后获得特征图，具体如图 15.8 所示。

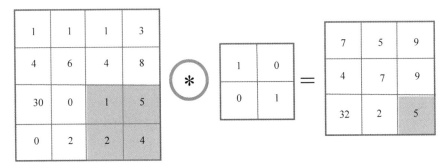

图 15.8　最后一次卷积操作后获得特征图

图 15.8 的计算公式为：

$$(1 * 1) + (5 * 0) + (2 * 0) + (4 * 1) = 5$$

仔细观察以上特征图，以元素(3,1)为例，该位的值为 32，这个值的含义是什么呢？很明显，对于第一个滤波器，特征图的每个元素的值表示原始像素矩阵对应的子矩阵的对角线元素之和，当输入像素在对应滤波器位置的值较大时，特征图输出的值也相应较大，具体如图 15.9 所示。

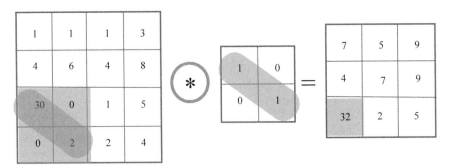

图 15.9　与滤波器匹配的卷积计算

同样地，虽然原始像素矩阵的值较大，但是与滤波器不匹配时，并不能影响特征图中的值，例如特征图元素(2,1)，尽管像素矩阵输入值最大为 30，由于最大值并不在滤波器对角线位置,因此卷积结果依然为 4,具体如图 15.10 所示。

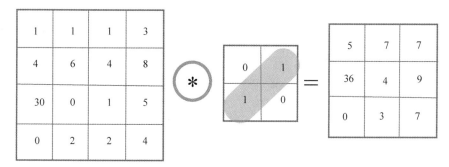

图 15.10　与滤波器不匹配的卷积计算

以同样的步骤,采用图 15.3 右边第二个滤波器,对图 15.2 的原始像素矩阵进行卷积操作,可输出特征图如图 15.11 所示。

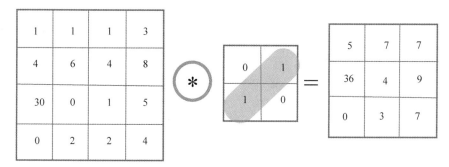

图 15.11　第二个滤波器卷积获得特征图

与第一个滤波器产生的特征图一样,第二个滤波器产生的特征图中每个元素的值,仅受到原始像素矩阵中与第二个滤波器匹配的位置上值大小的影响。以上所用滤波器,为广泛应用于数字信号处理中的平均滑动滤波器(Moving average filter),如果有数字信号处理的滤波器知识,可以更好地理解 CNN 中的卷积滤波器。当然,对于 CNN 的原理解释,通常基于视神经中的局部感受野(Local receptive field)原理,采用神经网络的共享权重(Shared weights)概念来理解,其中感受野是指 CNN 某一层输出结果中一个元素所对应的输入层的数学映射。但是基于感受野的 CNN 诠释,对于深度学习入门的理论要求过高,本节试图从数字滤波器角度来解释 CNN 卷积操作,使得 CNN 原理更简单、更清晰,也更便于深度学习的初学者理解。如果希望进一步了解更多 CNN 数学理论推导,可以参考相关文献。

总之,CNN 中的卷积层采用滤波器生成原始图的特征图,因此通过训练 CNN 获取滤波器,从而实现自动提取特征,而 CNN 提取的特征依赖于滤波器的维度和值。CNN 滤波器一般为二维矩阵,通常为 5×5 到 3×3,有的工程也可以取 1×1 的滤波器,以上实例中对 4×4 的像素矩阵,采用的是 2×2 滤波器。当滤波器较大时,每次滑动的步长也可以大于 1。在 CNN 中的卷积层输出特征图后,连接激活函数(Active function),最终输出特征图,常用的激活函数与浅层学习中神经网络的激活函数相同,包括 ReLu、Tanh 和 Sigmoid 等非线性函数。有 4 个滤波器,输出 4 个特征图的 CNN 卷积具体处理流程如图 15.12 所示。

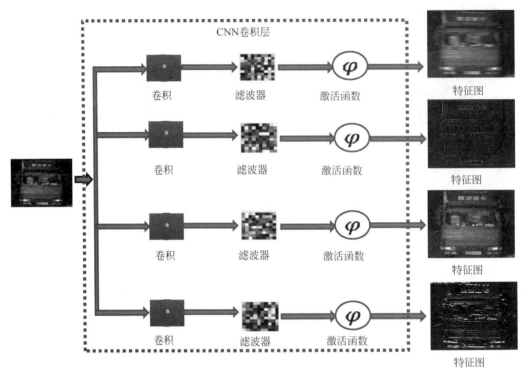

图 15.12　CNN 卷积处理流程

15.1.2　池化层

CNN 中池化层（Pooling layer）的输入来自于卷积层输出的特征图，通过对特征图中指定区域邻近元素，执行求均值（Mean pooling）或求最大值（Maximum pooling），降低数据维度，从而减少网络参数，可明显降低 CNN 计算复杂度，防止 CNN 网络过拟合，也有效提升了 CNN 对图像倾斜或平移的适应度。假设特征图的像素矩阵为 4×4 的，显示如图 15.13 所示。

2	0	2	5
4	10	3	2
40	1	3	9
1	2	1	3

图 15.13　特征图的像素矩阵

对图 15.13 采用 2×2 的均值池化，结果如图 15.14 所示。

图 15.14 均值池化的计算公式为：

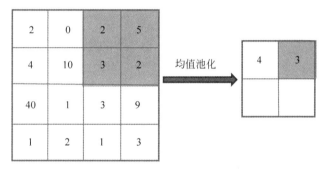

图 15.14 第一次均值池化

$$(2+0+4+10)/4=4$$

对图 15.13 从左向右不重叠地滑动池化窗口,直到行结束为止,具体如图 15.15 所示。

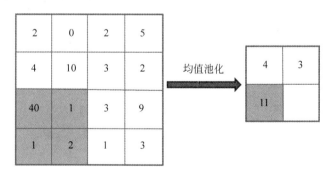

图 15.15 第二次均值池化

图 15.15 均值池化的计算公式为:

$$(2+5+3+2)/4=3$$

在特征图像素矩阵行结束后返回行开始,从上向下不重叠地滑动池化窗口,直到矩阵列结束为止,显示如图 15.16 所示。

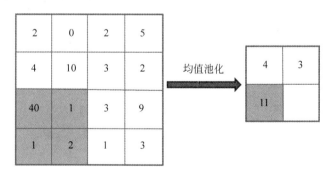

图 15.16 第三次均值池化

图 15.16 均值池化的计算公式为:

$$(40+1+1+2)/4=11$$

从左向右不重叠地滑动池化窗口,直到行结束为止,显示如图 15.17 所示。

图 15.17 均值池化的计算公式为:

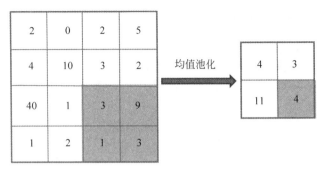

图 15.17　第四次均值池化

$$(3+9+1+3)/4=4$$

对比均值池化和最大值池化结果如图 15.18 所示。

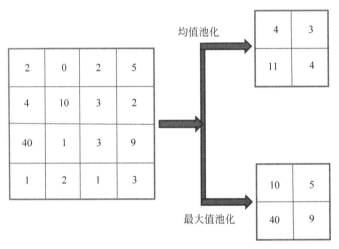

图 15.18　对比均值池化和最大值池化

图 15.18 中的最大值池化依然采用 2×2 的滑动窗口，计算公式为：

（1）第一次最大值池化

$$\max(2,0,4,10)=10$$

（2）第二次最大值池化

$$\max(2,5,3,2)=5$$

（3）第三次最大值池化

$$\max(40,1,1,2)=40$$

（4）第四次最大值池化

$$\max(3,9,1,3)=9$$

总之，从数学计算的角度来看，无论均值池化还是最大值池化，池化处理也是一种卷积操作，与卷积层不同之处在于，池化所用卷积滤波器是静态不变的，卷积区域也不重叠。

15.1.3　CNN 模型

假设 CNN 输入层原始图像表示为像素矩阵 $\boldsymbol{X}\in\mathbf{R}^{M\times N}$，卷积滤波器为矩阵 $\boldsymbol{W}\in\mathbf{R}^{m\times n}$，

其中 $m \ll M, n \ll N$,卷积运算定义为:

$$y_{ij} = \sum_{i'=1}^{m} \sum_{j'=1}^{n} w_{i'j'} \times x_{i+i'-1,j+j'-1} \tag{15-1}$$

其中,假设卷积滤波器滑动步长为 stride,一般取 stride=1,则卷积运算输出特征图的维度计算,行为 $H = \dfrac{(M-m)}{\text{stride}} + 1$,列为 $L = \dfrac{(N-n)}{\text{stride}} + 1$,所以 $i \in \{1, 2, \cdots, H\}, j \in \{1, 2, \cdots, L\}$。

根据以上卷积运算定义,对 15.1.1 节中手工计算输入图像像素矩阵的卷积操作,采用 MATLAB 代码实现如下:

```
clear all;clc;
X = [1 1 1 3;4 6 4 8;30 0 1 5;0 2 2 4];
W = [1 0;0 1];
[M N] = size(X);[m n] = size(W);
stride = 1;H = (M - m)/stride + 1;L = (N - n)/stride + 1;
for i = 1:H
    for j = 1:L
        Y(i,j) = 0;
        for ii = 1:m
            for jj = 1:n
                Y(i,j) = Y(i,j) + W(ii,jj) * X(i + ii - 1,j + jj - 1);
            end
        end
    end
end
Y
```

运行以上代码,显示结果如下:

```
Y =
    7   5   9
    4   7   9
   32   2   5
```

对比程序计算结果可以看到,程序获得与 15.1.1 节分析结果相同的卷积特征输出矩阵。

假设卷积层中的激活函数表示为 $g(\cdot)$,则 CNN 卷积层可进一步表示为:

$$y_{ij} = g\left(\sum_{i'=1}^{m} \sum_{j'=1}^{n} w_{i'j'} \times x_{i+i'-1,j+j'-1} \right) \tag{15-2}$$

池化层用于降低特征图的维度,可有效避免 CNN 网络过拟合,典型的有均值池化和最大值池化两种,假设输入池化层某一个特征图为 $Y \in \mathbf{R}^{H \times L}$,则池化操作将特征图像素矩阵划分为重叠或不重叠的区域 $Y' \in \mathbf{R}^{H' \times L'}$,其中 $H' \in H, L' \in L$,对每个区域中的元素求均值或者求最大值,从而得到一个值作为该区域的特征抽象。CNN 平均池化层可以表示为:

$$o_{ij} = \frac{1}{H' \times L'} \left(\sum_{1 \leqslant i \leqslant H', 1 \leqslant j \leqslant L'} y'_{i,j} \right) \tag{15-3}$$

CNN 最大池化层可以表示为:

$$o_{ij} = \max_{1 \leqslant i \leqslant H', 1 \leqslant j \leqslant L'} y'_{i,j} \tag{15-4}$$

15.1.4 实例一：CNN 实现手写数字识别

视频讲解

1. 问题描述

1）数据

已知有标记过的图像集合 MNIST，包含 10 000 张数字 0，1，2，…，9 的 10
个手写数字图片，取其中前 8000 张作为训练数据集，后 2000 张作为测试数据集，每张图片
为 28×28 黑白图像，部分图片显示如图 15.19 所示。

図 15.19 部分手写数字图

本实例数据文件 Images.mat 和 Labels.mat 可以在本书配套源码中获取。

2）CNN 模型

实现一个简单的 CNN 网络，来进一步理解 CNN 中卷积和池化自动提取特征过程。所
构建 CNN 网络对输入手写字体实现分类，具体为：输入 28×28 图片像素矩阵进入卷积层，
卷积层包含 20 个 9×9 的卷积滤波器，从卷积滤波器输出后连接非线性激活函数 ReLu，激
活函数输出连接池化层，池化层采用 2×2 矩阵进行均值池化，特征提取子网络输出连接到
分类子网络。其中，分类子网络是由输入层、隐含层和输出层构成的单层全连接神经网络，
实现图片的分类预测。输入层，表示为图 15.20 中的正方块，表示从池化层的二维矩阵展开
为一维的向量作为分类子网络的输入；隐含层，激活函数为 ReLu；输出层，激活函数为
Softmax。具体所实现 CNN 模型如图 15.20 所示。

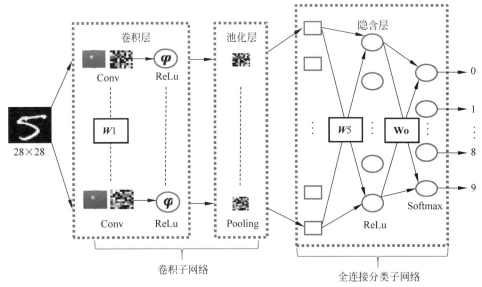

图 15.20 手写数字识别 CNN 模型

在如图 15.20 所示的 CNN 模型中，权重 $W1$、$W5$ 和 Wo 分别为：卷积滤波器权重矩阵、
隐含层权重矩阵和输出层权重矩阵。尽管以上 CNN 包含从输入层到输出层的 5 层神经网

络,但是仅仅需要确定以上 3 个权重矩阵就可以成功构建分类模型,将训练数据集的数据输入 CNN 训练可以获得以上 3 个矩阵的值,从而实现对手写数字图片测试集的数据分类。CNN 模型具体细节描述如表 15.1 所示。

表 15.1　手写数字识别 CNN 模型细节

CNN 模型	CNN 层	说　　明	激活函数
输入(Input)	输入层(Input layer)	28×28＝784 个节点(Nodes)	无
卷积子网络(Convolutional neural subnetwork)	卷 积 层 (Convolutional layer)	20 个 9×9 卷积滤波器 (Convolution filters)	ReLu
	池化层(Pooling layer)	1 个 2×2 均值池化 (Mean pooling)	无
全连接分类子网络(Fully connected subnetwork)	隐含层(Hidden layer)	100 个节点(Nodes)	ReLu
输出(Output)	输出层(Output layer)	10 个节点(Nodes)	Softmax

2. 实例分析参考解决方案

实现本例 CNN 模型的 MATLAB 程序结构相对要复杂一些,需要定义几个功能函数。

首先,定义卷积函数,实现对输入图片像素和卷积滤波器矩阵的卷积计算,并返回特征图像素矩阵,本实例采用 MATLAB 内置函数 Conv2 来计算卷积,具体代码如下:

```
function y = myConv(x,W)
[wrow, wcol, numFilters] = size(W);
[xrow, xcol, ~          ] = size(x);
yrow = xrow − wrow + 1;
ycol = xcol − wcol + 1;
y = zeros(yrow, ycol, numFilters);
for k = 1:numFilters
  filter = W(:, :, k);
  filter = rot90(squeeze(filter), 2);
  y(:, :, k) = conv2(x, filter, 'valid');
end
end
```

其次,定义池化函数,实现对卷积层输出的特征图像素矩阵的降维卷积运算,池化本质还是卷积运算,只是预先定义静态滤波器,本例均值池化运算的滤波器为 2×2 的矩阵,依然采用 MATLAB 内置卷积计算函数 Conv2 来实现,不同于卷积层的是,池化层的滤波器矩阵预先定义如下:

$$\begin{bmatrix} \dfrac{1}{4} & \dfrac{1}{4} \\ \dfrac{1}{4} & \dfrac{1}{4} \end{bmatrix}$$

池化函数的具体代码实现如下:

```
function y = myPool(x)
[xrow, xcol, numFilters] = size(x);
y = zeros(xrow/2, xcol/2, numFilters);
```

```
for k = 1:numFilters
  filter = ones(2) / (2 * 2); % for mean,conv filter[1/4,1/4;1/4,1/4]
  image = conv2(x(:, :, k), filter, 'valid');
  y(:, :, k) = image(1:2:end, 1:2:end);
end
end
```

最后，定义 ReLu 激活函数如下：

```
function y = myReLU(x)
  y = max(0, x);
end
```

定义 Softmax 激活函数如下：

```
function y = mySoftmax(x)
  ex = exp(x);
  y = ex / sum(ex);
end
```

对以上定义的 CNN 模型进行训练和测试参考代码如下：

```
clear all;clc;
load('Images.mat');                   % 导入图像
load('Labels.mat');                   % 导入图像标签
Train_Images = Images(:,:,1:8000);    % 8000 训练数据
Train_Lables = Labels(1:8000);        % 8000 训练数据标签
Test_Images = Images(:,:,8001:10000); % 2000 测试数据
Test_Lables = Labels(8001:10000);     % 2000 测试数据标签
```

初始化结束后，开始训练 CNN 网络：

```
% 开始训练 mycnn
W1 = 1e - 2 * randn([9 9 20]);                        % 9 * 9 * 20
W5 = (2 * rand(100, 2000) - 1) * sqrt(6) / sqrt(360 + 2000);   % 100 * 2000
Wo = (2 * rand(10, 100) - 1) * sqrt(6) / sqrt(10 + 100);       % 10 * 100
alpha = 0.01;                         % 学习率
beta = 0.95;                          % 更新动量
momentum1 = zeros(size(W1));          % 9 * 9 * 20
momentum5 = zeros(size(W5));          % 100 * 2000
momentumo = zeros(size(Wo));          % 10 * 100
N = length(Train_Lables);
bsize = 100;                          % 批处理参数, 8000/100 = 80, 每个迭代更新 80 次
blist = 1:bsize:(N - bsize + 1);      % [1,101,201,301, … ,7801,7901]
% 迭代训练 3 次
tic;    % 开始计时
```

多次迭代训练网络，参考代码迭代 3 次：

```
for epoch = 1:3
for batch = 1:length(blist)
  dW1 = zeros(size(W1));
  dW5 = zeros(size(W5));
```

```
    dWo = zeros(size(Wo));
    % 批处理循环
    begin = blist(batch);
    for k = begin:begin + bsize - 1
    % 前向阶段
    x = Train_Images(:, :, k);  % 输入, 28 * 28
    y1 = myConv(x, W1);          % 9 * 9 * 20 卷积滤波器,((28 - 9)/1) + 1 = 20,特征图为 20 * 20 * 20
    y2 = myReLU(y1);             % ReLu 激活函数,特征图为 20 * 20 * 20
    y3 = myPool(y2);             % 2 * 2 池化滤波器,池化特征图为 10 * 10 * 20
    y4 = reshape(y3, [], 1);     % 从矩阵转换为向量,10 * 10 * 20 = 2000
    v5 = W5 * y4;
    y5 = myReLU(v5);             % ReLu 激活函数, 100 隐含节点
    v = Wo * y5;
    y = mySoftmax(v);           % Softmax 激活函数, 10 输出节点
    % 独热编码
    d = zeros(10, 1);
    d(sub2ind(size(d), Train_Lables(k), 1)) = 1;
    % 误差反向传播阶段
    e     = d - y;              % 输出层
    delta = e;
    e5    = Wo' * delta;        % 隐含(ReLU 激活函数) 层
    delta5 = (y5 > 0) .* e5;
    e4    = W5' * delta5;       % 池化层
    e3    = reshape(e4, size(y3));
    e2 = zeros(size(y2));
    W3 = ones(size(y2)) / (2 * 2);
    for c = 1:20
        e2(:, :, c) = kron(e3(:, :, c), ones([2 2])) .* W3(:, :, c);
    end
    delta2 = (y2 > 0) .* e2;    % ReLU 激活函数层
    delta1_x = zeros(size(W1));  % 卷积层
    for c = 1:20
        delta1_x(:, :, c) = conv2(x(:, :), rot90(delta2(:, :, c), 2), 'valid');
    end
    dW1 = dW1 + delta1_x;
    dW5 = dW5 + delta5 * y4';
    dWo = dWo + delta * y5';
    end
% 更新权重
dW1 = dW1 / bsize;
dW5 = dW5 / bsize;
dWo = dWo / bsize;
momentum1 = alpha * dW1 + beta * momentum1;
W1 = W1 + momentum1;
momentum5 = alpha * dW5 + beta * momentum5;
W5 = W5 + momentum5;
momentumo = alpha * dWo + beta * momentumo;
Wo = Wo + momentumo;
end                            % 结束一次迭代
end
toc                            % 计时结束
```

训练获得权重矩阵后，将测试数据集输入 CNN 网络测试网络性能：

```
% 开始测试 mycnn
acc = 0;N = length(Test_Lables);
for k = 1:N
  x = Test_Images(:, :, k); % 输入，      28 * 28
  y1 = myConv(x, W1);        % 9 * 9 * 20 卷积滤波器,((28 - 9)/1) + 1 = 20,特征图为 20 * 20 * 20
  y2 = myReLU(y1);           % ReLU 激活函数,特征图为 20 * 20 * 20
  y3 = myPool(y2);           % 2 * 2 池化层滤波器,池化特征为 10 * 10 * 20
  y4 = reshape(y3, [], 1);   % 从矩阵转换到向量,10 * 10 * 20 = 2000
  v5 = W5 * y4;
  y5 = myReLU(v5);           % ReLu 激活函数, 100 隐含节点
  v = Wo * y5;
  y = mySoftmax(v);          % Softmax 激活函数, 10 输出节点
  % 比较 mycnn 模型输出结果与测试标签,从 10 * 1 向量转换为数字
  [~, i] = max(y);
  if i == Test_Lables(k)
    acc = acc + 1;
  end
end
acc = acc / N;fprintf('mycnn test accuracy is % f\n', acc);
```

运行以上代码，输出结果如下所示：

```
时间已过 98.643861 秒。
mycnn test accuracy is 0.952500
```

以上自定义 CNN 模型训练用时约 90 秒，迭代 3 次，测试精度可以达到 95.25%。

以上 CNN 模型训练中还采用了 Minibatch 的反向误差传播技术。回顾神经网络训练的过程，首先，搭建好神经网络模型，假设随机初始化各层权重，将训练数据输入模型，得到预测结果，定义损失函数计算预测结果与训练标签的误差，将误差从输出层反向传播，并更新各层权重，直到损失函数小于预设值，或者达到最大迭代次数，则训练结束。然后，在神经网络训练的随机梯度下降（Stochastic Gradient Descent，SGD）的算法基础上，针对深度网络的训练数据量庞大，如果对每个训练数据更新梯度则计算量巨大，而且容易受到噪声影响而导致训练结果振荡，所以，每次提取训练数据集中的一批（Batches）数据，计算该批次训练数据的平均梯度，然后用平均梯度来更新网络权重，称为深度网络训练的 Minibatch 技巧，可在快速训练网络的同时获得更稳定的权重参数。

Minibatch 算法描述如下所示：

```
算法 Mini_Batch:
初始化: 随机初始化权重参数 θ 服从分布~N(0,σ²)
开始循环直到收敛:
    设置批处理参数 B;
```
$$\text{计算梯度}\ \frac{\partial J(\theta)}{\partial \theta} = \frac{1}{B} \sum_{k=1}^{B} \frac{\partial J_k(\theta)}{\partial \theta};$$
$$\text{更新权重参数}\ \theta = \theta - \alpha \frac{\partial J(\theta)}{\partial \theta};$$
```
返回权重参数 θ
```

以上自定义 CNN 中取 B 为 bsize＝100，所以对于 8000 个训练数据，每次取 100 个数据输入 CNN 模型，求得平均梯度，再用平均梯度，按照 alpha 学习率（Learning rate）来更新权重矩阵$\boldsymbol{\theta}$，训练每个迭代共更新 8000/100＝80 次。本例中 **blist**＝$[1, 101, 201, 301, \cdots,$ 7801, 7901]，为每个批次训练数据的起始点，从每个点开始，每次取 100 个训练数据输入网络。

本例参考代码中还用到了带动量的深度网络训练技巧，分别定义了 3 个动量变量 momentum1、momentum5 和 momentumo。动量实质为积累之前训练的梯度，按照 beta 动量因子（Momentum factor）来影响梯度，可以有效地在梯度下降训练初期加速训练，中后期抑制振荡，加快网络收敛速度。本实例的目标是采用卷积网络提取手写图片特征，再采用单层神经网络分类，所以构建以上神经网络的核心代码如下：

```
…
% 前向阶段
x = Train_Images(:, :, k);    % 输入，28 * 28
y1 = myConv(x, W1);           % 9 * 9 * 20 卷积滤波器，((28 - 9)/1) + 1 = 20，特征图为 20 * 20 * 20
y2 = myReLU(y1);              % ReLu 激活函数，特征图为 20 * 20 * 20
y3 = myPool(y2);             % 2 * 2 池化滤波器，池化特征图为 10 * 10 * 20
y4 = reshape(y3, [], 1);     % 从矩阵转换为向量，10 * 10 * 20 = 2000
v5 = W5 * y4;
y5 = myReLU(v5);             % ReLu 激活函数，100 隐含节点
v = Wo * y5;
y = mySoftmax(v);            % Softmax 激活函数，10 输出节点
…
```

对输入的 28×28 手写数字图片的像素矩阵，经过卷积层和池化层提取特征，再采用单层神经网络分类，最终自定义 CNN 输出结果为 $\boldsymbol{y}$，是一个 10×1 的向量，例如对于数字 7，输入图片如图 15.21 所示。

卷积网络输出结果如下：

图 15.21　数字 7 的图像

```
y =
    0.0000
    0.0003
    0.0011
    0.0000
    0.0000
    0.0000
    0.9981
    0.0001
    0.0004
    0.0000
```

数据标签则为 7，为便于计算 7 和这个 10×1 的向量之间的误差，可以采用独热编码（One hot encoding）方法，将数字转换为向量。

本实例实现独热编码的代码为：

```
…
% 独热编码
d = zeros(10, 1);
```

```
d(sub2ind(size(d), Train_Lables(k), 1)) = 1;
…
```

例如，运行以上代码，可以把数字 7 转换为：

```
d =
    0
    0
    0
    0
    0
    0
    1
    0
    0
    0
```

随后即可采用 BP 算法来计算网络输出与正确标签之间的误差，本实例采用交叉熵（Cross entropy）来计算网络输出与标签之间的距离，并采用 Softmax 激活函数，距离即为绝对误差。具体原理可以参考 BP 算法细节，实现代码如下：

```
…
% 误差反向传播阶段
e = d - y;                    % 输出层
delta = e;
e5 = Wo' * delta;             % 隐含（ReLU 激活函数）层
delta5 = (y5 > 0) . * e5;
e4 = W5' * delta5;            % 池化层
e3 = reshape(e4, size(y3));
e2 = zeros(size(y2));
W3 = ones(size(y2)) / (2 * 2);
for c = 1:20
    e2(:, :, c) = kron(e3(:, :, c), ones([2 2])) . * W3(:, :, c);
end
delta2 = (y2 > 0) . * e2;     % ReLU 激活函数层
delta1_x = zeros(size(W1)); % 卷积层
for c = 1:20
    delta1_x(:, :, c) = conv2(x(:, :), rot90(delta2(:, :, c), 2), 'valid');
end
…
```

可以看到，误差反向从输出层一直传播到池化层，再到卷积层。

3 次迭代训练结束后，可以获得网络的权重 $W1$、$W5$ 和 $\mathbf{Wo}$ 的具体值，接下来对 2000 个测试数据采用相同结构的 CNN 网络进行测试。

测试代码中与训练不同的一点在于：对比网络输出结果和测试标签是否匹配，将 10×1 的输出向量转换为一个数字，然后再用该数字与测试标签比较。

具体实现代码如下：

```
…
% 比较 mycnn 模型输出结果与测试标签，从 10 * 1 向量转换为数字
```

```
[~, i] = max(y);
if i == Test_Lables(k)
acc = acc + 1;
end
…
```

例如,运行以上代码,对于网络输出:

```
y =
    0.0000
    0.0003
    0.0011
    0.0000
    0.0000
    0.0000
    0.9981
    0.0001
    0.0004
    0.0000
```

首先,计算 i 的值:

```
>>[~, i] = max(y)
i =
    7
```

其次,将 i 与测试标签比较,如果相等,则测试精度 acc 加 1,否则继续。

本实例所实现的自定义 CNN 网络,全面讲解从输入的 28×28 的图片像素矩阵,再到输出的 10×1 的向量。对于自定义 CNN 分类所用单层神经网络,已经在此前浅层学习的神经网络一章有过详细讨论。本章主要关注卷积层和池化的原理,以下通过可视化 9×9 的 20 个卷积滤波器,20×20 的 20 个卷积特征图,20×20 的 20 个 ReLu 卷积特征图,10×10 的 20 个均值池化特征图,来直观地理解 CNN 网络的卷积处理。

从原始的 28×28 像素图片到池化特征图,CNN 网络对图片的处理流程如图 15.22 所示。

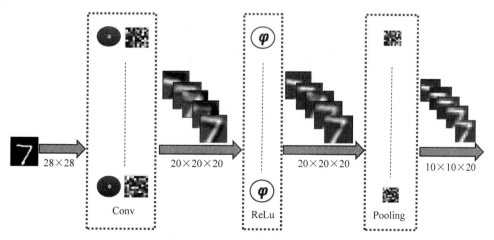

图 15.22　CNN 对图片处理流程

原始输入图像，卷积滤波器和卷积处理后的特征图分别如图 15.23～图 15.25 所示。

输入图像

图 15.23　原始输入图像显示

Convolution Filters

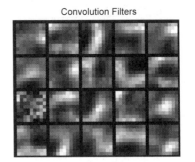

图 15.24　卷积滤波器显示

激活函数 ReLu 处理后的特征图显示如图 15.26 所示。均值池化处理后的特征图如图 15.27 所示。

Features [Convolution]

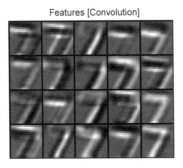

图 15.25　卷积后特征图显示

Features [Convolution + ReLU]

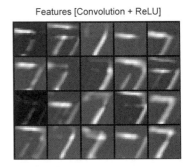

图 15.26　卷积和 ReLu 处理后特征图显示

Features [Convolution + ReLU + MeanPool]

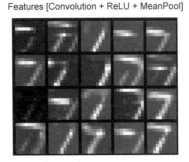

图 15.27　卷积、ReLu 和均值池化处理后的特征图显示

从以上参考解决方案可知，一个简单的 CNN 图片分类实例分析已经完成，尽管这个简单的 CNN 模型只包含了一个卷积层和一个池化层，但是经过 3 次迭代，通过单层全连接神经网络分类就可以达到惊人的精度。

经典的卷积神经网络，通常可以训练几十、几百甚至几千层的真正意义的深度学习模型。例如较早的 LeNet-5 网络，已经被成功应用于美国银行系统的手写数字识别。LeNet-5 包含输入层，共 8 层。LeNet-5 的网络结构如图 15.28 所示。

其中，LeNet-5 每一层结构如下所示：

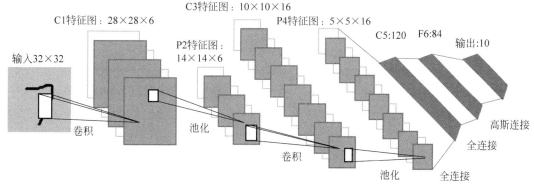

图 15.28 LetNet-5 网络结构图

(1) 输入层。输入图像大小为 $32 \times 32 = 1024$。

(2) Conv1 卷积层。对输入图像采用 5×5 的 6 个卷积滤波器处理,得到 $(32-5)/1+1 = 28, 28 \times 28 = 784$ 的 6 个特征映射图。因此,C1 层的神经元数量为 $6 \times 784 = 4704$,可训练参数为 $5 \times 5 = 25$ 个,再加一个偏置,共 $(25+1) \times 6 = 156$ 个,C1 层的连接数 $156 \times 784 = 122\ 304$(包含偏置)。

(3) Pool2 池化层:对 C1 输出的特征图采用 2×2 的不重叠均值池化滤波器处理,得到 $28/2 = 14, 14 \times 14 = 196$ 的 6 个特征映射图。因此,P2 层的神经元数量 $6 \times 196 = 1176$,可训练参数为每个均值滤波器共享一个可训练系数,再加一个偏置,所以共 $(1+1) \times 6 = 12$ 个,P2 层的连接数 $(2 \times 2 + 1) \times 6 \times 14 \times 14 = 5880$(包含偏置)。

(4) Conv3 卷积层:对 P2 池化层输出的特征图采用不完全连接,依赖关系见表 15.2,共使用 60 个 5×5 的卷积滤波器,得到 $(14-5)/1+1 = 10, 16$ 个 10×10 的特征图。因此,C3 层有 1516 个可训练参数,有 151 600 个连接。

表 15.2 LeNet-5 的不完全连接关系表

	0	1	2	3	4	5	6	7	8	9	10	11	12	13	14	15
0	X				X	X	X			X	X	X	X		X	X
1	X	X				X	X	X			X	X	X	X		X
2	X	X	X				X	X	X			X		X	X	X
3		X	X	X			X	X	X	X			X		X	X
4			X	X	X			X	X	X	X		X	X		X
5				X	X	X			X	X	X	X		X	X	X

(5) Pool4 池化层:对 C3 输出的 16 个特征图,采用 2×2 的均值池化卷积处理,得到 16 个 5×5 的特征图。因此,P4 层的可训练参数为 32 个,连接数 2000 个。

(6) Conv5 卷积层:对 P4 输出的 16 个特征图,采用 120 个 5×5 的卷积滤波器处理,得到 120 个 1×1 的特征图。因此,C5 层的可训练参数和连接数均为 48 120。

(7) Fully6 全连接层:包含 84 个隐含层神经元,可训练参数 $(120+1) \times 84 = 10\ 164$,因为 F6 层为全连接层,所以连接数也为 10 164。

(8) 输出层:输出层由 10 个欧氏径向基函数(Euclidean Radial Basis Function,RBF)神经元构成,每一个神经元对应 0~9 的一个类别。

AlexNet 卷积网络是在 ImageNet 图像分类大赛 2012 年获得冠军的第一个真正的现代卷积网络模型，首次使用 GPU 并行训练模型，首次采用 ReLu 非线性激活函数，首次使用 Dropout 方法防止深度网络过拟合，首次使用数据增强来提高模型准确率。AlexNet 网络包含 5 个卷积层、3 个池化层、3 个全连接层，因为网络规模超出了当时 GPU 内存限制，所以，将模型拆分为两个部分，分别在两个 GPU 上训练，仅在某些层进行通信。关于 AlexNet 网络的详细结构，可以参考相关文献深入了解。

GoogleNet 卷积网络是在 ILSVRC 挑战赛 2014 年获得冠军的一个著名的卷积网络模型，深度可达 22 层之多，其创新在于对深度网络由于层数增多容易产生梯度消失的问题，提出在不同深度处增加两个损失函数来阻止梯度反馈时消失的现象，并采用可变大小卷积滤波器的网中网（Network in network）的 Inception 结构，可以拼接不同尺度的特征并融合，从而提升网络性能。关于 GoogleNet 网络的详细结构，也可以参考相关文献深入了解。

ResNet 残差卷积网络是在 ILSVRC 挑战赛 2015 年获得冠军的深度网络模型，层数多达 152 层，其创新在于为非线性的卷积层增加了直连边，从而提高了信息的传播效率。随着残差网络中将输入直接复制到深度网络的下一层，或者跳跃复制到下几层，形成一个一个的残差块（Residual block），连接构成残差网络，对于解决深度网络中由于层数增多容易产生的过拟合问题，残差网络给出了一个有效的解决方案。关于 ResNet 网络的详细结构，也可以参考相关文献深入了解。

CapsNet 胶囊网络是由深度网络著名研究者 Hinton 于 2017 年提出的一种最新型的深度神经网络模型，神经元输出从一个标量变成一组向量，模型克服了 CNN 的不足，对输入图像的倾斜、平移和尺寸变化有更强的适应性，主要创新在于层内神经元组合而形成的胶囊，采用动态路由投票决定不同胶囊网络之间提取特征的显著性，在手写数字数据集 MNIST 的数字重叠识别上表现良好。CapsNet 的原理更接近于人类视觉识别目标原理，是基于 CNN 发展而来的一种新的网络模型，克服了 CNN 需要庞大训练数据和无法适应目标形变的不足，但是 CapsNet 也并不是完美无缺的模型，其在大型数据集 CIFAR10 和 ImageNet 上的表现并不能超过 CNN，而且 CapsNet 的胶囊连接权重为矩阵，导致计算量非常大，也存在随着层数增加的梯度消失问题。关于 CapsNet 网络最新研究结果，可以跟进最新文献进一步了解。

随着深度学习模型的层数增多，过拟合问题是一个普遍存在的问题，对过拟合的处理包括增加样本量、正则化、Dropout、提前终止（Early stop）。增加样本在大数据时代很容易做到，对损失函数的正则化在浅层学习中已经详细讨论过，以下主要关注后两种解决方案。

（1）Dropout：针对深度学习中过拟合产生的主要原因，即神经元之间的协同作用，所以 Dropout 方法在训练深度网络时，强制要求一个神经元只与随机选择的部分神经元协同工作，从而有效地降低了神经元之间的协同适应性。Dropout 原理如图 15.29 所示。

（2）提前终止：在对深度模型训练时可以将数据分为训练集、验证集和测试集，在训练迭代过程中，当验证误差不再下降时，即可提前终止训练。

Early Stop 的原理如图 15.30 所示。

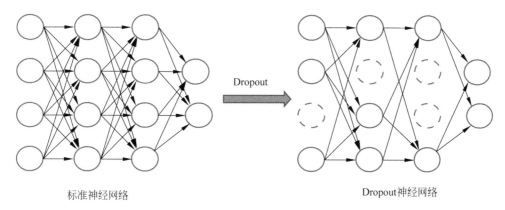

图 15.29 Dropout 原理

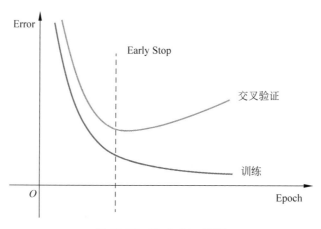

图 15.30 Early Stop 原理

15.2 循环神经网络

15.2.1 RNN 网络概述

循环神经网络(RNN)是具有记忆能力的一类神经网络模型。在 RNN 中,神经元不仅接收从输入层或者上一层神经网络来的信息,同时也接收自身的输出信息,构成包含反馈的闭环网络结构。相比开环式的前馈网络,RNN 更加符合自然生物的学习原理,有非常强大的计算能力,尤其在上下关联的序列信息处理上表现良好,已经广泛应用于语音识别和自然语言处理等领域。RNN 的网络结构如图 15.31 所示。

RNN 的隐含层(Hidden layer)也称为隐藏状态(Hidden states),它带有特殊的自反馈连接,从而如同

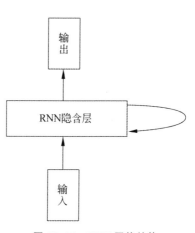

图 15.31 RNN 网络结构

全连接的前馈神经网络，在具有足够隐藏神经元的假设下，可以逼近任意连续函数。全连接的循环神经网络在具有足够的隐藏状态神经元的假设下，可以近似任何非线性动力系统。

假设 RNN 在 t 时刻的输入为 x_t，则该时刻 RNN 的隐藏状态 h_t 和输出 y_t，可以由以下公式计算：

$$h_t = f(\boldsymbol{U}h_{t-1} + \boldsymbol{W}x_t + b)$$
$$y_t = \boldsymbol{V}h_t$$

(15-5)

其中 h_{t-1} 为隐藏原状态（Old state），$f(\cdot)$ 为非线性激活函数，例如 Sigmoid、tanh 或 ReLu 等。其中 $\boldsymbol{W}$ 为输入-状态连接权重矩阵，$\boldsymbol{U}$ 为状态-状态连接权重矩阵，$\boldsymbol{V}$ 为状态-输出连接权重矩阵，b 为偏置，这 4 个网络参数都需要通过对 RNN 的训练来确定。

值得注意的是，RNN 的每一时刻，都采用相同的激活函数和共享网络参数，为理解 RNN 的信息正向传递原理，可以将 RNN 沿着时间轴展开，看作在时间维度上的权值共享的神经网络，图 15.32 给出了展开的 RNN 对时序数据预测的多对多（Many-to-many）网络结构。

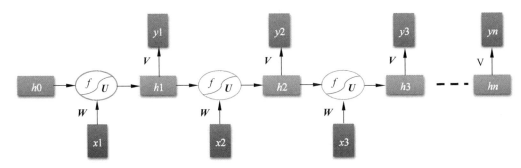

图 15.32　展开的多对多 RNN 网络结构

RNN 也可以用于时序数据的分类，图 15.33 给出了展开的 RNN 对时序数据分类的多对一（Many-to-one）网络结构。

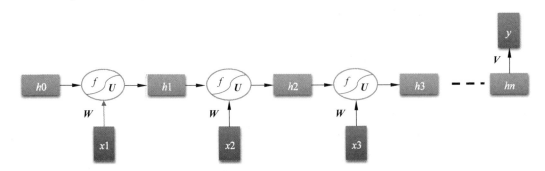

图 15.33　展开的多对一 RNN 网络结构

由于 RNN 增加了反馈信息，所以网络结构更为复杂，需要学习的参数也更多，训练 RNN 的空间时间复杂度都非常高。对 RNN 可以采用随时间反向传播（BackPropagation Through Time，BPTT）算法来训练，或者前向实时循环学习（Real Time Recurrent Learning，RTRL）算法来训练，两种算法均基于梯度下降的原理，一般 RNN 网络中输出维度远远低于输入维度，因此 BPTT 算法计算量会更小，但是 BPTT 需要保存所有时刻的中间梯度,空间代价较高,而 RTRL 不需要梯度回传,因此更适合在线学习和无限序列数据处理。

BPTT 与传统的 BP 算法相似,将误差从输出层反向传递到输入层,对于 RNN 模型训练,需要实现误差随时间序列对应到 RNN 中的每一层,并更新网络的权重。图 15.34 显示了误差反向传播 RNN 网络的学习过程。

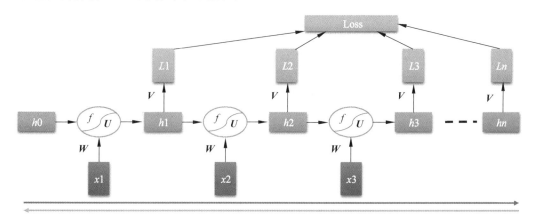

图 15.34 误差反向传播 RNN 网络学习过程

考虑 BPTT 必须对所有序列数据的误差输出求均值后,再反向传播更新权重矩阵,在大数据复杂模型的深度网络中,计算梯度的复杂度非常高,导致训练时间非常漫长,甚至无法收敛。所以,在实际工程中,深度 RNN 常采用截断 BPTT(Truncated BPTT,TBPTT)方法来训练,即设置一个有限大小的数字,例如小于 100 的某一个数值,在输入 100 个时序数据后,累计一次网络误差值,作为代价函数,反向传播更新网络参数,采用 TBPTT 训练 RNN 网络原理如图 15.35 所示。

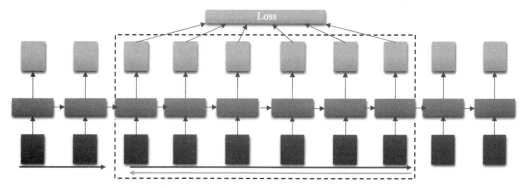

图 15.35 TBPTT 方法训练 RNN 网络原理

RNN 网络的训练很困难,其中 RNN 模型训练中常见梯度消失(Gradient Vanishing)和梯度爆炸(Gradient Exploding)问题,对于梯度爆炸容易发现,可通过合理截断梯度来解决,但是 RNN 中普遍采用非线性 Sigmoid 和 Tanh 函数作为激活函数,其导数均小于1,多个小于 1 的数据相乘,结果就会趋于 0,很容易出现梯度消失。

理论上,一旦出现梯度消失,模型实际上仅学习了短期依赖关系,而无法体现 RNN 模型的优势。为解决 RNN 中梯度消失问题，可以直接选取合适的参数，或者改变激活函数，但是均需要人工干预，目前有效的解决方案是：改变 RNN 记忆单元，有选择地加入和遗忘信息，主流模型有长短期记忆（Long Short-Term Memory，LSTM）和门控循环单元（Gated Recurrent Unit，GRU）。

15.2.2 LSTM 网络

LSTM 是对 RNN 的改进，引入一个新的内部隐藏状态（Internal hidden state）c_t，负责快速的线性信息的前馈和反馈，同时将非线性信息输出给外部隐藏状态 h_t，引入数字电子中开关量的门控机制（Gating mechanism），负责控制信息的传递路径，并采用介于区间 $[0,1]$ 的"软"门控机制来控制信息传递的比例。

LSTM 单元包含 4 个门，功能如下所示：

（1）输入门（Input gate）——控制需要保存输入信息的比例，计算公式为

$$i_t = \sigma(W_i x_t + U_i h_{t-1} + b_i)$$

（2）遗忘门（Forget gate）——控制需要保存隐藏信息的比例，计算公式为

$$f_t = \sigma(W_f x_t + U_f h_{t-1} + b_f)$$

（3）输出门（Output gate）——控制需要输出信息的比例，计算公式为

$$o_t = \sigma(W_o x_t + U_o h_{t-1} + b_o)$$

（4）状态门（Gate gate）——产生新的候选隐藏状态，计算公式为

$$g_t = \tanh(W_g x_t + U_g h_{t-1} + b_g)$$

其中 $\sigma(\cdot)$ 一般选非线性激活函数，如 sigmoid 函数。

LSTM 的隐含层单元结构如图 15.36 所示。

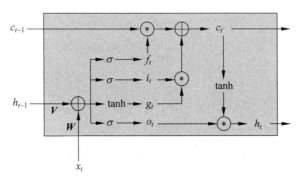

图 15.36 LSTM 隐含层单元结构

根据以 LSTM 各门的输出，LSTM 的内部和外部隐藏状态可以由以下公式计算。

（1）内部隐藏状态：

$$c_t = f_t c_{t-1} + i_t g_t$$

（2）外部隐藏状态：

$$h_t = o_t \tanh(c_t)$$

LSTM 网络误差反向传播，相对于 RNN 更快速，而且出现梯度消失和梯度爆炸的概率更小，LSTM 误差反向传播的原理如图 15.37 所示。

LSTM 成功应用在时序数据处理中，有很多 LSTM 的变体结构，例如无遗忘门的

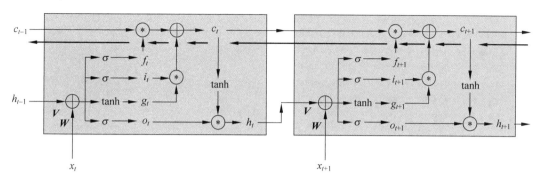

图15.37　LSTM误差反向传播的原理

LSTM,合并输入门和遗忘门为一个更新门的 GRU 网络。RNN 网络以及 LSTM 和 GRU,如果按照信息传递路径的长度来说,是浅层网络;但是如果将 RNN 按照时间展开,再看信息传递的深度,又是非常深的神经网络,因此,加深 RNN 模型有两个方向:一个可以沿着输入到输出的多隐含层来实现深度 RNN,例如,顺序连接隐含层的堆叠循环神经网络(Stacked Recurrent Neural Network,SRNN),跳跃连接隐含层的双向循环网络(Bidirectional Recurrent Neural Network,Bi-RNN);另一个可以将 RNN 按照时间序列方向展开,例如树状的递归神经网络(Recursive Neural Network,RecNN),应用于知识图谱的图网络(Graph Network,GN)是目前比较新的网络模型。

　　RNN 模型可以用于解决分类或预测的机器学习问题。以下通过简单的 RNN 和带LSTM 单元的 RNN 网络实现时间序列预测的实例分析,进一步理解 RNN 模型的原理和训练过程。

15.2.3　实例一:RNN 实现时序数据预测

1. 问题描述

1) 数据

对传感器采集的温度数据采用 RNN 预测,其中前 80% 的数据作为训练集,后 20% 的数据作为测试集。

2) 测试

可视化传感器数据和 RNN 网络预测数据,分析实验预测结果的均方根误差(Root Mean Squared Error,RMSE)。

2. 实例分析参考解决方案

参考 MATLAB 代码如下:

```
clc;clear all;close all;
temp = [50 50 50 50 50 51 51 51 51 51 53 51 52 51 52 52 52 53 52 53 52 52, …
        53 52 52 53 53 53 53 53 53 53 53 53 53 53 53 53 53 53.5 54 54 53.5, …
        53 53 54 53 54 53 54];
time = 1:30:1500;[temp_one,ps] = mapminmax(temp,0,1);
binary_dim = 5;iter = 1000;
alpha = 0.1;input_dim = 1;hidden_dim = 10;output_dim = 1;allErr = [];
% %初始化 rnn 神经网络权重
```

```
synapse_0 = 2 * rand(input_dim,hidden_dim) - 1;
synapse_1 = 2 * rand(hidden_dim,output_dim) - 1;
synapse_h = 2 * rand(hidden_dim,hidden_dim) - 1;
synapse_0_update = zeros(size(synapse_0));
synapse_1_update = zeros(size(synapse_1));
synapse_h_update = zeros(size(synapse_h));
for j = 1:iter                    % %迭代训练 rnn 网络
    overallError = 0;
    for i = 0:length(temp) * 0.8 - binary_dim - 1
        a = temp_one(i + 1:i + binary_dim); b = temp_one(i + 2:i + binary_dim + 1);
        c = zeros(size(b));layer_2_deltas = [];layer_1_values = [];
        layer_1_values = [layer_1_values; zeros(1, hidden_dim)];
        for position = 0:binary_dim - 1 % forward
            X = [a(binary_dim - position)];                  %X 为输入数据
            y = [b(binary_dim - position)]';                 %y 为标签
            layer_1 = sigmoid(X * synapse_0 + layer_1_values(end, :) * synapse_h);
            layer_2 = sigmoid(layer_1 * synapse_1);
            layer_2_error = y - layer_2;                     %计算误差
            layer_2_deltas = [layer_2_deltas; layer_2_error * sigmoid_output_to
_derivative(layer_2)];
            overallError = overallError + abs(layer_2_error(1));
            layer_1_values = [layer_1_values; layer_1];
            c(binary_dim - position) = layer_2(1);
        end
        future_layer_1_delta = zeros(1, hidden_dim);         %隐含层的差值
        for position = 0:binary_dim - 1                      %反向传播误差
            X = [a(position + 1)];
            layer_1 = layer_1_values(end - position, :);
            prev_layer_1 = layer_1_values(end - position - 1, :);
            layer_2_delta = layer_2_deltas(end - position, :); %计算输出层误差
            layer_1_delta = (future_layer_1_delta * (synapse_h') + layer_2_delta * (synapse
_1')) ...
                    . * sigmoid_output_to_derivative(layer_1);     %计算隐含层误差
            %更新所有权重参数
            synapse_1_update = synapse_1_update + (layer_1') * (layer_2_delta);
            synapse_h_update = synapse_h_update + (prev_layer_1') * (layer_1_delta);
            synapse_0_update = synapse_0_update + (X') * (layer_1_delta);
            future_layer_1_delta = layer_1_delta;
        end
        synapse_0 = synapse_0 + synapse_0_update * alpha;
        synapse_1 = synapse_1 + synapse_1_update * alpha;
        synapse_h = synapse_h + synapse_h_update * alpha;
        synapse_0_update = synapse_0_update * 0;
        synapse_1_update = synapse_1_update * 0;
        synapse_h_update = synapse_h_update * 0;
    end
    allErr = [allErr overallError];
end
figure;plot(allErr);                                         %可视化训练误差
xlabel('Epochs');ylabel('Error');
```

　　运行以上代码,迭代训练 RNN 网络结果如图 15.38 所示。从图 15.38 可以看出,RNN 网络误差随着迭代次数的增多而收敛。

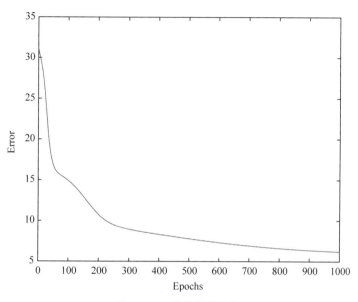

图 15.38　迭代训练结果

测试 RNN 网络代码如下:

```
% 测试 rnn 神经网络
pred = zeros(1,length(temp));
test = 1200:30:1470;
for h = (length(temp) * 0.8 - 1):(length(temp) - binary_dim - 1)
    at = temp_one(h + 1:h + binary_dim);
    bt = temp_one(h + 2:h + binary_dim + 1);
    ct = zeros(size(bt));
    layer_1_values = [];
    layer_1_values = [layer_1_values; zeros(1, hidden_dim)];
    for position = 0:binary_dim - 1
        X = [at(binary_dim - position)];                    % X 为输入测试数据
        y = [bt(binary_dim - position)]';                   % y 为标签
        layer_1 = sigmoid(X * synapse_0 + layer_1_values(end, :) * synapse_h);
        layer_2 = sigmoid(layer_1 * synapse_1);
        layer_1_values = [layer_1_values; layer_1];
        ct(binary_dim - position) = layer_2(1);
    end
    pred(h + 2:h + binary_dim + 1) = ct;
end
pred_temp = mapminmax('reverse',pred,ps);
figure;plot(time,temp,'b - * ');                           % 可视化测试数据
hold on;
plot(test,pred_temp(length(temp) * 0.8 + 1:length(temp)),'r - o'); % 可视化预测数据 ylim([48
55]);xlabel('Time(30s)');ylabel('Temperature(C)');
legend('TrueValue','Prediction');
```

运行以上代码,预测传感器数据结果如图 15.39 所示。

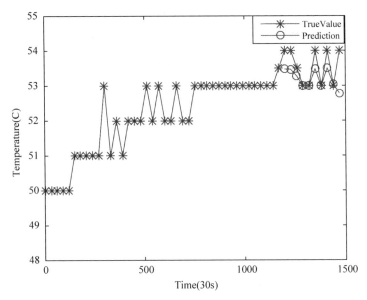

图 15.39   RNN 网络预测结果

从图 15.39 可看到，RNN 网络可以非常好地预测传感器温度数据的变化趋势。
以上实验 RMSE 结果分析如图 15.40 所示。实验分析参考代码如下：

```
YTest = temp(41:50);
YPred = pred_temp(length(temp) * 0.8 + 1:length(temp));
figure;subplot(2,1,1);
plot(YTest,'b - * '); hold on;
plot(YPred,'r - o');
legend('TrueValue','Prediction');ylabel('Temperature'); ylim([52 55]);
subplot(2,1,2);stem(YPred - YTest,'g - d');
rmse = sqrt(mean((YPred - YTest).^2));
ylabel('Error');str = sprintf('RMSE = % s',num2str(rmse));title(str);ylim([ - 2 2]);
```

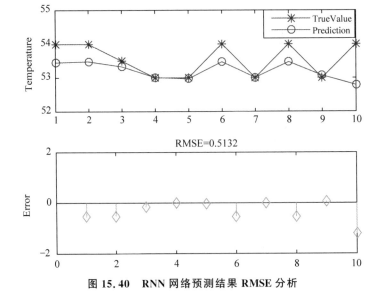

图 15.40   RNN 网络预测结果 RMSE 分析

视频讲解

15.2.4　实例二：LSTM 预测交通流量

1. 问题描述

1）数据

采用 LSTM 网络对某城市某路段的交通车流数据进行预测，对传感器采集的车流数据集，其中前 90%的数据作为训练集，后 10%的数据作为测试集，多次迭代训练 LSTM 网络。

2）测试

可视化车流量数据和 LSTM 网络预测数据，分析实验预测结果的 RMSE。

2. 实例分析参考解决方案

参考 MATLAB 代码如下：

```
clc;clear all;close all;
temp = [956,927,1585,1536,1448,1272,303,68,62,116,275,565,922,928,925,1121, …
    1282,1142,411,114,82,220,646,1069,1320,1473,2305,2094,1694,1043,390, …
    127,56,148,426,890,1500,1442,1799,1556,1926,1635,379,90,68,210,667, …
    905,1124,1192,1850,1941,1505,1016,429,58,78,251,605,817,970,860,977, …
    1143,920,940,426,193,99,186,525,1085,1220,1157,1974,2301,2277,1746, …
    413,129,78,160,448,820,1154,1277,1841,1981,1304,1288,387,114,97,278, …
    604,787,1010,968,1195,1200,1218,1183,334,145,66,252,536,996,1624, …
    1626,1603,1740,1900,1424,711,191,135,302,612,1178,1409,1218,1543, …
    1477,987,935,495,126,109,197,397,880,1097,1164,1652,1800,1941,1419, …
    444,136,70,171,424,660,1050,1177,1559,1513,1371,1042,205,67,83,143, …
    469,611,745,1039,1389,1284,1288,871,299,87,89,155,446,749,1037,1080, …
    1289,1211,1076,1080,372,132,78,133,203,214,347,407,780,1182,1082, …
    899,479,123,86,180,326,695,1235,1399,1854,2406,2026,1378,522, …
    136,76,109,259,521,996,1174,1751,1554,1428,1308,438,150,88,151, …
    395,781,1389,2059,3058,2589,1488,1048,253,82,79,125,226,470,936, …
    1026,1244,935,1079,884,349,144,79,260,445,592,1427,1545,1951,2200, …
    1964,1284,523,142,93,148,198,374,915,963,1154,1393,1227,1158,478, …
    84,44,113,331,1052,1747,1796,2625,2411,1877,1052,543,110,67,124, …
    160,430,726,1101,1769,1599,1035,988,424,147,76,105,281,524,1044, …
    1247,2023,1903,1653,1247,372,107,75,94,224,487,989,1639,1991,1905, …
    1846,1381,451,176,83,150,272,550,798,902,1316,1443,1102,705,272, …
    119,106,72,115,337,677,885,1142,1590,1355,1198,565,136,89,115, …
    174,477,741,1034,1401,1316,1056,882,506,136,80,62,149,368,683, …
    993,1205,1485,1349,1067,369,173,95,113,175,335,619,691,1022,858, …
    953,913,332,127,82,62,147,384,711,928,1152,1134,1277,961,509, …
    173,170,193,290,415,707,724,1105,1065,938,755,442,170,91,150,219, …
    317,561,631,829,857,955,808,398,111,82,147,276,528,746,889,1274, …
    1164,1024,863,436,270,156,139,156,306,362,438,624,543,642,659, …
    286,86,43,68,168,253,526,601,809,759,950,1088,452,198,82,72,154, …
    206,316,569,549,671,736,659,287,132,51,85,79,133,177,210,372,562, …
    623,626,296,142,82,96,166,288,416,459,576,1042,873,704,366,137,58, …
    134,71,142,211,331,471,639,569,718,391,123,72,63,86,141,320,463, …
    690,847,1121,1048,980,872];
time = 1:3:1500;[temp_one,ps] = mapminmax(temp,0,1);binary_dim = 50;iter = 10;
alpha = 0.1;input_dim = 1;hidden_dim = 20;output_dim = 1;allErr = [];
```

初始化 LSTM 网络参数：

```
% % 初始化神经网络权重参数
X_i = 2 * rand(input_dim, hidden_dim) - 1;
H_i = 2 * rand(hidden_dim, hidden_dim) - 1;
X_i_update = zeros(size(X_i));
H_i_update = zeros(size(H_i));
bi = 2 * rand(1,1) - 1;
bi_update = 0;
% 遗忘门参数 forget_gate = sigmoid(X(t) * X_f + H(t-1) * H_f)
X_f = 2 * rand(input_dim, hidden_dim) - 1;
H_f = 2 * rand(hidden_dim, hidden_dim) - 1;
X_f_update = zeros(size(X_f));
H_f_update = zeros(size(H_f));
bf = 2 * rand(1,1) - 1;
bf_update = 0;
% 输出门参数 out_gate = sigmoid(X(t) * X_o + H(t-1) * H_o)
X_o = 2 * rand(input_dim, hidden_dim) - 1;
H_o = 2 * rand(hidden_dim, hidden_dim) - 1;
X_o_update = zeros(size(X_o));
H_o_update = zeros(size(H_o));
bo = 2 * rand(1,1) - 1;
bo_update = 0;
% 状态门参数 g_gate = tanh(X(t) * X_g + H(t-1) * H_g)
X_g = 2 * rand(input_dim, hidden_dim) - 1;
H_g = 2 * rand(hidden_dim, hidden_dim) - 1;
X_g_update = zeros(size(X_g));
H_g_update = zeros(size(H_g));
bg = 2 * rand(1,1) - 1;
bg_update = 0;
out_para = 2 * rand(hidden_dim, output_dim) - 1;
out_para_update = zeros(size(out_para));
```

选择数据集的前 90% 作为训练数据，后 10% 作为测试数据，开始多次迭代训练网络：

```
for j = 0:iter - 1        % % 开始训练迭代
    overallError = 0;
    for i = 0:length(temp) * 0.9 - binary_dim - 1
        a = temp_one(i + 1:i + binary_dim); b = temp_one(i + 2:i + binary_dim + 1);
        c = zeros(size(b));output_deltas = [];
        hidden_layer_values = [];cell_gate_values = [];
        hidden_layer_values = [hidden_layer_values; zeros(1, hidden_dim)];
        cell_gate_values = [cell_gate_values; zeros(1, hidden_dim)];
        % initialize memory gate
        H = []; H = [H; zeros(1, hidden_dim)];        % 隐含层
        C = []; C = [C; zeros(1, hidden_dim)];        % 隐含状态
        I = [];                                        % 输入门
        F = [];                                        % 遗忘门
        O = [];                                        % 输出门
        G = [];                                        % 状态门
        for position = 0:binary_dim - 1               % 前向传递阶段
```

```
    X = [a(binary_dim - position)];        % X 为输入数据
    y = [b(binary_dim - position)]';       % y 为数据标签
    in_gate = sigmoid(X * X_i + H(end, :) * H_i + bi);
    forget_gate = sigmoid(X * X_f + H(end, :) * H_f + bf);
    out_gate = sigmoid(X * X_o + H(end, :) * H_o + bo);
    g_gate = tan_h(X * X_g + H(end, :) * H_g + bg);
    C_t = C(end, :) .* forget_gate + g_gate .* in_gate;
    H_t = tan_h(C_t) .* out_gate;
    % 存储输入门,遗忘门,输出门和状态门
    I = [I; in_gate];F = [F; forget_gate];O = [O; out_gate];
    G = [G; g_gate];C = [C; C_t];H = [H; H_t];
    % 网络计算预测结果
    pred_out = sigmoid(H_t * out_para);
    output_error = y - pred_out;           % 计算输出层错误
    output_deltas = [output_deltas; output_error];
    overallError = overallError + abs(output_error(1));
    c(binary_dim - position) = pred_out;
end
future_H_diff = zeros(1, hidden_dim);
for position = 0:binary_dim - 1                % 误差反向传播
    X = [a(position + 1)];
    H_t = H(end - position, :);                % H(t) 当前隐含值
    H_t_1 = H(end - position - 1, :);          % H(t-1) 上一时刻隐含值
    C_t = C(end - position, :);                % C(t) 当前状态值
    C_t_1 = C(end - position - 1, :);          % C(t-1) 上一时刻状态值
    O_t = O(end - position, :); F_t = F(end - position, :);
    G_t = G(end - position, :); I_t = I(end - position, :);
    output_diff = output_deltas(end - position, :);   % 计算输出层差值
    H_t_diff = output_diff * (out_para');%.* sigmoid_output_to_derivative(H_t);
    out_para_diff = (H_t') * output_diff;
    O_t_diff = H_t_diff .* tan_h(C_t) .* sigmoid_output_to_derivative(O_t);
    C_t_diff = H_t_diff .* O_t .* tan_h_output_to_derivative(C_t);
    F_t_diff = C_t_diff .* C_t_1 .* sigmoid_output_to_derivative(F_t);
    I_t_diff = C_t_diff .* G_t .* sigmoid_output_to_derivative(I_t);
    G_t_diff = C_t_diff .* I_t .* tan_h_output_to_derivative(G_t);
    X_i_diff = X' * I_t_diff;             % .* sigmoid_output_to_derivative(X_i);
    H_i_diff = (H_t_1)' * I_t_diff;       % .* sigmoid_output_to_derivative(H_i);
    X_o_diff = X' * O_t_diff;             % .* sigmoid_output_to_derivative(X_o);
    H_o_diff = (H_t_1)' * O_t_diff;       % .* sigmoid_output_to_derivative(H_o);
    X_f_diff = X' * F_t_diff;             % .* sigmoid_output_to_derivative(X_f);
    H_f_diff = (H_t_1)' * F_t_diff;       % .* sigmoid_output_to_derivative(H_f);
    X_g_diff = X' * G_t_diff;             % .* tan_h_output_to_derivative(X_g);
    H_g_diff = (H_t_1)' * G_t_diff;       % .* tan_h_output_to_derivative(H_g);
    X_i_update = X_i_update + X_i_diff;    % 更新参数
    H_i_update = H_i_update + H_i_diff;
    X_o_update = X_o_update + X_o_diff;
    H_o_update = H_o_update + H_o_diff;
    X_f_update = X_f_update + X_f_diff;
    H_f_update = H_f_update + H_f_diff;
    X_g_update = X_g_update + X_g_diff;
    H_g_update = H_g_update + H_g_diff;
```

```
                    bi_update = bi_update + I_t_diff;
                    bo_update = bo_update + O_t_diff;
                    bf_update = bf_update + F_t_diff;
                    bg_update = bg_update + G_t_diff;
                    out_para_update = out_para_update + out_para_diff;
                end
                X_i = X_i + X_i_update * alpha;
                H_i = H_i + H_i_update * alpha;
                X_o = X_o + X_o_update * alpha;
                H_o = H_o + H_o_update * alpha;
                X_f = X_f + X_f_update * alpha;
                H_f = H_f + H_f_update * alpha;
                X_g = X_g + X_g_update * alpha;
                H_g = H_g + H_g_update * alpha;
                bi = bi + bi_update * alpha;
                bo = bo + bo_update * alpha;
                bf = bf + bf_update * alpha;
                bg = bg + bg_update * alpha;
                out_para = out_para + out_para_update * alpha;
                X_i_update = X_i_update * 0;
                H_i_update = H_i_update * 0;
                X_o_update = X_o_update * 0;
                H_o_update = H_o_update * 0;
                X_f_update = X_f_update * 0;
                H_f_update = H_f_update * 0;
                X_g_update = X_g_update * 0;
                H_g_update = H_g_update * 0;
                bi_update = 0;
                bf_update = 0;
                bo_update = 0;
                bg_update = 0;
                out_para_update = out_para_update * 0;
            end
            allErr = [allErr overallError];
        end
        figure;plot(allErr);xlabel('Epochs');ylabel('Error');
```

运行以上代码，LSTM 迭代训练结果如图 15.41 所示。

测试 LSTM 网络，参考代码如下：

```
% 测试网络
pred = zeros(1,length(temp));test = 1350:3:1497;
for h = (length(temp) * 0.9 - 1):(length(temp) - binary_dim - 1)
    at = temp_one(h + 1:h + binary_dim); bt = temp_one(h + 2:h + binary_dim + 1);
    ct = zeros(size(bt));
    for position = 0:binary_dim - 1
        X = [at(binary_dim - position)];          % X 为输入数据
        % y = [bt(binary_dim - position)]';       % y 为数据标签
        in_gate = sigmoid(X * X_i + H(end, :) * H_i + bi);
        forget_gate = sigmoid(X * X_f + H(end, :) * H_f + bf);
        out_gate = sigmoid(X * X_o + H(end, :) * H_o + bo);
```

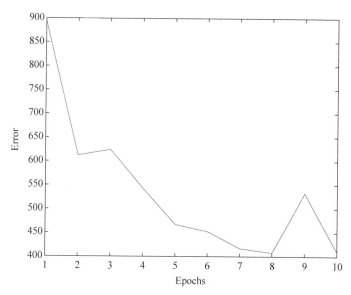

图 15.41 LSTM 迭代训练结果

```
        g_gate = tan_h(X * X_g + H(end, :) * H_g + bg);
        C_t = C(end, :) . * forget_gate + g_gate . * in_gate;
        H_t = tan_h(C_t) . * out_gate;
        I = [I; in_gate]; F = [F; forget_gate];O = [O; out_gate];
        G = [G; g_gate];C = [C; C_t];H = [H; H_t];
        pred_out = sigmoid(H_t * out_para);
        ct(binary_dim - position) = pred_out;
    end
    pred(h + 2:h + binary_dim + 1) = ct;
end
pred_temp = mapminmax('reverse',pred,ps);
figure;
plot(time,temp,'b - '); hold on;
plot(test,pred_temp(length(temp) * 0.9 + 1:length(temp)),'r -- ');
xlabel('Time(3h)');ylabel('Vehicles');legend('TrueValue','Prediction');
```

运行以上代码，LSTM 预测结果如图 15.42 所示。

由图 15.42 可知，LSTM 网络可以近似完美地预测交通流量的变化趋势。

以上实验结果 RMSE 结果分析如图 15.43 所示。

实验分析可视化参考代码如下：

```
YTest = temp(451:500);
YPred = pred_temp(length(temp) * 0.9 + 1:length(temp));
figure;
subplot(2,1,1);plot(YTest,'b - * ');hold on;plot(YPred,'r - o');
legend('TrueValue','Prediction');ylabel('Temperature');
subplot(2,1,2);stem(YPred - YTest,'g - d');
rmse = sqrt(mean((YPred - YTest).^2));
ylabel('Error');str = sprintf('RMSE = % s',num2str(rmse));title(str);
```

对于本节实例一中的小数据集合，RNN 更合适。由实例二可知，LSTM 以复杂的神经

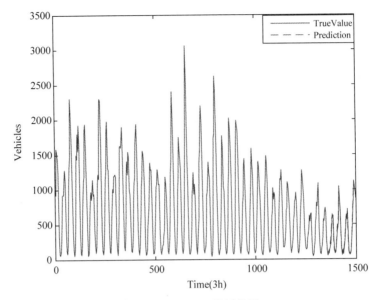

图 15.42 LSTM 预测结果

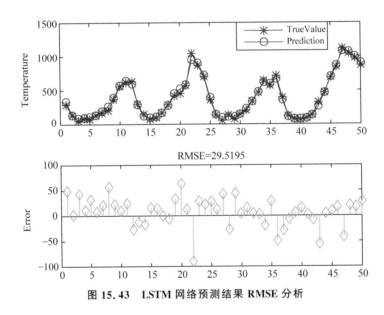

图 15.43 LSTM 网络预测结果 RMSE 分析

单元结构，保留了信息的传递深度，所以更适合大数据集合、深度学习的应用场景。本节两个实例的程序代码运行，还需要以下激活函数和逆向求导函数支持。

（1）Sigmoid 激活函数。

```
function output = sigmoid(x)
    output = 1./(1 + exp( - x));
end
```

（2）Sigmoid 求导函数。

```
function y = sigmoid_output_to_derivative(output)
```

```
    y = output. * (1 - output);
end
```

（3）Tanh 激活函数。

```
function y = tan_h(x)
    y = (exp(x) - exp( - x))./(exp(x) + exp( - x));
end
```

（4）Tanh 求导函数。

```
function y = tan_h_output_to_derivative(x)
    y = (1 - x.^2);
end
```

如果需要调试以上程序，从而理解 RNN 和 LSTM 原理，可以将以上函数添加到工作目录。MATLAB 2018R 已经新增加了 LstmLayer 的函数结构，也可以直接调用搭建网络模型，对大数据集测试 LSTM 网络在深度学习中的优越性能。

以神经网络为基础的深度学习在最近几年迅速崛起，也让机器学习学科迎来了第三次发展高潮。相对于传统的机器学习算法，深度学习可以实现从底层特征到高层特征的提取，实现真正意义上的端到端的自动分类或预测，为学习数据中蕴藏的丰富特征，为更好地表示数据，几乎所有深度算法均采用复杂的非线性模型，需要大量数据训练模型，需要计算性能卓越的硬件平台支持。主流硬件平台有：本地服务器，如本书例程调试平台配置（CPU：Intel E3-1230，内存：4×8GB）；图形处理器（Graphics Processing Unit，GPU），也称为显卡，例如本书调试平台配置（显卡：NV GTX 980）；云服务器集群，可租赁或者自建；物联边缘计算平台等。

目前主流的深度学习算法采用的主要是神经网络模型，经典的有此前两节讨论过的有监督的 CNN 和 RNN 深度网络，其他有待深入研究的无监督深度模型包括深度强化模型（Deep reinforcement learning），将深度学习和强化学习结合，基于强化学习定义的问题和优化目标，用深度学习来解决强化学习中的策略函数或者值函数的建模问题，例如，对强化学习中的 Q-Learning 算法，采用深度卷积网络逼近优化目标 Q 函数，并成功应用于对弈和动作控制类游戏的深度 Q 网络（Deep Q Network，DQN）。深度生成模型（Deep generative model）利用深度神经网络来构建复杂的概率分布，主流的深度生成模型有：传统的深度信念网络（Deep Belief Network，DBN）是一种多层的概率有向图模型，可用来生成符合特定概率分布的样本；类似于 DBN 的深度概率模型，深度受限玻尔兹曼机（Deep Boltzmann Machines，DBM），实现了真正的无向图深度概率模型，但是其训练更为复杂；变分自动编码器 VAE 结合神经网络和贝叶斯的变分自动编码器（Variational Auto-Encoder，VAE），已经成功应用于缺失数据补全；其中 DBM 和 VAE 是两种显式密度深度生成模型，而隐式密度深度生成模型如生成对抗网络（Generative Adversarial Network，GAN），采用两个深度神经网络进行对抗训练，其中一个为生成网络，尽量生成判别网络无法区分来源的样本，一个为判别网络，尽量准确判断样本是真实数据还是生成数据，已成功应用于游戏角色生成的深度卷积对抗生成网络（Deep Convolutional GAN，DCGAN）。

深度学习是人工智能和机器学习学科近年来取得重大研究进展的领域。与传统的机器学习相比，深度学习一般采用复杂模型，常需要大量数据作为模型训练样本，所以深度模型计算时间和空间复杂度都很高，要想成功部署深度模型，常需要具有并行计算能力的硬件环境支持，例如计算集群和 GPU 等，开发难度也较大，所以复杂的大型深度模型，一般基于支持自动梯度计算，CPU 和 GPU 无缝切换，多种标准函数库的深度框架开发，典型的有 Tensorflow、Theano、Caffe、Pytorch，建立在 Tensorflow 和 Theano 之上的高度模块化神经网络库 Keras 等，编程语言也多采用 Python。同时，随着物联网的广泛部署，对于边缘计算平台，为人工智能和机器学习提供了一个新的丰富多彩的应用领域。

15.3 深度学习算法物联网硬件加速

深度机器学习算法常采用复杂模型，模型参数的寻优过程需要大量数据和迭代计算，以深度网络为例，模型层数越多，训练数据集规模越大，常常能获得更优越的预测能力。因此，为满足深度学习数据和模型规模日益扩展的需求，硬件并行计算平台对深度模型实现和加速成为研究热点，也必将成为推动深度模型从理论走向工程应用的关键一步。

现有的深度学习硬件解决方案包括：中央处理单元（Central Processing Unit，CPU）、图形处理单元（Graphics Processing Unit，GPU）、现场可编程逻辑门阵列（Field Programmable Gate Array，FPGA）和专用集成电路（Application Specific Integrated Circuit，ASIC）。CPU 是机器学习算法发展初期的主要计算平台，通用性好，框架成熟，对算法软件工程师表现了平台友好的优势，但是随着深度学习的兴起，模型对计算和存储需求越来越大，CPU 芯片面积的很大部分用于复杂的控制流，其执行深度模型的效率明显较差。用于图像像素并行处理的 GPU 非常符合深度学习模型的计算需求，尤其在大规模的复杂深度模型的训练阶段，几乎所有的模型均选择了 GPU 作为首选硬件平台，但是相对于 CPU，GPU 价格昂贵，功耗过高，尽管在深度模型的训练阶段较为高效，但是在模型部署应用阶段并行优势并不高。随着万物互联的物联网（Internet of Thing，IoT）时代的到来，深度学习应用与物联网设备的智能化势在必行，然而绝大多数物联网设备计算和存储能力有限，所以 FGPA 和 ASIC 成为深度学习硬件平台值得探究的新选择，其中 Google 的深度学习专用 ASIC，即张量处理单元（Tensor Processing Unit，TPU），已经在其数据中心成功部署，并达到摩尔定律预言的 7 年后的 CPU 运行效率，TPU 兼顾桌面机和嵌入式设备的功能，高速度、低功耗，但是 ASIC 的明显缺陷在于：专用任务一旦确定就不可更改，而且生产过程投入和风险很高，对于日新月异的人工智能新需求，明显缺乏灵活性。FPGA 以其硬件可配置、架构灵活、单位能耗低、上层软件兼容的优势，对于深度学习算法设计和产品研发提供了一种独一无二的硬件解决方案。

从深度模型硬件加速的角度，考虑 FPGA 编程中的可配置性和模型性能之间的平衡，以下通过分析 RNN 模型的硬件加速实例，来探讨 FPGA 助力深度模型的研究趋势。

15.3.1 FPGA 硬件平台简介

本节实例分析基于 Xilinx 的 ZedBoard FPGA 开发板，搭载 Zynq-7000 AP SoC XC7Z020-CLG484 系统芯片，该芯片集成了双核 ARM Cortex-A9 微处理器和 FPGA

Artix-7 模块,其架构如图 15.44 所示。

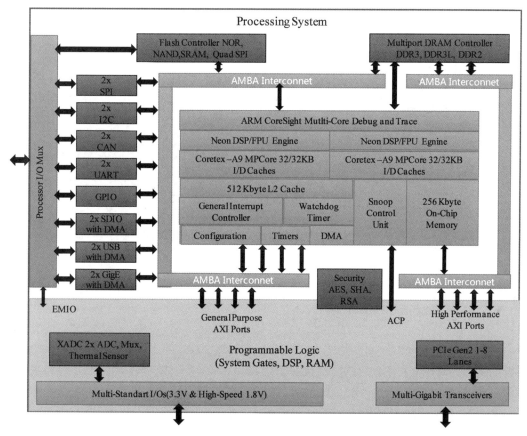

图 15.44 Zynq-7000 混合 ARM 和 FPGA 芯片架构图

其中 ARM 处理器部分(Processing System,PS)资源丰富,可独立使用,细节可参考 Xilinx 官方文档。FPGA 可编程逻辑部分(Programmable Logic,PL),可以作为 PS 部分的一个外部设备,也可以在依靠 PS 完成初始化配置后,作为系统主控设备,独立完成数据处理和存储。PS 和 PL 部分在芯片内,基于 AXI4 总线高速通信,其中实验所用 Z-7020 的 PL 部分的资源如表 15.3 所示。

表 15.3 Z-7020 芯片 PL 部分的资源

资 源 名 称	具 体 数 据
LUT(Look-Up Tables)	53 200
FF(Flip-Flops)	106 400
PLC(Programmable logic Cells,Approximate ASIC gates)	85K 个逻辑单元(~1.3M)
Extensible Block RAM(♯36 Kb Blocks)	560KB (140)
Programmable DSP Slices(18×25 MACCs)	220
Peak DSP performance	158 GMAC

由于 ARM 支持多级流水,外设丰富,擅长处理图形界面、用户交互、网络和 DDR 控制等串行任务,但是对大数据,复杂计算和实时性要求较高的可并行任务捉襟见肘,恰好

FPGA 弥补了 ARM 的不足,所以 Zynq 芯片非常适合作为物联网时代智能设备的研发平台。本例程选择 Digilent 的一款低成本 ZedBoard 开发板,搭载 Xilinx Zynq-7000 芯片,支持 Linux、Android、Windows 及其他实时操作系统,开发板的外观如图 15.45 所示。

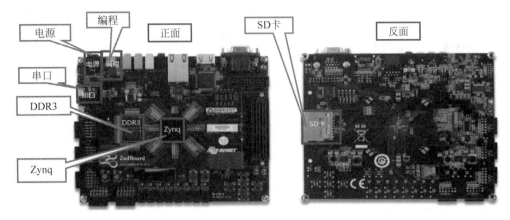

图 15.45 开发板外观图

15.3.2 开发软件环境简介

本例程选择 Xilinx 公司的集成开发环境 Vivado 2018.1(64 bit),可图形化设计例程的逻辑电路。为对比分析 FPGA 对 RNN 模型的加速效果,实验基于 ARM CPU 的算法串行软件实现,软件设计基于 Vivado SDK,FGPA 设计基于 Vivado HLS,编程选择 C 语言。

其中 Vivado 集成开发环境如图 15.46 所示。其中 Vivado SDK 如图 15.47 所示。

本实例采用 C 语言编写神经网络加速 IP 核,开发环境为 Vivado HLS,如图 15.48 所示。

图 15.46、图 15.47 和图 15.48 所示 Vivado 开发环境的详细配置,可参考 Xilinx 官方相关文档。

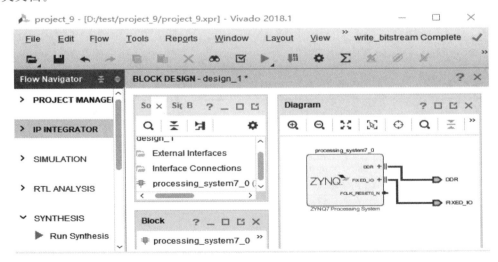

图 15.46 Vivado 集成开发环境

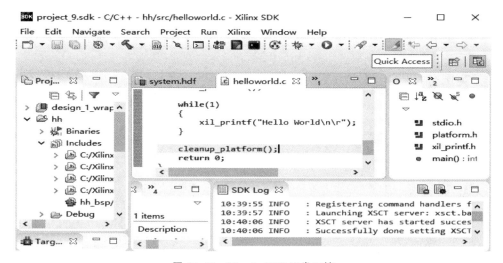

图 15.47　Vivado SDK 开发环境

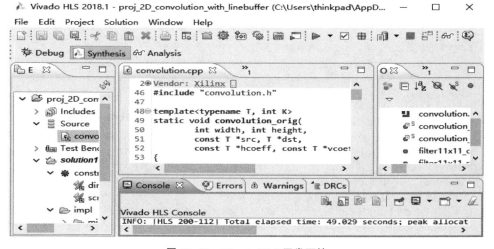

图 15.48　Vivado HLS 开发环境

15.3.3　实例一：RNN 时序数据预测物联网平台实现

1. 问题描述

视频讲解

1）数据

对传感器采集的温度数据采用 RNN 预测，其中前 80% 的数据作为训练集，后 20% 的数据作为测试集。

2）模型

输入维度为 1，时序数据确定长度 5，每个隐含层包含 10 个 RNN 单元，输出维度为 1，迭代 1000 次，采用训练后的模型预测传感器温度。

3）物联网嵌入式平台实现

首先，在 CPU 环境下运行 MATLAB 获得模型参数；然后，采用 ZedBoard 开发板

ARM 单核测试模型预测结果；同时，采用 ZedBoard 开发板 FPGA 运行 RNN 加速 IP 核，测试模型预测结果；最后，对比分析基于 ARM 和 FPGA 实现的 RNN 模型预测结果并可视化。

2. 实例分析参考解决方案

基于 ARM 运行 RNN 预测模型，参考 C 语言代码如下：

```c
//基于ARM平台测试RNN网络模型
#include <stdio.h>
#include "platform.h"
#include "xil_printf.h"
#include "math.h"
#define DATA_LENGTH = 10;
#define seq_dim = 5;
#define input_dim = 1;
#define hidden_dim = 10;
#define output_dim = 1;
float sigmoid(float x)
{
    return 1.0/(1.0 + exp(-x));
}
int main(void)
{
    int i;
    float temp[DATA_LENGTH] = {54,54,53.5,53,53,54,53,54,53,54};    //测试数据
    float temp_one[DATA_LENGTH];                                     //归一化测试数据
    float synapse_0[input_dim][hidden_dim] = {{0.5870, -1.7015, -2.7466,0.0384,0.1668,
                          1.5642,1.3441, -1.5023,3.4659, -0.6158}};
    float synapse_1[hidden_dim][output_dim] = {{2.7138}, {-0.3774}, {-3.3350}, {2.3872},
{1.6561}, {-0.2089}, {0.6008}, {-1.1302}, {-1.5482}, {-2.5923}};
    float synapse_h[hidden_dim][hidden_dim] = {
        {0.2212, -0.0006, -0.5603, -0.5085,0.7062,  -0.8983,0.8112, -0.1027, -0.2836,0.7914},
        {-1.0222,0.8262,0.4577, -1.1341, -1.4244, 0.5607, -0.1272,0.0809,0.4688,1.3066},
        {-1.6335, -0.3496,1.5221, -1.4892, -0.3979,  -0.3274, -0.3498, -0.0647,
-0.3136,0.2571},
        {-0.5325, -0.7248,0.6272, -0.0288, -1.1905, 0.0724,0.5715, -0.2688, -0.7468,
1.0517},
        {-0.6060, -0.5882, -0.3686, -0.1551, -0.8076, 0.9495,0.1732,0.5228,0.3680,
0.8022},
        {0.6024,0.3321, -1.5342,0.1309,0.5279,0.2073, -0.2111,0.7194, -0.8075,0.0596},
        {-0.3699,0.1180, -1.0467, -0.4905,0.4825,  -0.1855, -0.5530, -0.7627, -0.4996,
-0.9770},
        {-1.5444,0.7889,0.3960, -0.2213, -0.7901, 0.3388,0.0944,0.6967,0.6314,1.3115},
        {0.7436,0.0629, -2.0548,1.4526, -0.0462, 0.1554,0.7227, -1.0717, -0.5937, -1.3375},
        {0.0838,0.2630,0.5472, -1.0912, -0.8841, -0.6489,0.1897, -0.9456, -0.1174,
1.0864}};
    float max; float min;float at[seq_dim];float ct[seq_dim];
    float pred[DATA_LENGTH];float pred_one[DATA_LENGTH];
    //最大最小归一化
    max = data[0];min = data[0];
    for(int i = 0;i < DATA_LENGTH;i++){
        if(data[i]> max){ max = data[i];}
        if(data[i]< min){ min = data[i];}}
```

```
for(int i = 0;i < DATA_LENGTH;i++){
    if(max - min!= 0){
        temp_one[i] = (data[i] - min)/(max - min);}
    else{
        temp_one[i] = 0.0;}}
//测试 RNN 模型
for(int k = 0;k < DATA_LENGTH;k++){
        pred[k] = 0.0; pred_one[k] = 0.0;}
for(int i = 0;i <(DATA_LENGTH - seq_dim);i++){
    float layer_1_value[seq_dim + 1][hidden_dim];
    for(int k = 0;k < seq_dim + 1;k++){
        for(int h = 0;h < hidden_dim;h++){layer_1_value[k][h] = 0.0;}}
    for(int k = 0;k < seq_dim;k++){at[k] = temp_one[i + k + 1];}
    for(int k = 0;k < seq_dim;k++){ct[k] = 0.0;}
    for(int s = 0;s < hidden_dim;s++){layer_1_value[0][s] = 0.0;}
    for(int j = 0;j < seq_dim;j++){
        float x;
        float layer1[hidden_dim];
        float layer2;
        x = at[j];
        layer2 = 0.0;
        for(int k = 0;k < hidden_dim;k++) {layer1[k] = 0.0;}
        for (int k = 0;k < hidden_dim;k++) {
            for (int h = 0;h < input_dim;h++) {               //输入层
                layer1[k] += x * sy_0[h][k];}}
        for (int k = 0;k < hidden_dim;k++){
            for (int h = 0;h < hidden_dim;h++){               //输入层 - >隐含层
                layer1[k] += layer_1_value[j][h] * sy_h[h][k];}}
        for (int k = 0;k < hidden_dim;k++){                   //激活函数
            layer1[k] = sigmoid(layer1[k]);}
        for (int k = 0;k < hidden_dim;k++){
            for (int h = 0;h < output_dim;h++){               //隐含层 - >输出层
                layer2 += layer1[k] * sy_1[k][h];}}
        layer2 = sigmoid(layer2);                             //激活函数
        for(int k = 0;k < hidden_dim;k++){
            layer_1_value[j + 1][k] = layer1[k];}
        ct[j] = layer2;}
for(int s = 0;s < seq_dim;s++) {pred_one[i + 2 + s] = ct[s];}
    //反归一化
    for(int j = 0;j < DATA_LENGTH;j++){
        pred[j] = pred_one[j] * (max - min) + min;
        rnn_o[j] = pred[j];                                   //输出预测结果
        }}
//从串口输出预测结果
for(int i = 0;i < DATA_LENGTH;i++){
    printf("pred[ % d] = % .2f\n\r",i,pred[i]);
    printf("temp[ % d] = % .2f\n\r",i,temp[i]);
    printf(" --------- \n\r");}
cleanup_platform();
return 0;}
```

在 ZedBorad 开发板上运行以上程序,预测结果在串口输出,如下所示:

53.00 53.00 53.78 53.58 53.29 53.29 53.78 53.78 53.16 53.83

在 MATLAB 中分析预测结果,如图 15.49 所示。

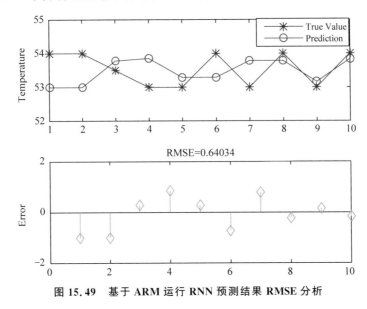

图 15.49　基于 ARM 运行 RNN 预测结果 RMSE 分析

以上分析结果实现代码如下:

```
YTest = [54 54 53.5 53 53 54 53 54 53 54];
Prede = [53.00 53.00 53.78 53.85 53.29 53.29 53.78 53.78 53.16 53.83];
figure;subplot(2,1,1);plot(YTest,'b - * '); hold on;plot(Prede,'r - o');
legend('True Value', 'Prediction');ylabel('Temperature');ylim([52 55]);
subplot(2,1,2);stem(Prede - YTest,'g - d');
rmse = sqrt(mean((Prede - YTest).^2));
ylabel('Error'); str = sprintf('RMSE = % s',num2str(rmse));
title(str);ylim([ - 2,2]);
```

与 CPU 环境下 MATLAB 仿真结果对比如下所示:

53.45 53.48 53.33 53.01 52.97 53.47 53.01 53.47 53.07 52.79

在 MATLAB 中分析预测结果,如图 15.50 所示。

以上分析结果实现代码如下:

```
YTest = [54 54 53.5 53 53 54 53 54 53 54];
Prede = [53.45 53.48 53.33 53.01 52.97 53.47 53.01 53.47 53.07 53.79];
figure;subplot(2,1,1);plot(YTest,'b - * ');hold on;
plot(Prede,'r - o'); legend('True Value', 'Prediction');
ylabel('Temperature');ylim([52 55]);
subplot(2,1,2);stem(Prede - YTest,'g - d');
rmse = sqrt(mean((Prede - YTest).^2));
ylabel('Error'); str = sprintf('RMSE = % s',num2str(rmse));
title(str);ylim([ - 2,2]);
```

由图 15.49 和图 15.50 可以明显看到 ARM 处理器可以成功预测传感器温度变化趋

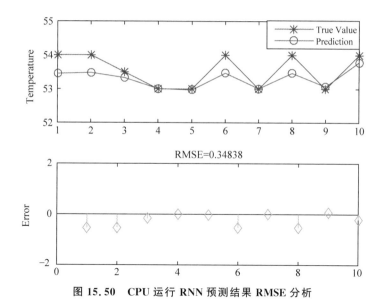

图 15.50 CPU 运行 RNN 预测结果 RMSE 分析

势,但是相对于 CPU 仿真结果,精度略有下降,实验结果符合嵌入式平台对浮点数处理的原理,考虑基于 ARM 的 RNN 预测 RMSE 依然在合理范围内,认为 ARM 处理器预测结果正确。

实现基于 FPGA 运行 RNN 预测模型,本实例基于 Vivado HLS 采用 C++ 语言编写 RNN 的 FPGA 加速 IP 核,其中工程分为实现部分和仿真测试部分,实现部分参考 C++ 代码如下:

```
//硬件平台加速函数
void HLS_accel (
AXI_VAL INPUT_STREAM[(DATA_LENGTH + input_dim * hidden_dim +
                    hidden_dim * hidden_dim + hidden_dim * output_dim)],
AXI_VAL OUTPUT_STREAM[DATA_LENGTH])
{ #pragma HLS INTERFACE s_axilite port = return bundle = CONTROL_BUS
#pragma HLS INTERFACE axis port = OUTPUT_STREAM
#pragma HLS INTERFACE axis port = INPUT_STREAM
wrapped_rnn_hw < float,DATA_LENGTH, input_dim,hidden_dim,output_dim,4, 5, 5 >
            (INPUT_STREAM, OUTPUT_STREAM);
return; }
```

其中函数 HLS_accel 为顶层函数,定义了 AXI 总线输入和输出的数据格式。

```
//硬件平台加速函数的 AXI4 总线接口
template < typename T, int DATA_LENGTH, int input_dim,int hidden_dim,int output_dim,int U, int
TI, int TD >
void wrapped_rnn_hw (
AXI_VAL in_stream[(DATA_LENGTH + input_dim * hidden_dim + hidden_dim * hidden_dim +
                hidden_dim * output_dim)],
AXI_VAL out_stream[DATA_LENGTH])
{   #pragma HLS INLINE
    T data_temp[DATA_LENGTH];
    T sy_0[input_dim][hidden_dim];
    T sy_h[hidden_dim][hidden_dim];
```

```
        T sy_1[hidden_dim][output_dim];
        T rnn_o[DATA_LENGTH];
        assert(sizeof(T) * 8 == 32);
        //第一个矩阵的数据流
        L1:for(int i = 0; i < DATA_LENGTH; i++)
        {    #pragma HLS PIPELINE II = 1
            int k = i;
            data_temp[i] = pop_stream < T,U,TI,TD >(in_stream[k]);}
        //第二个矩阵的数据流
        L2:for(int i = 0; i < input_dim; i++)
            L20:for(int j = 0; j < hidden_dim; j++)
            {    #pragma HLS PIPELINE II = 1
                int k = (i + 1) * input_dim + j;
                sy_0[i][j] = pop_stream < T,U,TI,TD >(in_stream[k]);}
        //第三个矩阵的数据流
        L3:for(int i = 0; i < hidden_dim; i++)
            L30:for(int j = 0; j < hidden_dim; j++)
            {    #pragma HLS PIPELINE II = 1
                int k = (i + 1) * (hidden_dim) + j;
                sy_h[i][j] = pop_stream < T,U,TI,TD >(in_stream[k]);}
        //第四个矩阵的数据流
        L4:for(int i = 0; i < hidden_dim; i++)
            L40:for(int j = 0; j < output_dim; j++)
            {    #pragma HLS PIPELINE II = 1
                int k = (i + 1) * (hidden_dim) + j;
                sy_1[i][j] = pop_stream < T,U,TI,TD >(in_stream[k]);}
        //在硬件平台运行 RNN 模型
        rnn_hw < T,DATA_LENGTH,input_dim,hidden_dim,output_dim >(data_temp, sy_0, sy_h, sy_1, rnn_o);
        //输出预测结果矩阵的数据流
        L5:for(int i = 0; i < DATA_LENGTH; i++)
        {    #pragma HLS PIPELINE II = 1
            int k = i;
            out_stream[k] = push_stream < T,U,TI,TD >(rnn_o[i], 0);}
    return;}
```

其中函数 wrapped_rnn_hw 为第二层函数，主要实现并行处理 AXI4 输入和输出，具体采用 PIPELINE 对循环结构加速。本例对 32 位 AXI 无符号整型数据格式，采用 pop_stream 函数和 push_stream 函数，实现 32 位整型数与 32 位浮点数的转换。具体代码如下：

```
template < typename T, int U, int TI, int TD >
T pop_stream(ap_axiu < sizeof(T) * 8,U,TI,TD > const &e)
{    #pragma HLS INLINE
    assert(sizeof(T) == sizeof(int));
    union{    int ival;
            T oval;} converter;
    converter.ival = e.data;
    T ret = converter.oval;
    volatile ap_uint < sizeof(T)> strb = e.strb;
    volatile ap_uint < sizeof(T)> keep = e.keep;
    volatile ap_uint < U > user = e.user;
    volatile ap_uint < 1 > last = e.last;
```

```
        volatile ap_uint < TI > id = e.id;
        volatile ap_uint < TD > dest = e.dest;
        return ret;}
template < typename T, int U, int TI, int TD > ap_axiu < sizeof(T) * 8,U,TI,TD >
push_stream(T const &v, bool last = false)
{    # pragma HLS INLINE
    ap_axiu < sizeof(T) * 8,U,TI,TD > e;
    assert(sizeof(T) == sizeof(int));
    union{    int oval;
            T ival; } converter;
    converter.ival = v;
    e.data = converter.oval;
    //设置 sizeof(T)
    e.strb = -1;
    e.keep = 15;   //e.strb;
    e.user = 0;
    e.last = last ? 1 : 0;
    e.id = 0;
    e.dest = 0;
    return e;}
```

对 RNN 预测模型,具体硬件加速实现函数为 rnn_hw,采用 PIPELINE 和 UNROLL 对循环计算实现硬件加速,代码如下:

```
//在硬件平台实现神经网络加速
template < typename T, int DATA_LENGTH, int input_dim, int hidden_dim, int output_dim >
void rnn_hw (T data[DATA_LENGTH], T sy_0[input_dim][hidden_dim], T sy_h[hidden_dim][hidden_
dim],T sy_1[hidden_dim][output_dim], T rnn_o[DATA_LENGTH])
{    # pragma HLS INLINE
    float max = 0.0; float min = 0.0;float at[seq_dim] = {0.0};float ct[seq_dim] = {0.0};
    float temp_one[DATA_LENGTH] = {0.0};
    float pred[DATA_LENGTH] = {0.0};
    float pred_one[DATA_LENGTH] = {0.0};
    //最大最小归一化
    max = data[0];min = data[0];
    L0:for(int i = 0;i < DATA_LENGTH;i++)
    {    # pragma HLS PIPELINE
        if(data[i]> max) {max = data[i];}
        if(data[i]< min) {min = data[i];}}
    L1:for(int i = 0;i < DATA_LENGTH;i++)
    {    # pragma HLS PIPELINE
        if(max - min!= 0)
        {temp_one[i] = (data[i] - min)/(max - min);}
        else
        {temp_one[i] = 0.0;}}
    //测试 rnn 模型
    L2:for(int k = 0;k < DATA_LENGTH;k++)
    {    # pragma HLS PIPELINE
        pred[k] = 0.0; pred_one[k] = 0.0;
    L3:for(int i = 0;i <(DATA_LENGTH - seq_dim);i++)
    {    # pragma HLS PIPELINE
```

```
float layer_1_value[seq_dim + 1][hidden_dim] = {0};
L30:for( int k = 0;k < seq_dim + 1;k++)
{    #pragma HLS PIPELINE
     L300:for( int h = 0;h < hidden_dim;h++)
     {    #pragma HLS PIPELINE
          layer_1_value[k][h] = 0.0;}}
L31:for( int k = 0;k < seq_dim;k++)
{    #pragma HLS PIPELINE
     at[k] = temp_one[i + k + 1];}
L32:for( int k = 0;k < seq_dim;k++)
{    #pragma HLS PIPELINE
     ct[k] = 0.0;}
L33:for( int s = 0;s < hidden_dim;s++)
{    #pragma HLS PIPELINE
     layer_1_value[0][s] = 0.0;}
L34:for( int j = 0;j < seq_dim;j++)
{    #pragma HLS PIPELINE
     float x;
     float layer1[hidden_dim];
     float layer2;
     x = at[j];
     layer2 = 0.0;
     L340:for( int k = 0;k < hidden_dim;k++)
     {    #pragma HLS PIPELINE
          layer1[k] = 0.0;}
     L341:for ( int k = 0;k < hidden_dim;k++)
     {    #pragma HLS PIPELINE
          L3410:for ( int h = 0;h < input_dim;h++)        //输入层
          {    #pragma HLS PIPELINE
               layer1[k] += x * sy_0[h][k]; }}
     L342:for ( int k = 0;k < hidden_dim;k++)
     {    #pragma HLS PIPELINE
          L3420:for ( int h = 0;h < hidden_dim;h++)        //输入层->隐含层
          {    #pragma HLS PIPELINE
               layer1[k] += layer_1_value[j][h] * sy_h[h][k]; }}
          L343:for ( int k = 0;k < hidden_dim;k++)          //激活函数
     {    #pragma HLS PIPELINE
          layer1[k] = 1.0/(1.0 + exp(layer1[k])); }
     L344:for ( int k = 0;k < hidden_dim;k++)              //隐含层->输出层
     {    #pragma HLS PIPELINE
          L3440:for ( int h = 0;h < output_dim;h++)
          {    #pragma HLS PIPELINE
               layer2 += layer1[k] * sy_1[k][h]; }}
     layer2 = 1.0/(1.0 + exp(layer2));                    //激活函数
     L345:for( int k = 0;k < hidden_dim;k++)
     {    #pragma HLS PIPELINE
          layer_1_value[j + 1][k] = layer1[k]; }
     ct[j] = layer2; }
 L35:for( int s = 0;s < seq_dim;s++)
 {    #pragma HLS PIPELINE
     pred_one[i + 2 + s] = ct[s];}
```

```
                //反归一化
        L36:for( int j = 0;j < DATA_LENGTH;j++)                          //输出预测结果
        {       #pragma HLS PIPELINE
                pred[j] = pred_one[j] * (max − min) + min;
                rnn_o[j] = pred[j];}}
        return;
    }
```

函数 rnn_hw 具体实现对输入样本数据归一化,将样本与 RNN 网络权重矩阵相乘,并反归一化,最终输出模型预测结果。若想改变模型,只需要修改该函数即可。

本实例的仿真测试部分参考 C++代码如下:

```
…
printf("soft ware prediction simulation\r\n");
rnn_sw(temp,synapse_0,synapse_h,synapse_1,rnn_swe);
for( i = 0;i < DATA_LENGTH;i++)
{printf("sw_pred[ % d] = % .2f\n\r",i,rnn_swe[i]);}
printf("hard ware prediction simulation\r\n");
rnn_hw < T, DATA_LENGTH, input_dim,hidden_dim,output_dim >
(temp,synapse_0,synapse_h,synapse_1,rnn_hwe);;
for( i = 0;i < DATA_LENGTH;i++)
{printf("hw_pred[ % d] = % .2f\n\r",i,rnn_hwe[i]);}
/ ∗∗ 计算均方根误差 rmse ∗ /
rmse_sw = 0.0;rmse_hw = 0.0;
for ( i = 0; (i < DATA_LENGTH); i++){
    rmse_sw += sqrt((rnn_swe[i] − temp[i]) * (rnn_swe[i] − temp[i]));
    rmse_hw += sqrt((rnn_hwe[i] − temp[i]) * (rnn_hwe[i] − temp[i]));}
rmse_sw = rmse_sw/DATA_LENGTH;
rmse_hw = rmse_hw/DATA_LENGTH;
printf("RMSE_sw = % .4f RMSE_hw = % .4f \r\n",rmse_sw,rmse_hw);
…
```

对以上代码在 Vivado HLS 环境下仿真,软件预测仿真结果如下:

53.00 53.00 53.78 53.58 53.29 53.29 53.78 53.78 53.16 53.83

硬件预测仿真结果如下:

53.00 53.00 53.96 53.90 53.71 53.71 53.96 53.01 53.48 53.01

评估仿真结果如下:

RMSE_sw = 0.5197   RMSE_hw = 0.7771

从以上仿真结果可以看到,硬件仿真结果精度低于软件仿真结果,符合嵌入式平台硬件浮点运算规律,误差在合理范围内,认为硬件仿真结果正确。

在 Vivado HLS 平台打包以上代码,输出 Vivado 开发平台可识别的 IP 形式,将 IP 核压缩文件复制到 Vivado 工程工作目录下,并解开 IP 核,以供实例工程调用。

在 Vivado 开发平台,对比 ARM 和 FPGA 实现的 RNN 模型,建立基于 ZedBoard 开发板的工程,并输入 RNN 加速 IP 核,设计硬件实验原理图如图 15.51 所示。

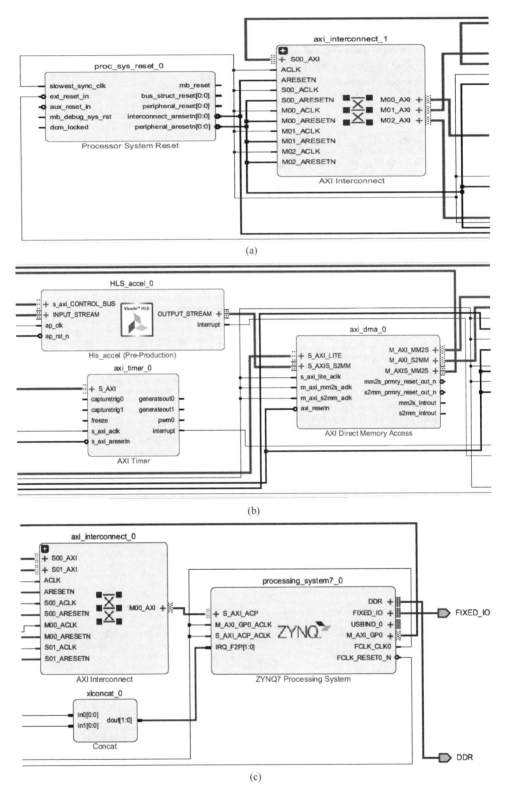

图 15.51　对比 ARM 和 FPGA 平台 RNN 加速硬件原理图

在 Vivado SDK 开发平台设计实验代码,通过 DMA 调用 FPGA 中的 RNN 加速核,对比 ARM 处理器和 FPGA 实验结果和加速效果,实现代码如下:

```
…
XAxiDma AxiDma; XTmrCtr timer_dev; XHls_accel xmmult_dev;
XHls_accel_Config xmmult_config = {0,XPAR_HLS_ACCEL_0_S_AXI_CONTROL_BUS_BASEADDR};
int init_dma()
{    XAxiDma_Config * CfgPtr; int status;
     CfgPtr = XAxiDma_LookupConfig(XPAR_AXI_DMA_0_DEVICE_ID);
     if(!CfgPtr)
     {print("Error looking for AXI DMA config \n\r"); return XST_FAILURE;}
     status = XAxiDma_CfgInitialize(&AxiDma,CfgPtr);
     if(status != XST_SUCCESS)
     {print("Error initializing DMA\n\r"); return XST_FAILURE;}
     if(XAxiDma_HasSg(&AxiDma))
     {print("Error DMA configured in SG mode\n\r"); return XST_FAILURE;}
     //关闭中断服务,启用轮询模式
     XAxiDma_IntrDisable(&AxiDma, XAXIDMA_IRQ_ALL_MASK, XAXIDMA_DEVICE_TO_DMA);
     XAxiDma_IntrDisable(&AxiDma, XAXIDMA_IRQ_ALL_MASK, XAXIDMA_DMA_TO_DEVICE);
     return XST_SUCCESS; }
…
```

其中 init_dma 为 DMA 初始化函数,按照步骤初始化 AXI 的 DMA 模块。在 ZedBoard 硬件测试 RNN 加速模块的主程序参考代码如下:

```
…
init_platform();
print(" --- RNN ACCEL in ARM vs FPGA using DMA --- \n\r");
//初始化 DMA
status = init_dma();
if(status != XST_SUCCESS)
{    print("DMA initial fail\n\r");
     return XST_FAILURE;}
print(" --- DMA initial Done --- \n\r");
//开启时钟
status = XTmrCtr_Initialize(&timer_dev,XPAR_AXI_TIMER_0_DEVICE_ID);
if(status!= XST_SUCCESS){print("Timer setup fail\n\r");}
XTmrCtr_SetOptions(&timer_dev,XPAR_AXI_TIMER_0_DEVICE_ID,XTC_ENABLE_ALL_OPTION);
XTmrCtr_Reset(&timer_dev,XPAR_AXI_TIMER_0_DEVICE_ID);
init_time = XTmrCtr_GetValue(&timer_dev,XPAR_AXI_TIMER_0_DEVICE_ID);
curr_time = XTmrCtr_GetValue(&timer_dev,XPAR_AXI_TIMER_0_DEVICE_ID);
calibration = curr_time - init_time;
xil_printf("init_time: %d cycles. \r\n",init_time);
xil_printf("curr_time: %d cycles. \r\n",curr_time);
xil_printf("calibration: %d cycles. \r\n",calibration);
XTmrCtr_Reset(&timer_dev,XPAR_AXI_TIMER_0_DEVICE_ID);
begin_time = XTmrCtr_GetValue(&timer_dev,XPAR_AXI_TIMER_0_DEVICE_ID);
for(i = 0;i < 10000;i++);
end_time = XTmrCtr_GetValue(&timer_dev,XPAR_AXI_TIMER_0_DEVICE_ID);
run_time_sw = end_time - begin_time - calibration;
xil_printf("Loop time for 10000 iterations is %d cycels. \r\n", run_time_sw);
//调用软件加速 sw 函数
```

```
XTmrCtr_Reset(&timer_dev,XPAR_AXI_TIMER_0_DEVICE_ID);
begin_time = XTmrCtr_GetValue(&timer_dev,XPAR_AXI_TIMER_0_DEVICE_ID);
mmult_sw_rnn(temp,synapse_0,synapse_h,synapse_1,rnn_swe);
end_time = XTmrCtr_GetValue(&timer_dev,XPAR_AXI_TIMER_0_DEVICE_ID);
run_time_sw = end_time - begin_time - calibration;
xil_printf("Total run time for SW on ARM processor is %d cycels.\r\n", run_time_sw);
//软件加速 sw 的预测结果
for(i = 0;i < DATA_LENGTH;i++){
    int wh,thou;
    wh = rnn_swe[i];
    thou = (rnn_swe[i] - wh) * 1000;
    xil_printf("sw_pred[%d] = %d.%3d\n\r",i,wh,thou);}
//把数据转换为输入流 INPUT_STREAM
for(i = 0;i < DATA_LENGTH;i++){
    data_HW[i] = temp[i];}
for(i = 0;i < input_dim;i++){
    for(j = 0;j < hidden_dim;j++)
      data_HW[DATA_LENGTH + i * input_dim + j] = synapse_0[i][j];}
for(i = 0;i < hidden_dim;i++){
    for(j = 0;j < hidden_dim;j++)
      data_HW[DATA_LENGTH + input_dim * hidden_dim + i * hidden_dim + j] = synapse_h[i][j];}
for(i = 0;i < hidden_dim;i++){
    for(j = 0;j < output_dim;j++) data_HW[DATA_LENGTH + input_dim * hidden_dim + hidden_dim *
hidden_dim + i * hidden_dim + j] = synapse_1[i][j];}
for(i = 0;i < DATA_LENGTH + input_dim * hidden_dim + hidden_dim * hidden_dim + hidden_dim *
output_dim;i++){
        int wh,thou;
        wh = data_HW[i];
        thou = (data_HW[i] - wh) * 1000;
        xil_printf("data_HW[%d] = %d.%3d\n\r",i,wh,thou);}
//调用硬件加速 hw 函数
XHls_accel_CfgInitialize(&xmmult_dev,&xmmult_config);
XHls_accel_Start(&xmmult_dev);
//刷新缓存
Xil_DCacheFlushRange((unsigned int)data_HW,dma_size_in);
Xil_DCacheFlushRange((unsigned int)rnn_hwe,dma_size_out);
//硬件加速模块
XTmrCtr_Reset(&timer_dev,XPAR_AXI_TIMER_0_DEVICE_ID);
begin_time = XTmrCtr_GetValue(&timer_dev,XPAR_AXI_TIMER_0_DEVICE_ID);
status = XAxiDma_SimpleTransfer(&AxiDma, (unsigned int)data_HW,
                                dma_size_in,XAXIDMA_DMA_TO_DEVICE);
if(status != XST_SUCCESS)
{print("DMA transfer INPUT DATA fail\n\r"); return XST_FAILURE;}
while(XAxiDma_Busy(&AxiDma,XAXIDMA_DMA_TO_DEVICE));
status = XAxiDma_SimpleTransfer(&AxiDma, (unsigned int)rnn_hwe,
                                dma_size_out,XAXIDMA_DEVICE_TO_DMA);
if(status != XST_SUCCESS)
{print("DMA transfer OUTPUT DATA fail\n\r");return XST_FAILURE;}
end_time = XTmrCtr_GetValue(&timer_dev,XPAR_AXI_TIMER_0_DEVICE_ID);
run_time_hw = end_time - begin_time - calibration;
xil_printf("Total run time for HW on FPGA is %d cycels.\r\n", run_time_hw);
Xil_DCacheFlushRange((unsigned int)rnn_hwe,dma_size_out);
//硬件加速 hw 预测结果
    for(i = 0;i < DATA_LENGTH;i++){
```

```
    int wh,thou;
    wh = rnn_hwe[i];
    thou = (rnn_hwe[i] - wh) * 1000;
    xil_printf("hw_pred[%d] = %d.%3d\n\r",i,wh,thou);}
    //硬件 hw 相对于软件 sw 的加速比
    acc_factor = (float)run_time_sw / (float)run_time_hw;
    xil_printf("acc factor: %d.%d\n\r",(int)acc_factor, (int)(acc_factor * 1000)%1000);
    cleanup_platform();
…
```

以上代码在 ZedBorad 开发板运行,实验结果从串口输出,如图 15.52 所示。

图 15.52　代码运行结果

其中软件和硬件预测的误差如下:

$$RMSE\_sw=0.5197 \quad RMSE\_hw=0.5588$$

硬件加速比可以达到 80 倍左右,实验结果表明硬件预测误差在合理范围内,所以,本实例采用 FPGA 成功实现了循环神经网络 RNN 预测模型的加速。

15.4　习题

1. 卷积神经网络 CNN 和循环神经网络 RNN 是两种最常见的深度学习模型,都是浅层神经网络的扩展,具有相似的正向计算结果和反向更新模型的网络结构,相似的多层多个神经单元连接并共享权重的模型参数,就性能而言,CNN 和 RNN 并无高低之分,区别在于

CNN 多用于解决图像视频数据处理，而 RNN 主要解决序列数据预测问题，在实际工程应用中，常常组合 CNN 和 RNN 构成混合深度模型，请举例说明 CNN 与 RNN 的 3 种以上组合方式。

2. 卷积神经网络 CNN 多用于图片视频分类识别，对于手写数字图像集合 MNIST，可在本书配套源码中获取数据集文件为 t10k-images-idx3-ubyte. gz 和 t10k-labels-idx1-ubyte. gz。文件中包含 10 000 张数字 0，1，…，9 的 10 个手写字体图片，取其中前 8000 张作为训练数据集，后 2000 张作为测试数据集，每张图片为 28×28 黑白图像，采用 Python 语言实现一个简单的 CNN 网络：输入层，参考图 15.20 中的正方块，表示从池化层的二维矩阵展开为一维的向量作为分类子网络的输入；隐含层，激活函数为 ReLu；输出层，激活函数为 Softmax。CNN 网络结构细节参考表 15.1。CNN 网络结构 Python 参考代码如下：

```
♯网络结构
x = X[k, :, :] ; y1 = Conv(x, W1)
y2 = ReLU(y1) ; y3 = Pool(y2) ; y4 = np.reshape(y3, (-1, 1))
v5 = np.matmul(W5, y4) ; y5 = ReLU(v5)
v = np.matmul(Wo, y5) ; y = Softmax(v)
```

其中，卷积 Conv 函数 Python 定义如下：

```
def Conv(x, W):
    (wrow, wcol, numFilters) = W.shape; (xrow, xcol) = x.shape
    yrow = xrow - wrow + 1 ; ycol = xcol - wcol + 1
    y = np.zeros((yrow, ycol, numFilters))
    for k in range(numFilters):
        filter = W[:, :, k]; filter = np.rot90(np.squeeze(filter), 2)
        y[:, :, k] = signal.convolve2d(x, filter, 'valid')
    return y
```

其中，池化 Pool 函数 Python 定义如下：

```
def Pool(x):
    (xrow, xcol, numFilters) = x.shape
    y = np.zeros((int(xrow/2), int(xcol/2), numFilters))
    for k in range(numFilters):
        filter = np.ones((2,2)) / (2 * 2)
        image = signal.convolve2d(x[:, :, k], filter, 'valid')
        y[:, :, k] = image[::2, ::2]
    return y
```

其中，ReLu、Sigmoid 和 Softmax 激活函数的 Python 定义如下：

```
def ReLU(x):
    return np.maximum(0, x)
def Sigmoid(x):
    return 1.0 / (1.0 + np.exp(-x))
def Softmax(x):
    x = np.subtract(x, np.max(x))       ♯防止溢出
    ex = np.exp(x)
    return ex / np.sum(ex)
```

3. 循环神经网络 RNN 在迭代后期常常容易出现梯度消失的问题,为解决 RNN 的梯度消失问题,提出了一种新的循环神经网络结构,即长短期记忆网络 LSTM。LSTM 不仅克服了梯度消失的困扰,也让 RNN 可以构建大规模的深度模型。请采用 Python 语言,设计一个简单的 LSTM 网络,有 32 个单元,迭代 500 次,以 26 个英文字母的其中 3 个作为输入序列,按照字母表其后的一个字母作为输出,训练网络,并测试所设计 LSTM 网络的精度。其中网络输入和输出如下所示:

$$['A','B','C'] => D$$
$$['B','C','D'] => E$$
$$['C','D','E'] => F$$
$$['D','E','F'] => G$$
$$\cdots$$

## 第 16 章

集 成 学 习

集成学习(Ensemble Learning，EL)是通过构建和组合多个相同或不同的模型来完成分类或预测任务的一类机器学习算法。集成学习中的多个模型可以由决策树、神经网络、贝叶斯或 K 近邻等构成,采用线性或者并行集成的方法连接模型,融合多个模型提升整体模型的性能。集成学习相对于单一模型的决策过程,类似于个人决策与群体决策,理论上多模型群体决策可能会做出更优的选择。在实践中,集成学习算法在各类人工智能建模比赛中也获得了较高的精度,例如 KDD 和 Kaggle 的比赛中均首推集成学习算法。集成学习可以分为 3 类:减少方差的装袋法(Bagging)、减少偏差的增强法(Boosting)和提升预测精度的堆叠法(Stacking)。经典的集成学习 Bagging 算法有随机森林(Random Forest，RF)，Boosting 算法有 Adaboost(Adaptive Boosting)和 GBDT(Gradient Boost Decision Tree)等,其中 Stacking 集成学习算法常合并 Bagging 和 Boosting 算法训练好的异质模型,从而获得更高的预测准确率。

16.1 集成学习算法

对于学习任务的样本空间,可能存在多个假设在训练后达到相近的性能,如果随机选择其中一个构建模型,常常在测试集上表现不佳,即模型泛化能力较弱。根据人类群体决策的经验,例如对于疑难杂症的诊断,多个医生会诊的综合判断常常优于其中任何一个专家的单独结论。所以,集成学习算法的核心在于:如何训练多个基础学习器,也称为弱学习(Weak Learning);如何组合多个基础学习器,构成最终学习器,也称为强学习(Strong Learning)。以下通过对经典的随机森林算法和 Adaboost 算法的分析,理解集成学习算法的原理。

16.1.1 随机森林算法

随机森林(RF)算法是一种简单的计算开销较小的集成学习算法,基础学习器由决策树构成,在解决分类和回归问题时均表现良好。RF 算法的实现
步骤如下:

视频讲解

步骤1,对于原始训练集中的 N 个样本,每个样本有 M 个特征,通过随机有放回的均匀

抽样方式,重复 k 次抽样,每次选择 n 个样本,其中 $n<N$,构成 k 个新训练集;

步骤2,在步骤1构建的 k 个训练集上,对每个训练集随机选择 m 个特征,其中 $m \ll M$,并利用 m 个无剪枝的特征,采用 ID3、C4.5 或者 CART 算法尽最大可能生长决策树;

步骤3,基于步骤2训练成功的 k 个决策树模型,通过投票法实现分类任务,或者通过求平均值实现回归任务。

以下分析一个简单的二分类问题,理解决策树与随机森林算法实现原理。二分类数据如表16.1所示。

表 16.1 某相亲网站女孩择偶标准数据

样本 Samples	薪水 Salary(K)	长相 Face	身高 Height	是否约会 Answer
boy 0♯	3(>10)	2(common)	2(middle)	1(yes)
boy 1♯	2(>5&<=10)	3(handsome)	3(high)	1(yes)
boy 2♯	1(<=5)	2(common)	2(middle)	0(no)
boy 3♯	2(>5&<=10)	1(ugly)	2(middle)	0(no)
boy 4♯	3(>10)	3(handsome)	1(short)	1(yes)
boy 5♯	1(<=5)	1(ugly)	1(short)	0(no)

对表16.1中的数据构建决策树,如图16.1所示。

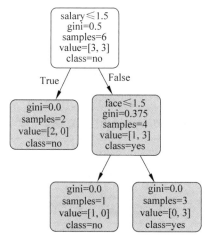

图 16.1 决策树分类

在图16.1中,训练集中有6个样本(samples=6),其中工资(salary)小于或等于1.5的样本有2个,即左子树的样本 samples=2,分别为 boy 2♯ 和 boy 5♯,其是否答应约会为否(class=no);其中工资大于1.5的样本有4个(samples=4):1个 class=no,有3个 class=yes,即右子树 value=[1,3],右子树继续生长,其中长相(face)小于或等于1.5的样本有1个,为 boy 3♯,其是否答应约会为否,在右子树中长相大于1.5的样本有3个,分别为 boy 0♯、boy 1♯ 和 boy 4♯,至此,训练集中所有样本被成功分类,而且所有叶子节点只包含一种分类,即基尼系数 gini=0。

对表16.1中的数据,采用随机森林方法进行分类。从训练集中随机选择5个样本,如表16.2所示。

表 16.2 从训练集中随机选择 5 个样本

Samples	Salary(K)	Face	Height	Answer
boy 1♯	2(>5&<=10)	3(handsome)	3(high)	1(yes)
boy 2♯	1(<=5)	2(common)	2(middle)	0(no)
boy 3♯	2(>5&<=10)	1(ugly)	2(middle)	0(no)
boy 4♯	3(>10)	3(handsome)	1(short)	1(yes)
boy 5♯	1(<=5)	1(ugly)	1(short)	0(no)

构建随机森林的第 1 个子决策树，如图 16.2 所示。

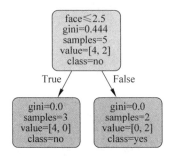

图 16.2 随机森林的第 1 个子决策树

在图 16.2 中，新训练集中有 5 个样本(samples=5)，其中长相(face)小于或等于 2.5 的样本有 3 个，即左子树的样本 samples=3，分别为 boy 2♯、boy 3♯ 和 boy 5♯，分类结果为 no；其中长相大于 2.5 的样本有 2 个，分别为 boy 1♯ 和 boy4♯，分类结果为 yes。

继续构建随机森林的第 2 个子树，从训练集中再随机选择 4 个样本，如表 16.3 所示。

表 16.3 从训练集中随机选择 4 个样本

Samples	Salary(K)	Face	Height	Answer
boy 0♯	3(>10)	2(common)	2(middle)	1(yes)
boy 1♯	2(>5&<=10)	3(handsome)	3(high)	1(yes)
boy 2♯	1(<=5)	2(common)	2(middle)	0(no)
boy 4♯	3(>10)	3(handsome)	1(short)	1(yes)

构建随机森林的第 2 个子决策树，如图 16.3 所示。

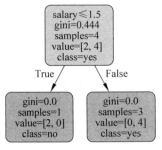

图 16.3 随机森林的第 2 个子决策树

在图 16.3 中,新训练集中有 4 个样本(samples=4),其中工资(salary)小于或等于 1.5 的样本有 1 个,即左子树的样本 samples=1,为 boy 2♯,分类为 no;其中工资大于 1.5 的样本有 3 个,即右子树包含样本 boy 0♯、boy1♯ 和 boy 4♯,分类为 yes。

继续构建随机森林的第 3 个子树,从训练集中继续随机选择 5 个样本,如表 16.4 所示。

表 16.4　从训练集中随机选择 4 个样本

Samples	Salary(K)	Face	Height	Answer
boy 0♯	3(>10)	2(common)	2(middle)	1(yes)
boy 1♯	2(>5&<=10)	3(handsome)	3(high)	1(yes)
boy 3♯	2(>5&<=10)	1(ugly)	2(middle)	0(no)
boy 4♯	3(>10)	3(handsome)	1(short)	1(yes)
boy 5♯	1(<=5)	1(ugly)	1(short)	0(no)

构建随机森林的第 3 个子决策树,如图 16.4 所示。

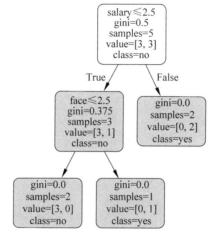

图 16.4　随机森林的第 3 个子决策树

在图 16.4 中,新训练集中有 5 个样本(samples=5),其中工资(salary)小于或等于 2.5 的样本有 3 个,即左子树的样本 samples=3,继续生长左子树,其中长相(face)小于或等于 2.5 的样本有 2 个,分别为 boy 3♯ 和 boy 5♯,分类为 no,其中长相大于 2.5 的样本有 1 个,为 boy1♯,分类结果为 yes;其中工资大于 2.5 的样本有 2 个,即右子树含样本 boy 0♯ 和 boy 4♯,分类为 yes。

本例所构建的随机森林包含 3 个子决策树,对于新的测试样本,可以由 3 个子决策树投票预测分类结果。由于本实例样本量较小,所以决策树与随机森林的分类结果都比较理想,符合生活常识,女性相亲首先考虑男性的工资,其次为长相。对于大量样本的训练集,随机森林的群智决策优越性才会得到充分体现。

以上实例的 Python 参考代码如下:

```
from sklearn.tree import DecisionTreeClassifier
from sklearn.ensemble import RandomForestClassifier
from IPython.display import Image
import numpy as np
```

```
import matplotlib.pyplot as plt
import pydotplus
X = np.mat([[3, 2, 2 ],\
            [2, 3, 3 ],\
            [1, 2, 2 ],\
            [2, 1, 2 ],\
            [3, 3, 1 ],\
            [1, 1, 1 ]]);
y = np.ravel(np.mat([[1],[1], [0], [0], [1],[0]]));
clf = DecisionTreeClassifier(); clf.fit(X, y);print('tree train Model Accuracy:',
clf.score(X,y));
dot_data = tree.export_graphviz(clf,feature_names = ['salary','face','height'],
                                class_names = ['no','yes'],
                                filled = True, rounded = True,
                                special_characters = True)
graph = pydotplus.graph_from_dot_data(dot_data)
Image(graph.create_png())
graph.write_pdf("tree.pdf"); #输出 pdf 文件
rf = RandomForestClassifier(n_estimators = 3,criterion = 'gini',bootstrap = True,
                            min_samples_split = 2,max_features = None,
                            max_depth = 2)
rf.fit(X, y); print('rf train Model Accuracy:',rf.score(X,y)); Estimators = rf.estimators_
for index, model in enumerate(Estimators):
    filename = 'ftree_' + str(index) + '.pdf'
    dot_data = tree.export_graphviz(model , out_file = None,
                                feature_names = ['salary','face','height'],
                                class_names = ['no','yes'],
                                filled = True, rounded = True,
                                special_characters = True)
    graph = pydotplus.graph_from_dot_data(dot_data)
    Image(graph.create_png()); graph.write_pdf(filename);
```

运行以上代码输出训练精度如下：

```
tree train Model Accuracy: 1.0
rf train Model Accuracy: 1.0
```

可以看到，决策树与随机森林的训练精度都可以达到100%。以上程序也可以输出本实例分析中的所有决策树的树形图，但是，由于随机森林的子决策树每次随机选择样本构成训练集，所以，参考代码所输出决策树的树形图或许与本实例分析中略有不同。

16.1.2 Adaboost 算法

视频讲解

Adaboost 算法是一种经典的提升集成学习算法，是通过对训练数据集进行反复迭代学习，得到一系列弱学习器，然后通过线性组合弱学习器，构建最终的强学习器。Adaboost 算法解决分类问题原理为：首先，从均匀分布的数据权重出发，提高被前一迭代弱分类器判错的数据权重，降低被前一迭代弱分类器判对的数据权重，重点关注那些错误分类的数据样本，从而"因材施教"，这也称为 Adaboost 的数据提升；其次，在弱分类器线性组合时，加大分类精度较高的错误率低的弱分类器的权重，减小分类精度较低的错误率高的弱分类器的权重,让表现良好的弱分类器在表决中拥有更高的话语权,从而"加权表决",这也称为 Adaboost 的分类提升。Adaboost 算法的实现步骤如下:

步骤1,对于原始训练集中的 N 个样本,每个样本有 M 个特征,假设训练数据集的权重为 D,取 D 的初值 $D_0 = (w_{01}, w_{02}, \cdots, w_{0i}, \cdots, w_{0N})$,$w_{0i} = \dfrac{1}{N}$,$i = 1, 2, \cdots, N$。

步骤2,基于权重 D 的训练集数据,迭代训练弱分类器 G,计算 G 的分类误差 e,假设采用指数损失函数,则通过分类误差计算弱分类器 G 的权重,可表示为:$\alpha = \dfrac{1}{2} \ln\left(\dfrac{1-e}{e}\right)$,并更新 D 继续迭代,直到迭代终止。

步骤3,带权重 α 线性组合步骤 2 中每次迭代获得的弱分类器 G,构建最终的强分类器。

以下仍然基于 16.1.1 节中的简单的二分类问题,理解 Adaboost 算法实现原理。二分类实例分析的数据部分与 16.1.1 节相同,如表 16.1 所示。其中训练集包含 6 个样本,初始化样本数据权重为 $D_0 = \left\{\dfrac{1}{6}, \dfrac{1}{6}, \dfrac{1}{6}, \dfrac{1}{6}, \dfrac{1}{6}, \dfrac{1}{6}\right\}$,弱分类器依然采用决策树实现,迭代 3 次。其中第 1 次迭代后获得弱分类器决策树如图 16.5 所示。

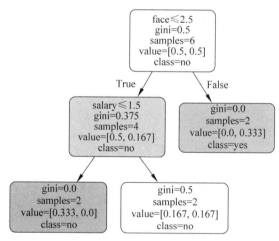

图 16.5 Adaboost 的第 1 个弱分类器决策树

第 2 次迭代后获得弱分类器决策树如图 16.6 所示。
第 3 次迭代后获得弱分类器决策树如图 16.7 所示。
Adaboost 实现的 Python 参考代码如下:

```
ada = AdaBoostClassifier(DecisionTreeClassifier(max_depth = 3, min_samples_split = 2, min_
samples_leaf = 2), algorithm = "SAMME", n_estimators = 3, learning_rate = 0.4)
ada.fit(X, y)
print('ada train Model Accuracy:', ada.score(X, y))
Estimators = ada.estimators_
print(ada.estimator_weights_)
for index, model in enumerate(Estimators):
```

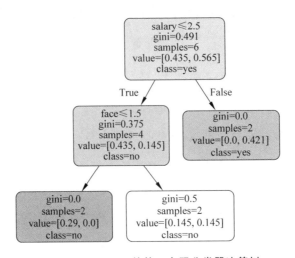

图 16.6　Adaboost 的第 2 个弱分类器决策树

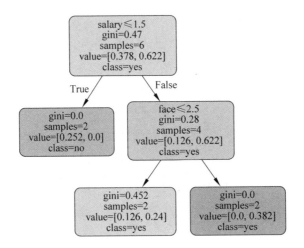

图 16.7　Adaboost 的第 3 个弱分类器决策树

```
    filename = 'adatree_' + str(index) + '.pdf'
    dot_data = tree.export_graphviz(model , out_file = None,feature_names = ['salary','face',
'height'],class_names = ['no','yes'],filled = True, rounded = True,special_characters = True)
    graph = pydotplus.graph_from_dot_data(dot_data)
    Image(graph.create_png())
    graph.write_pdf(filename)
```

运行以上代码输出结果如下：

```
ada train Model Accuracy: 1.0
[0.64377516  0.71022859  0.77481177]
```

从运行结果可知，第 1 行显示训练精度可到 100%，第 2 行显示 3 个弱分类器决策树的组合权重。

16.2 集成学习算法实例分析

16.2.1 实例一：集成学习 Stacking 实现

视频讲解

1. 问题描述

1) 数据

采用 Python 的机器学习库 Sklearn 的 Dataset 中自带的鸢尾花数据集,其中包含 150 个样本,每个样本有 4 个特征,分别为花萼(Sepal)和花瓣(Petal)的长和宽,标签分为 0、1、2 共 3 类,分别为山鸢尾(Iris-setosa)、变色鸢尾(Iris-versicolor)和弗吉尼亚鸢尾(Iris-virginica)。导入数据集的 Python 参考代码如下:

```
from sklearn import datasets
iris = datasets.load_iris()
print(len(iris.data))
print(iris.data)
print(iris.target)
```

输出数据集大小,数据和标签如下:

```
150
[[ 5.1  3.5  1.4  0.2]
 [ 4.9  3.   1.4  0.2]
 [ 4.7  3.2  1.3  0.2]
 [ 4.6  3.1  1.5  0.2]
 [ 5.   3.6  1.4  0.2]
 [ 5.4  3.9  1.7  0.4]
 [ 4.6  3.4  1.4  0.3]
 [ 5.   3.4  1.5  0.2]
 [ 4.4  2.9  1.4  0.2]
 [ 4.9  3.1  1.5  0.1]
 [ 5.4  3.7  1.5  0.2]

 - - - - - - - - - - - -

 [ 6.7  3.1  5.6  2.4]
 [ 6.9  3.1  5.1  2.3]
 [ 5.8  2.7  5.1  1.9]
 [ 6.8  3.2  5.9  2.3]
 [ 6.7  3.3  5.7  2.5]
 [ 6.7  3.   5.2  2.3]
 [ 6.3  2.5  5.   1.9]
 [ 6.5  3.   5.2  2.0]
 [ 6.2  3.4  5.4  2.3]
 [ 5.9  3.   5.1  1.8]]
[0 0 0 0 0 0 0 0 0 0 0 0 0 0 0 0 0 0 0 0 0 0 0 0 0 0 0 0 0 0 0 0 0 0 0 0 0
 0 0 0 0 0 0 0 0 0 0 0 0 0 1 1 1 1 1 1 1 1 1 1 1 1 1 1 1 1 1 1 1 1 1 1 1 1
 1 1 1 1 1 1 1 1 1 1 1 1 1 1 1 1 1 1 1 1 1 1 1 1 1 1 2 2 2 2 2 2 2 2 2 2 2
 2 2 2 2 2 2 2 2 2 2 2 2 2 2 2 2 2 2 2 2 2 2 2 2 2 2 2 2 2 2 2 2 2 2 2 2 2
 2 2]]
```

2) 模型

采用 Stacking 集成的方式,分别选择 Sklearn 库中的 KNN、随机森林(Random Forest)和朴素贝叶斯(Naive Bayes),构成 Stacking 模型的第一层基础学习器,选择 Sklearn 中的线性模型逻辑回归(Logistic Regression),构成 Stacking 模型的第二层融合学习器,并对同样的鸢尾花数据,比较 3 种基础学习器的分类精度以及融合学习器的精度。

2. 实例分析参考解决方案

实例的 Python 参考代码如下：

```
from sklearn import datasets
from sklearn import model_selection
from sklearn.linear_model import LogisticRegression
from sklearn.neighbors import KNeighborsClassifier
from sklearn.naive_bayes import GaussianNB
from sklearn.ensemble import RandomForestClassifier
from mlxtend.classifier import StackingClassifier
import numpy as np
iris = datasets.load_iris()
X, y = iris.data, iris.target
clf1 = KNeighborsClassifier(n_neighbors = 1)
clf2 = RandomForestClassifier(random_state = 1)
clf3 = GaussianNB()
lr = LogisticRegression()
sclf = StackingClassifier(classifiers = [clf1, clf2, clf3], meta_classifier = lr)
print('3 - fold cross validation:\n')
for clf, label in zip(
    [clf1, clf2, clf3, sclf],
    ['KNN', 'Random Forest', 'Naive Bayes', 'StackingClassifier']):
    scores = model_selection.cross_val_score(clf, X, y, cv = 3, scoring = 'accuracy')
    print("Accuracy: % 0.2f [ % s]" % (scores.mean(), label))
```

运行以上代码输出结果如下：

```
3-fold cross validation:

Accuracy: 0.95   [KNN]
Accuracy: 0.96   [Random Forest]
Accuracy: 0.95   [Naive Bayes]
Accuracy: 0.96   [StackingClassifier]
```

16.2.2　实例二：集成学习解决预测问题

1. 问题描述

1）数据

随机生成一组二维数据，画出数据折线图如图 16.8 所示。将数据按照比例划分为训练数据和测试数据。数据生成与可视化 Python 参考代码如下：

```
nPoints = 400; xPlot = [(float(i)/float(nPoints) - 0.5) for i in range(nPoints + 1)]
x = [[s] for s in xPlot]; random.seed(1)
y = [s + numpy.random.normal(scale = 0.1) for s in xPlot]
plt.plot(xPlot, y, label = "data", linestyle = " - ", color = 'blue')
plt.legend(); plt.xlabel('x'); plt.ylabel('y')
plt.show()
```

2）模型

采用 Python 机器学习库 Sklearn 中的集成回归模型，对如图 16.8 所示的折线图进行预测，并评估预测模型的性能。其中所用接口函数包括：

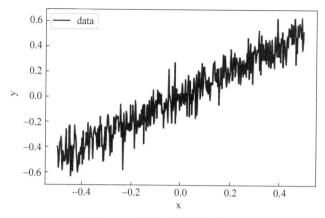

图 16.8　随机二维数据折线图

（1）随机森林回归函数 RandomForestRegressor()。

（2）极限树回归函数 ExtraTreesRegressor()。

（3）梯度提升决策树回归函数 GradientBoostingRegressor()。

（4）投票回归函数 VotingRegressor()。

（5）决定系数（R-Squared，R2），接口函数 score()。

（6）均方误差（Mean Squared Error，MSE），接口函数 mean_squared_error。

（7）平均绝对误差（Mean Absolute Error），接口函数 mean_absolute_error()。

2. 实例分析参考解决方案

实例的 Python 参考代码如下：

```python
import numpy
import matplotlib.pyplot as plt
import random
from sklearn.ensemble import RandomForestRegressor,\
                             ExtraTreesRegressor,\
                             GradientBoostingRegressor,\
                             VotingRegressor
from sklearn.metrics import r2_score,mean_absolute_error,\
                            mean_squared_error
import random
#生成数据
nPoints = 400
xPlot = [(float(i)/float(nPoints) - 0.5) for i in range(nPoints + 1)]
x = [[s] for s in xPlot]
random.seed(1)
y = [s + numpy.random.normal(scale = 0.1) for s in xPlot]
#把数据按照比例划分为训练集和测试集
nSample = int(nPoints * 0.2)
idxTest = random.sample(range(nPoints), nSample)
idxTest.sort()
idxTrain = [idx for idx in range(nPoints) if not(idx in idxTest)]
xTrain = [x[r] for r in idxTrain]
```

```
xTest = [x[r] for r in idxTest]
yTrain = [y[r] for r in idxTrain]
yTest = [y[r] for r in idxTest]
# RandomForest 回归
rfr = RandomForestRegressor()
rfr.fit(xTrain, yTrain)
y_rfr = rfr.predict(xTest)
# ExtraTrees 回归
etr = ExtraTreesRegressor()
etr.fit(xTrain, yTrain)
y_etr = etr.predict(xTest)
# GradientBoosting 回归
gbr = GradientBoostingRegressor()
gbr.fit(xTrain, yTrain)
y_gbr = gbr.predict(xTest)
# Voting 回归
vtr = VotingRegressor(estimators = [('rf', rfr), ('et', etr), ('gb', gbr)])
vtr.fit(xTrain, yTrain)
y_vtr = vtr.predict(xTest)
# RandomForestRegressor 性能评估
print(" ---------- RandomForestRegressor -------- ")
print('R - squared: ', rfr.score(xTest, yTest))
print('MSE: ', mean_squared_error(yTest, y_rfr))
print('MAE: ', mean_absolute_error(yTest, y_rfr))
# ExtraTreesRegressor 性能评估
print(" ------------ ExtraTreesRegressor -------- ")
print('R - squared: ', etr.score(xTest, yTest))
print('MSE: ', mean_squared_error(yTest, y_etr))
print('MAE: ', mean_absolute_error(yTest, y_etr))
# GradientBoostingRegressor 性能评估
print(" ---------- GradientBoostingRegressor ------ ")
print('R - squared: ', gbr.score(xTest, yTest))
print('MSE: ', mean_squared_error(yTest, y_gbr))
print('MAE: ', mean_absolute_error(yTest, y_gbr))
# VotingRegressor 性能评估
print(" ------------ VotingRegressor ----------- ")
print('R - squared: ', vtr.score(xTest, yTest))
print('MSE: ', mean_squared_error(yTest, y_vtr))
print('MAE: ', mean_absolute_error(yTest, y_vtr))
# 可视化预测结果
plt.figure()
plt.plot(xTest, yTest, label = "True y", linestyle = " - ", color = 'blue')
plt.plot(xTest, y_rfr, label = "RandomForest predict y", linestyle = " -- ", color = 'green')
plt.plot(xTest, y_etr, label = "ExtraTrees predict y", linestyle = " -- ", color = 'darkorange')
plt.plot(xTest, y_gbr, label = "GradientBoosting predict y", linestyle = " -- ", color = 'pink')
plt.plot(xTest, y_vtr, label = "Voting predict y", linestyle = " -- ", color = 'red')
plt.legend()
plt.xlabel('x')
plt.ylabel('y')
plt.show()
```

运行以上代码输出结果如下：

```
----------RandomForestRegressor--------
R-squared: 0.8363934650288798
MSE: 0.0158022419974701
MAE: 0.09627658333948072
-----------ExtraTreesRegressor--------
R-squared: 0.8248411196369186
MSE: 0.016918046800465
MAE: 0.10120205088115589
--------GradientBoostingRegressor------
R-squared: 0.8642557186738956
MSE: 0.013111114318669537
MAE: 0.08898093546249333
-----------VotingRegressor----------
R-squared: 0.8470465907225203
MSE: 0.014773290004384427
MAE: 0.09545975356721495
```

模型预测结果输出如图16.9所示。

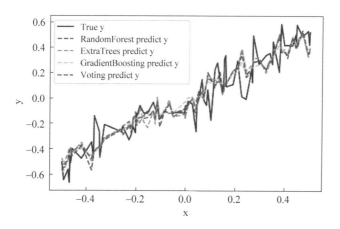

图16.9 4种集成回归模型的预测结果可视化对比

从实例模型的性能评估结果可知，其中随机森林回归和极限树回归模型具有相近的预测精度，而梯度提升决策树回归对同样的测试数据集表现更好。投票回归模型对随机森林、极限树和梯度提升3个备选的子模型的输出结果求均值后输出。

随机森林是一个包含多个决策树的学习模型，在解决回归问题时，随机森林对多个决策树的结果求取平均值作为模型预测结果输出。极限树模型与随机森林非常相似，也是由多个决策树构成的，主要区别在于随机森林采用Bagging模型，包括样本和特征的双随机性，而极限树选择所有样本，仅仅对特征进行随机选择，所以从理论上说，相对于随机森林，极限树有更良好的预测效果。

梯度提升原理上是一个框架，可以嵌套多种不同算法，本实例为与随机森林比较，所以选择梯度提升决策树回归模型。与传统的Boosting模型不同，梯度提升每一次迭代都是为了减少上一次的残差，从而在残差减小的梯度方向上更新学习参数。

投票模型通过综合几个子模型输出更好的结果，对于分类问题，投票模型可以采用少数服从多数的硬(hard)投票机制，模型输出大多数子模型认同的结果，或者采用一组参数加权平均子模型的结果，即软(soft)投票机制。投票模型对于回归问题，直接返回子模型的平均预测结果，可以很好地平衡子模型之间的性能差异，从而确保预测结果的稳定性。

从实例运行后的效果图（见图 16.9）可看出，4 种回归模型均可以跟随折线的变化趋势。其中投票回归模型通过平均随机森林模型、极限树模型和梯度提升模型的预测结果实现预测，结果更为稳定和可信。

16.3　习题

1. 集成学习（Ensemble learning）通过组合多个学习器获得更好的性能，目前主流的集成算法分为 Bagging、Boosting 和 Stacking 三大类，请对比分析 3 类算法的实现原理，具体每一类列举至少 1 个典型算法说明实现步骤，并基于 Python 机器学习库 Sklearn 编码实现。

2. 请分析说明集成学习中的投票模型用于实现分类和预测的原理以及异同，并基于 Python 机器学习库 Sklearn 提供的接口函数编码实现决策树，支持向量机和神经网络的投票分类和预测。

## 第 17 章

推 荐 系 统

推荐系统(Recommender Systems，RS)是一个信息过滤系统，是机器学习算法的一种非常重要的应用，会根据用户的行为和偏好，为用户推荐可能感兴趣的物品。例如淘宝为用户推荐个性化着装，亚马逊推荐用户喜好的书籍，大众点评依据用户就餐偏好推荐菜品等。根据推荐列表的构建方式不同，RS 分为基于内容的推荐和协同过滤推荐。基于内容(Content Based，CB)的推荐利用物品的离散特征，为用户推荐最高相似度的物品，例如，某用户对电影《千与千寻》《风之谷》和《天空之城》评分很高，就可以为该用户推荐宫崎骏的作品，例如《龙猫》和《起风了》。协同过滤(Collaborative Filtering，CF)方法是基于关系实现推荐决策，包括传统基于用户的协同过滤(User Collaborative Filtering UserCF)算法和基于物品的协同过滤(ItemCF)算法，也包括结合机器学习算法进行推荐的基于模型的协同过滤(ModelCF)算法。其中基于用户的协同过滤算法，根据用户的历史行为，例如购买偏好、评价分值，基于与其他用户的相似程度为该用户推荐，该方法的推荐效果比较好，主要在于每种类型用户有相似的审美品位，但是对于新用户就很难精准推荐，而且当用户数量庞大、物品种类较少时，算法复杂度会非常高。基于物品的协同过滤算法，根据用户评分较高的物品，寻找相似度较高的物品实现有效推荐，可以完美解决当用户数量庞大、物品种类较少时，采用 UserCF 高昂计算复杂度困难，但是 ItemCF 一样面临对新用户束手无策的冷启动问题。以上两种协同推荐算法又称为基于邻域的协同过滤，或者基于内存或基于启发式的协同过滤。基于模型的协同过滤方法，采用机器学习的分类算法、回归算法、聚类算法、矩阵分解算法、神经网络模型、深度模型、隐语义模型和知识图谱模型等，学习用户和物品的属性和特征，预测用户对某一种或几种物品的喜好程度，从而实现智能推荐。单一的算法或模型常常无法应对复杂多语义的推荐场景，所以成功的推荐系统常常混合两个或多个算法实现个性化智能推荐，常用的 3 种融合模型为装袋(Bagging)、强化提升(Boosting)、堆叠(Stacking)。推荐系统分类如图 17.1 所示。

目前深度学习和知识图谱(Knowledge Graph，KG)的研究成果斐然，推荐系统作为重要的服务应用，也快速与新模型和新技术结合，例如京东商城，为解决大规模用户喜好动态建模问题，基于大量历史用户数据，通过强化深度学习(Deep Reinforcement Learning，DRL)模型实现智能个性化商品推荐。知识图谱采用实体(Entity)和关系(Relation)抽象和存储海量数据，可以很好地表达数据的深层次语义复杂关系，在推荐系统中引入 KG 辅助推荐，可以很好地解决传统推荐系统的数据稀疏和冷启动难题。

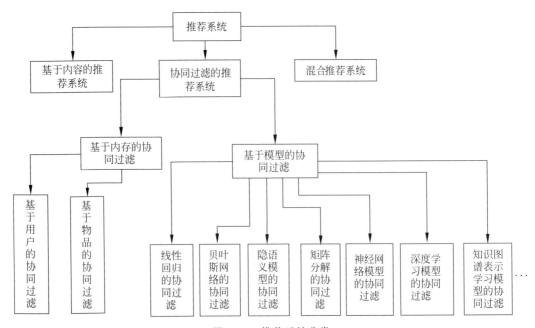

图 17.1　推荐系统分类

17.1　推荐算法原理

推荐算法类似于搜索引擎，可以帮助用户快速发现有价值的信息或物品，但是不同于搜索引擎，推荐算法不需要用户主动提供明确的需求，而是通过分析用户的历史行为、构建数学模型从而主动为用户推荐满足用户需求或用户感兴趣的信息或物品。推荐系统起源于商品零售行业的长尾理论（Long Tail），认为长尾头部的商品代表绝大多数用户的需求，而长尾尾部代表一小部分用户的个性化需求。因此推荐系统可以通过挖掘用户长期的历史行为，从长尾的尾部发掘用户的个性化需求，帮助用户发现那些感兴趣但是很难发现的商品，实现商品的准确推荐，最终提高销售额。推荐系统可应用于日常生活的各个领域，例如电子商务、电影视频网站、个性化音乐网站、社交网站、个性化阅读等。典型的推荐系统实现步骤如图 17.2 所示。

推荐算法主要实现图 17.2 中的数据预处理和分析，以及最终的评分推荐。协同过滤是最早也是最著名的一类推荐算法，原理是通过历史数据挖掘用户或物品的相似度，采用合适的机器学习模型，为用户实现智能个性化物品推荐。

推荐算法计算物品或者用户相似度的方法主要包括欧氏距离（Euclidean Distance）、皮尔逊相关度（Pearson correlation）和余弦相似度（Cosine Similarity）。

假设 n 维向量 $\boldsymbol{X}$ 和向量 $\boldsymbol{Y}$，计算皮尔逊相关度公式为：

$$\text{Pearson}(\boldsymbol{X},\boldsymbol{Y})=\frac{\Sigma(\boldsymbol{X},\boldsymbol{Y})}{\sigma_X\sigma_Y} \tag{17-1}$$

其中 Σ 求 $\boldsymbol{X}$ 和 $\boldsymbol{Y}$ 的协方差（Covariance），σ 求 $\boldsymbol{X}$ 和 $\boldsymbol{Y}$ 的标准差（Standard Deviation）。

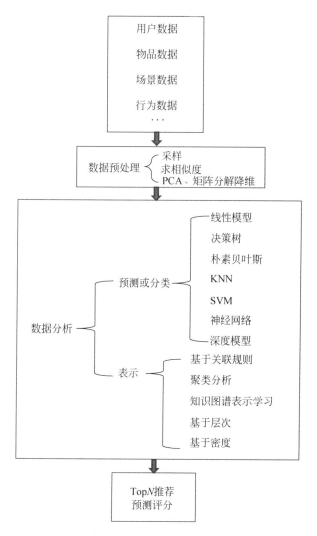

图 17.2 推荐系统实现流程

计算余弦相似度的公式为：

$$\mathrm{Cos}(\boldsymbol{X}, \boldsymbol{Y}) = \frac{\boldsymbol{X} \cdot \boldsymbol{Y}}{\|\boldsymbol{X}\|_2 \|\boldsymbol{Y}\|_2} \tag{17-2}$$

其中"·"为计算向量的内积，即两个向量相同位置的值相乘。$\|\boldsymbol{X}\|_2$ 为向量的模，或 L2
范数。

推荐算法中的 TopN 推荐，给用户返回一个个性化的推荐物品列表，包含 N 个用户最
可能感兴趣的物品，一般采用推荐准确率和召回率来评价 TopN 推荐的结果。推荐算法中
的评分预测，预测某用户对从未评分的物品打出的分数，可以通过均方根误差（RMSE）和平
均绝对值误差（MAE），来衡量推荐算法的评分预测精度。

以下通过一个简单推荐系统的实例分析，来深入理解推荐算法实现原理。假设数据集
中包含 11 个用户和 11 个物品，用户对物品的评分范围为 0～5，数据细节如表 17.1 所示。

表 17.1　用户对物品评分数据

样本 Samples	Item 0#	Item 1#	Item 2#	Item 3#	Item 4#	Item 5#	Item 6#	Item 7#	Item 8#	Item 9#	Item 10#
User 0#	0	0	0	0	0	4	0	0	0	0	5
User 1#	0	0	0	3	0	4	0	0	0	0	3
User 2#	0	0	0	0	4	0	0	1	0	4	0
User 3#	3	3	4	0	0	0	0	2	2	0	0
User 4#	5	4	5	0	0	0	0	5	5	0	0
User 5#	0	0	0	0	5	0	1	0	0	5	0
User 6#	4	3	4	0	0	0	0	5	5	0	1
User 7#	0	0	0	4	0	4	0	0	0	0	4
User 8#	0	0	0	2	0	2	5	0	0	1	2
User 9#	0	0	0	0	5	0	0	0	0	4	0
User10#	1	0	0	0	0	0	0	1	2	0	0

要求推荐系统给 User 2# 用户推荐 4 个未购买过的可能感兴趣的物品。推荐算法步骤如下：

步骤 1，User 2# 用户未购买过的商品号码分别为 Item 0#、Item 1#、Item 2#、Item 3#、Item 5#、Item 6#、Item 8#、Item 10#。User 2# 用户已经购买过的商品号码分别为 Item 4#、Item 7#、Item 9#，定义用户向量 $\text{User} = \begin{bmatrix} 4 \\ 1 \\ 4 \end{bmatrix}$。

步骤 2，计算 User 2# 用户未购买过的商品到已经购买商品的相似度。首先，提取未购买商品与已购买商品被所有用户共同评分的商品，构成 OverLap_A 向量和 OverLap_B 向量，然后，采用欧氏距离计算相似度。理论上距离越远相似度越小，所以为便于理解，也可以采用距离的倒数 $\dfrac{1}{(1+\text{Ed})}$ 来表示基于欧氏距离的相似度，其中 Ed 为两个商品向量的欧氏距离。Item 0# 和 Item 4# 无重叠评分的商品，所以相似度为 0。Item 0# 和 Item 9# 也没有重叠评分的商品，所以相似度也为 0。Item 0# 和 Item 7# 重叠评分的用户为 User 3#、User 4#、User 6#，User 10#。提取重叠向量如下：

$$\textbf{Overlap\_A(Item\quad 0\#)} = \begin{bmatrix} 3 \\ 5 \\ 4 \\ 1 \end{bmatrix} \qquad \textbf{Overlap\_B(Item\quad 7\#)} = \begin{bmatrix} 2 \\ 5 \\ 5 \\ 1 \end{bmatrix}$$

则，两个重叠向量欧氏距离的相似度为：

$$\textbf{Sim(Overlap\_A,Overlap\_B)} = \frac{1}{\left(1 + \sqrt{(3-2)^2 + (5-5)^2 + (4-5)^2 + (1-1)^2}\right)}$$

$$= \frac{1}{(1 + \sqrt{2})} = 0.414$$

所以：

$$\begin{cases} \text{Item} \quad 0\# - \text{Item} \quad 4\# \quad \text{Sim：} \quad 0 \\ \text{Item} \quad 0\# - \text{Item} \quad 7\# \quad \text{Sim：} \quad 0.414 \\ \text{Item} \quad 0\# - \text{Item} \quad 9\# \quad \text{Sim：} \quad 0 \end{cases}$$

则相似度向量为：

$$\mathbf{Sim} = \begin{bmatrix} 0 \\ 0.414 \\ 0 \end{bmatrix}$$

采用同样方法计算其他物品的相似度如下所示：

$$\begin{cases} \text{Item} \quad 1\# - \text{Item} \quad 4\# \quad \text{Sim：} \quad 0 \\ \text{Item} \quad 1\# - \text{Item} \quad 7\# \quad \text{Sim：} \quad 0.290 \\ \text{Item} \quad 1\# - \text{Item} \quad 9\# \quad \text{Sim：} \quad 0 \end{cases}$$

$$\begin{cases} \text{Item} \quad 2\# - \text{Item} \quad 4\# \quad \text{Sim：} \quad 0 \\ \text{Item} \quad 2\# - \text{Item} \quad 7\# \quad \text{Sim：} \quad 0.310 \\ \text{Item} \quad 2\# - \text{Item} \quad 9\# \quad \text{Sim：} \quad 0 \end{cases} \quad \begin{cases} \text{Item} \quad 3\# - \text{Item} \quad 4\# \quad \text{Sim：} \quad 0 \\ \text{Item} \quad 3\# - \text{Item} \quad 7\# \quad \text{Sim：} \quad 0 \\ \text{Item} \quad 3\# - \text{Item} \quad 9\# \quad \text{Sim：} \quad 0.5 \end{cases}$$

$$\begin{cases} \text{Item} \quad 5\# - \text{Item} \quad 4\# \quad \text{Sim：} \quad 0 \\ \text{Item} \quad 5\# - \text{Item} \quad 7\# \quad \text{Sim：} \quad 0 \\ \text{Item} \quad 5\# - \text{Item} \quad 9\# \quad \text{Sim：} \quad 0.5 \end{cases} \quad \begin{cases} \text{Item} \quad 6\# - \text{Item} \quad 4\# \quad \text{Sim：} \quad 0 \\ \text{Item} \quad 6\# - \text{Item} \quad 7\# \quad \text{Sim：} \quad 0 \\ \text{Item} \quad 6\# - \text{Item} \quad 9\# \quad \text{Sim：} \quad 0 \end{cases}$$

$$\begin{cases} \text{Item} \quad 8\# - \text{Item} \quad 4\# \quad \text{Sim：} \quad 0 \\ \text{Item} \quad 8\# - \text{Item} \quad 7\# \quad \text{Sim：} \quad 0.5 \\ \text{Item} \quad 8\# - \text{Item} \quad 9\# \quad \text{Sim：} \quad 0 \end{cases} \quad \begin{cases} \text{Item} \quad 10\# - \text{Item} \quad 4\# \quad \text{Sim：} \quad 0.0 \\ \text{Item} \quad 10\# - \text{Item} \quad 7\# \quad \text{Sim：} \quad 0.2 \\ \text{Item} \quad 10\# - \text{Item} \quad 9\# \quad \text{Sim：} \quad 0.5 \end{cases}$$

步骤 3，给商品 Item 0#、Item 1#、Item 2#、Item 3#、Item 5#、Item 6#、Item 8#、Item 10# 打分并排序。本例采用用户加权相似度来打分，公式为：

$$\text{Score(Item)} = \frac{\text{Sim} \cdot \text{User}}{\text{sum(Sim)}}$$

例如，Item 0# 的得分为：

$$\text{Score(Item} \quad 0\#) = \frac{(0 \times 4 + 0.414 \times 1 + 0 \times 4)}{(0 + 0.414 + 0)} = 1$$

计算其他商品的得分为：

Score(Item 1#)=1，　Score(Item 2#)=1，　Score(Item 3#)=4

Score(Item 5#)=4，　Score(Item 6#)=4，　Score(Item 8#)=1

Score(Item 10#)=3.143

步骤 4，根据打分结果对商品从高分到低分排序。

(Item 3#,4)　(Item 5#,4)　(Item 6#,4)

(Item 10#,3.143)

(Item 0#,1)　(Item 1#,1)　(Item 8#,1)

步骤 5，根据 Top N 对用户进行个性化推荐。所以，给用户 User 2# 推荐的 4 个商品为：

(Item 3#,4)　(Item 5#,4)　(Item 6#,4)　(Item 10#,3.143)

实现以上简单推荐系统的 Python 参考源码如下：

```
import numpy as np
```

```python
def euclidSim(inA, inB):
    Ed = np.sqrt(np.sum(np.square(inA - inB)))
    return 1.0/(1.0 + Ed)
```

评分函数：

```python
def standEst(dataMat, user, simMeas, item):
    n = np.shape(dataMat)[1]
    simTotal = 0.0
    ratSimTotal = 0.0
    for j in range(n):
        userRating = dataMat[user, j]
        if userRating == 0:
            continue
        overLap = np.nonzero(np.logical_and(dataMat[:, item].A > 0, dataMat[:, j].A > 0))[0]
        if len(overLap) == 0:
            similarity = 0
        else:
            similarity = simMeas(dataMat[overLap, item], dataMat[overLap, j])
        simTotal += similarity
        ratSimTotal += similarity * userRating
    if simTotal == 0:
        return 0
    else:
        return ratSimTotal/simTotal
```

推荐函数：

```python
def recommend(dataMat, user, N, simMeas = euclidSim, estMethod = standEst):
    unratedItems = np.nonzero(dataMat[user, :].A == 0)[1]
    print(unratedItems)
    if len(unratedItems) == 0:
        return 'you rated everything'
    itemScores = []
    for item in unratedItems:
        estimatedScore = estMethod(dataMat, user, simMeas, item)
        estimatedScore = float('%.3f' % estimatedScore)
        itemScores.append((item, estimatedScore))
    print(itemScores)
    print(" -- Top Recommend -- ")
    return sorted(itemScores, key = lambda jj:jj[1], reverse = True)[:N]
```

主函数：

```python
if __name__ == '__main__':
    myMat = np.mat([[0, 0, 0, 0, 0, 4, 0, 0, 0, 0, 5],\
            [0, 0, 0, 3, 0, 4, 0, 0, 0, 0, 3],\
            [0, 0, 0, 0, 4, 0, 0, 1, 0, 4, 0],\
            [3, 3, 4, 0, 0, 0, 0, 2, 2, 0, 0],\
            [5, 4, 5, 0, 0, 0, 0, 5, 5, 0, 0],\
            [0, 0, 0, 0, 5, 0, 1, 0, 0, 5, 0],\
            [4, 3, 4, 0, 0, 0, 0, 5, 5, 0, 1],\
```

```
            [0, 0, 0, 4, 0, 4, 0, 0, 0, 0, 4],\
            [0, 0, 0, 2, 0, 2, 5, 0, 0, 1, 2],\
            [0, 0, 0, 0, 5, 0, 0, 0, 0, 4, 0],\
            [1, 0, 0, 0, 0, 0, 0, 0, 1, 2, 0, 0]])
    print(recommend(myMat,2,4))
```

运行以上代码输出以下结果：

```
[ 0  1  2  3  5  6  8 10]
[(0, 1.0), (1, 1.0), (2, 1.0), (3, 4.0), (5, 4.0), (6, 4.0), (8, 1.0), (10, 3.143)]
--Top Recommend--
[(3, 4.0), (5, 4.0), (6, 4.0), (10, 3.143)]
```

可以看到，程序运行推荐结果与计算推荐结果完全相同。

17.2　知识图谱与推荐系统

随着人工智能技术的快速发展，推荐系统作为机器学习算法最经典的应用之一，也积极结合人工智能最新研究进展，不断提高推荐系统性能。与深度学习结合，基于深度模型的个性推荐系统已经广泛得到应用，同时，与最新的知识图谱（Knowledge Graph，KG）研究成果结合，基于知识图谱的个性推荐系统，已经较好地解决了传统推荐系统中的信息稀疏和冷启动问题。知识图谱的概念由 Google 公司提出，是一种在提高搜索引擎性能的同时，为改善用户体验而提出的有效信息表示形式。

17.2.1　知识图谱定义

知识图谱并非无中生有的全新领域，是基于自然语言理解研究领域的语义网络知识表示学习发展而来的新概念。知识图谱是一张描述知识和知识连接关系的语义网络，用可视化技术将真实物理世界中的事物以及关联呈现出来，并描述为机器可识别的形式，从而实现对数据的深层次丰富语义级别的挖掘、分析和处理等。知识图谱将真实世界中可区分独立存在的事物，例如人、城市、植物、电影、商品等，抽象表示为实体（Entity）；将具有相同特征的实体构成的集合，定义为语义类（Semantic Type）或概念（Conception），例如国家、民族、书籍和电脑等。实体具有的特征定义为属性（Attribute）或值（Value），例如一个人，具有身高、年龄、性别等属性。将物理世界万事万物之间存在的错综复杂的联系定义为关系（Relation）。这样知识图谱就可以采用包含若干节点（Point）和连接节点的边（Edge）来描述真实世界，其中节点对应实体，边对应关系。

知识图谱通常用三元组的表示形式，基本形式有（实体 1，关系，实体 2）或者（实体，属性，属性值）等。例如，观众与电影的知识图谱示意图可以表示为如图 17.3 所示。原始数据表示为离散分布的实体，如果孤立地转换为向量，不考虑实体之间的关系，很难表达准确的语义。而人脑的神经网络在进行推理时，对物理相近的实体同时会考虑关系的相似性，例如在看到门、窗户、墙壁、地板和天花板等实体时，人脑会构建门与窗户的关系、门与墙壁的关系等，从而推断所识别目标为房屋，再深度推理房屋的用途等。例如图 17.3，如果将知识图谱与个性推荐系统结合，可以为观众 2 按可能喜欢的顺序推荐电影《阿飞正传》《霸王别姬》和《赵氏孤儿》。知识图谱对数据的深层语义表达，提高了推荐系统的精确性和多样性。由于知识图谱采用知识库存储数据，提供数据更深层次和更宽范围的联系，所以知识图谱具有高维度，语义丰富的优势，但是也为自动处理和分析数据带来更加高昂的计算复杂度。目前知识图谱的研究热点和难点在于知识的特征学习（Knowledge Graph Embedding，KGE），或称为知识图谱嵌入，即为知识图谱中的每个实体和关系学习一个低维向量，同时保持图中原有的结构或语义信息。

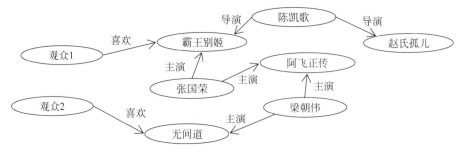

图 17.3　观众与电影知识图谱示意图

17.2.2　知识图谱特征学习

知识图谱特征学习 KGE 是由机器学习领域的知识表示学习（Knowledge Representation Learning，KRL）发展而来。表示学习指的是将原始数据表征为可被机器学习模型识别的一种数学形式，例如向量或者张量，输入机器学习模型，便于模型处理和分析。早期的表示学习方式有一阶谓词逻辑、语义网络、资源描述框架（Resource Description Framework，RDF）等，目前知识表示学习，主要研究对知识图谱存储在知识库中的实体、关系和属性进行特征提取学习，采用建模的方法将实体和关系表示到低维稠密的向量空间，再进行推理，即将知识图谱中的三元组表示为向量的过程。KRL 可以显著提升计算效率，有效缓解知识图谱库中的数据稀疏难题，对异构多源知识进行有效融合，目前基于相似度计算的 KRL 模型，可以快速计算实体间的语义相似程度，在自然语言处理和信息检索方面得到了广泛应用。基于知识预测的 KRL 模型，可以利用深度学习模型，预测实体之间的关系，对于知识库的链接预测（Link Prediction）、知识图谱补全（KG Completion）以及推荐系统应用有重要意义。

知识表示学习的方法包括基于距离的结构表示（Structured Embedding，SE）方法、基于神经网络的层次表示（Layer Model，LM）模型、基于语义匹配的能量表示（Energy Model，EM）模型、基于矩阵运算特性的矩阵分解（Matrix Factorization Model，MFM）以及广泛应用于自然语言处理的基于翻译模型（Translating Model，TM）的表示学习。目前 KGE 中多用到基于语义和基于翻译的模型，几乎所有 KGE 模型的基本思想都是通过对知识图谱库中的实体和关系进行语义级别的表示学习，实现包含语义信息的知识三元组向低维向量空间的嵌入和知识三元组的数值化表示。

假设半结构和非结构化数据统一表示为：

$$G = (\text{Entity}, \text{Relation}, \text{Triple})$$

其中 $\text{Entity} = \{e_1, e_2, \cdots, e_n\}$ 表示 n 种实体，$\text{Relation} = \{r_1, r_2, \cdots, r_m\}$ 表示实体间的 m 种关系。而且，其中三元组满足关系：

$$\text{Triple} \subseteq \text{Entity} \times \text{Relation} \times \text{Entity}$$

为表示三元组的集合,记为(head, relate, tail),其中 head 为头实体,tail 为尾实体,relate 表示 head 和 tail 的关系,例如(Bill. Gates, Windows, Originator)。

基于距离的模型,每个实体用 d 维向量表示,为每个关系定义两个矩阵为 $\boldsymbol{M}_{\text{relate},1}$, $\boldsymbol{M}_{\text{relate},2} \in \boldsymbol{R}^{d \times d}$,为每个三元组(head, relate, tail)定义了基于距离的损失函数为:

$$f_{\text{relate}}(\text{head}, \text{tail}) = \left| \boldsymbol{M}_{\text{relate},1} \boldsymbol{l}_{\text{head}} - \boldsymbol{M}_{\text{relate},2} \boldsymbol{l}_{\text{tail}} \right|_{L_1}$$

其中头实体向量 $\boldsymbol{l}_{\text{head}}$ 和尾实体向量 $\boldsymbol{l}_{\text{tail}}$ 通过关系的两个矩阵 $\boldsymbol{M}_{\text{relate},1}$ 和 $\boldsymbol{M}_{\text{relate},2}$ 投影到关系 relate 对应的空间中,然后在该空间计算两个投影向量的距离,距离越小表明两个实体之间的语义相关度越高。通过计算 $\underset{\text{relate}}{\text{argmin}} \left| \boldsymbol{M}_{\text{relate},1} \boldsymbol{l}_{\text{head}} - \boldsymbol{M}_{\text{relate},2} \boldsymbol{l}_{\text{tail}} \right|_{L_1}$,基于距离的知识表示模型可以找到实体之间的最优关系矩阵。但是,模型采用两个独立的矩阵对头和尾向量进行映射,协同性较差,常常不能精确描述两个实体之间的语义关系。

基于神经网络的模型,引入非线性激活函数,提升了基于距离的知识表示模型的精度。其中基于神经网络的知识表示模型的基本思想是:采用张量替代传统神经网络的线性变换层,逼近头实体向量和尾实体向量的关系,公式表示为:

$$f_{\text{relate}}(\text{head}, \text{tail}) = \boldsymbol{u}_{\text{relate}}^{\top} g\left(\boldsymbol{l}_{\text{head}} \boldsymbol{M}_{\text{relate}} \boldsymbol{l}_{\text{tail}} + \boldsymbol{M}_{\text{relate},1} \boldsymbol{l}_{\text{head}} + \boldsymbol{M}_{\text{relate},2} \boldsymbol{l}_{\text{tail}} + b_{\text{relate}}\right)$$

其中 $\boldsymbol{u}_{\text{relate}}^{\top} \in \boldsymbol{R}^k$,$g(\cdot)$ 为非线性激活函数,例如 tanh 函数,$\boldsymbol{M}_{\text{relate}} \in \boldsymbol{R}^{d \times d \times k}$ 是三阶张量,其中 $\boldsymbol{M}_{\text{relate},1}$,$\boldsymbol{M}_{\text{relate},2} \in \boldsymbol{R}^{d \times k}$ 是关系投影矩阵。尽管基于神经网络的模型与基于距离的模型相比,可以更精确地刻画实体之间的复杂非线性关系,但是张量操作引入高昂的计算代价,同时模型也常常需要大量的三元组数据才可以成功收敛。

广泛应用于自然语言处理的基于翻译的模型,将三元组(head, relate, tail)中的关系向量 $\boldsymbol{l}_{\text{relate}}$ 看作头实体向量 $\boldsymbol{l}_{\text{head}}$ 和尾实体向量 $\boldsymbol{l}_{\text{tail}}$ 之间的平移不变性,所以又称为将 $\boldsymbol{l}_{\text{relate}}$ 作为 $\boldsymbol{l}_{\text{head}}$ 到 $\boldsymbol{l}_{\text{tail}}$ 的翻译,表示为:

$$\boldsymbol{l}_{\text{head}} + \boldsymbol{l}_{\text{relate}} \approx \boldsymbol{l}_{\text{tail}}$$

例如,自然语言处理中的 TransE 模型的损失函数定义为:

$$f_{\text{relate}}(\text{head}, \text{tail}) = \left| \boldsymbol{l}_{\text{head}} + \boldsymbol{l}_{\text{relate}} - \boldsymbol{l}_{\text{tail}} \right|_{L1/L2}$$

即求解向量 $\boldsymbol{l}_{\text{head}} + \boldsymbol{l}_{\text{relate}}$ 和向量 $\boldsymbol{l}_{\text{tail}}$ 的 L1 或者 L2 距离。TransE 定义优化目标函数为:

$$L = \sum_{(\text{head}, \text{relate}, \text{tail})} \sum_{(\text{head}', \text{relate}', \text{tail}')} \max(0, f_{\text{relate}}(\text{head}, \text{tail}) + \lambda - f_{\text{relate}'}(\text{head}', \text{tail}'))$$

其中(head', relate', tail')为错误三元组,可以采用头实体,关系和尾实体其中之一随机替换其他实体或者关系产生。

TransE 模型的训练步骤如下:

```
输入: TrainingSet  S = {(head,relate,tail)},Margin γ
初始化:

    h = uniform  for  each  head;  h = ──── for  each  h
                                      ‖ h ‖

    r = uniform  for  each  relate;  r = ──── for  each  r
                                        ‖ r ‖

    t = uniform  for  each  tail;  t = ──── for  each  t
                                      ‖ t ‖
循环开始:
    S_batch = (S,miniBatch)
    T_batch = 0
```

```
for   (head,relate,tail)∈S_batch do
      T_batch = T_batch ⋃{(h,r,t),(h′,r′,t′)}
endfor
Update   ∑ ∇ max(0, [|h + r − t|_{L1/L2} + γ − |h′ + r′ − t′|_{L1/L2}])
        T_batch
结束循环
```

TransE 模型在实际知识表示中表现良好，主流扩展还有可以刻画复杂关系的TransH、TransR、TransD、TransA、TransSparese、TransG 和 KG2E 等模型。目前知识表示学习的主要应用包括：自然语言处理，例如问答系统、文本标注和情感分析；智能服务，例如个性推荐系统、路径规划和智能导航等。

17.2.3 知识图谱用于推荐系统

基于知识图谱的知识表示学习与个性推荐系统结合的 3 种主要方式为：依次学习（One-by-One Learning），用 KG 的 KRL 方法，获得实体向量和关系向量，再将低维向量输入推荐系统，学习用户向量和物品向量；联合学习（Joint Leaning），用 KG 的 KRL 和推荐算法的目标函数结合，实现端到端的实体和关系、用户和物品的联合学习；交替学习（Alternate Learning），将 KG 的 KRL 和推荐算法看作两个独立但相关的任务，构建多任务学习（Multi-task Learning）框架进行实体和关系，交替用户和物品的学习，具体如图 17.4 所示。

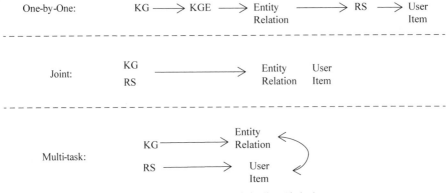

图 17.4 知识图谱结合推荐系统方式

成功的依次学习的模型有 DKN(Deep Knowledge-aware Network)，联合学习的模型有RN(Ripple Network)，交替学习的模型有 MKR(Multi-task Learning for Knowledge Graph Enhanced Recommendation)。

17.3 推荐系统实例分析

17.3.1 实例一：基于线性混合深度网络的推荐系统实现

1. 问题描述

1）数据

有人口普查相关数据文件 adult.dat 和 adult.test，可从本书配套资源中

视频讲解

获取数据文件。文件中数据共有 15 个特征,其中 6 个连续特征,包括年龄(age)、代表人数
(fnlwgt)、教育年限(education_num)、获利(capital_gain)、亏损(capital_loss)、周工作时长
(hours_per_week);9 个离散特征,包括所属企业(workclass)、教育水平(education)、婚姻
状态(marital_status)、职业(occupation)、家庭关系(relationship)、种族(race)、性别
(gender)、国籍(native_country)、收入(income_bracket)。部分数据如表 17.2 所示。

表 17.2 人口普查部分数据

特 征 Feature	数据 1 Data1	数据 2 Data2	数据 3 Data3
年龄 age	39	50	38
所属企业 workclass	State-gov	Self-emp-not-inc	Private
代表人数 fnlwgt	77516	83311	215646
教育水平 education	Bachelors	Bachelors	HS-grad
教育年限 education_num	13	13	9
婚姻状态 marital_status	Never-married	Married-civ-spouse	Divorced
职业 occupation	Adm-clerical	Exec-managerial	Handlers-cleaners
家庭关系 relationship	Not-in-family	Husband	Not-in-family
种族 race	White	White	White
性别 gender	Male	Male	Male
获利 capital_gain	2174	0	0
亏损 capital_loss	0	0	0
周工作时长 hours_per_week	40	13	40
国籍 native_country	United-States	United-States	United-States
收入 income_bracket	<=50K	<=50K	<=50K

2) 任务

推荐系统在搜索最佳解时,也应同时具有回溯和泛化的能力,回溯指的是保留学习到的
物品或特征在历史数据中的相关性;而泛化能力则是在学习到的相关性基础上,对未知数
据或者新特征组合的推荐能力。传统推荐系统多采用线性模型(例如逻辑回归)来实现对历
史数据的相关性建模,而深度神经网络通过自动提取数据特征,具有很强的泛化能力。请对
比分析线性模型、深度网络模型、融合线性和深度网络模型优点的混合模型的性能。

2. 实例一参考解决方案

Python 参考源码如下:

```python
import tensorflow as tf
import pandas as pd
train_file = "adult.data"
test_file = "adult.test"
batch_size = 100
num_epochs = 1
_CSV_COLUMNS = [
    'age', 'workclass', 'fnlwgt', 'education', 'education_num',
    'marital_status', 'occupation', 'relationship', 'race', 'gender',
    'capital_gain', 'capital_loss', 'hours_per_week', 'native_country',
```

```
        'income_bracket'
    ] # 原始数据列名
    def read_data(data_file, test = False):
        """生成训练数据"""
        tf_data = pd.read_csv(
            tf.gfile.Open(data_file),
            names = _CSV_COLUMNS,
            skip_blank_lines = True,
            skipinitialspace = True,
            engine = "python",
            skiprows = 1
        )
        tf_data = tf_data.dropna(how = "any", axis = 1) # 删除空数据
        labels = tf_data["income_bracket"].apply(lambda x: "> 50K" in x).astype(int)
        return tf_data, labels
    # 主程序
    if __name__ == "__main__":
        # 连续值处理
        age = tf.feature_column.numeric_column("age")
        gender = tf.feature_column.categorical_column_with_vocabulary_list(
            "gender", ["Female", "Male"])
        education_num = tf.feature_column.numeric_column("education_num")
        captial_gain = tf.feature_column.numeric_column("capital_gain")
        captial_loss = tf.feature_column.numeric_column("capital_loss")
        hours_per_week = tf.feature_column.numeric_column("hours_per_week")
        # 离散值处理
        work_class = tf.feature_column.categorical_column_with_hash_bucket(
            "workclass", hash_bucket_size = 512)
        education = tf.feature_column.categorical_column_with_hash_bucket(
            "education", hash_bucket_size = 512)
        marital_status = tf.feature_column.categorical_column_with_hash_bucket(
            "marital_status", hash_bucket_size = 512)
        occupation = tf.feature_column.categorical_column_with_hash_bucket(
            "occupation", hash_bucket_size = 512)
        relationship = tf.feature_column.categorical_column_with_hash_bucket(
            "relationship", hash_bucket_size = 512)
        # 连续值离散化
        age_bucket = tf.feature_column.bucketized_column(
            age, boundaries = [18, 25, 30, 35, 40, 45, 50, 55, 60])
        captial_gain_bucket = tf.feature_column.bucketized_column(
            captial_gain, boundaries = [0, 1000, 2000, 3000, 10000])
        captial_loss_bucket = tf.feature_column.bucketized_column(
            captial_loss, boundaries = [0, 1000, 2000, 3000, 5000])
        # 交叉特征
        cross_columns = [
            tf.feature_column.crossed_column([age_bucket, captial_gain_bucket],
                                     hash_bucket_size = 36),
            tf.feature_column.crossed_column([captial_gain_bucket,
                                     captial_loss_bucket],
                                     hash_bucket_size = 16),
        ]
```

```
# 特征
base_columns = [gender, work_class, education, marital_status,
                occupation, relationship, age_bucket,
                captial_gain_bucket, captial_loss_bucket]
wide_columns = base_columns + cross_columns
deep_columns = [
    # 连续值
    age,
    education_num,
    captial_gain,
    captial_loss,
    hours_per_week,
    # 离散值的 embedding
    tf.feature_column.embedding_column(work_class, 9),
    tf.feature_column.embedding_column(education, 9),
    tf.feature_column.embedding_column(marital_status, 9),
    tf.feature_column.embedding_column(occupation, 9),
    tf.feature_column.embedding_column(relationship, 9)
]
model_type = "wide_deep" # 可设置选项 wide 为线性模型,deep 为深度网络,wide_deep 为混合
                         # 模型
hidden_units = [128, 64, 32, 16] # 128 * 64 * 32 * 16 = 4194304
if model_type == "wide":
    model = tf.estimator.LinearClassifier(
        feature_columns = wide_columns,
        optimizer = tf.train.FtrlOptimizer(
            0.1, l2_regularization_strength = 1.0)
    )
elif model_type == "deep":
    model = tf.estimator.DNNClassifier(
        feature_columns = deep_columns,
        hidden_units = hidden_units,
        optimizer = tf.train.ProximalAdagradOptimizer(
            learning_rate = 0.1,
            l1_regularization_strength = 0.001,
            l2_regularization_strength = 0.001)
    )
else:
    model = tf.estimator.DNNLinearCombinedClassifier(
        linear_feature_columns = wide_columns,
        linear_optimizer = tf.train.FtrlOptimizer(
            0.1, l2_regularization_strength = 1.0),
        dnn_feature_columns = deep_columns,
        dnn_optimizer = tf.train.ProximalAdagradOptimizer(
            learning_rate = 0.1,
            l1_regularization_strength = 0.001,
            l2_regularization_strength = 0.001),
        dnn_hidden_units = hidden_units
    )
# 训练
tf_data_train, labels_train = read_data(train_file)
train_estimator = tf.estimator.inputs.pandas_input_fn(
    x = tf_data_train,
    y = labels_train,
```

```
        batch_size = batch_size,
        num_epochs = num_epochs,
        shuffle = False,
        num_threads = 1
    )
train_result = model.evaluate(train_estimator)
print(" * * * Train {} model: \n accuracy:{:.4f}, auc:{:.4f}".format(
        model_type,train_result["accuracy"], train_result["auc"]))
# 测试
tf_data_test, labels_test = read_data(test_file)
test_estimator = tf.estimator.inputs.pandas_input_fn(
        x = tf_data_test,
        y = labels_test,
        batch_size = batch_size,
        num_epochs = num_epochs,
        shuffle = False,
        num_threads = 1
    )
test_result = model.evaluate(test_estimator)
print(" * * * Test {} model: \n accuracy: {:.4f}, auc: {:.4f}".format(
        model_type,test_result["accuracy"], test_result["auc"]))
```

运行以上代码可输出结果如下：

（1）线性模型运行结果

```
*** Train wide model:
  accuracy:0.7592,  auc:0.5000
***Test wide model:
  accuracy: 0.7638,  auc: 0.5000
```

（2）深度网络模型运行结果

```
*** Train deep model:
  accuracy:0.7580,  auc:0.2474
***Test deep model:
  accuracy: 0.7097,  auc: 0.6040
```

（3）线性混合深度网络模型运行结果

```
*** Train wide_deep model:
  accuracy:0.7800,  auc:0.5478
***Test wide_deep model:
  accuracy: 0.7624,  auc: 0.2853
```

从以上结果可以看到，线性混合深度网络模型在训练数据集上获得了较高的精度，同时在测试集上表现了良好的泛化性能。

17.3.2 实例二：基于知识图谱的多任务神经网络智能推荐系统

1. 问题描述

1）数据

有 1870 个用户、3846 个物品，用户对物品的评分构成推荐矩阵，由物品

视频讲解

构成知识图谱,包含 9366 个实体,60 个关系的三元组,相关数据文件为：

```
ratings_final.txt  kg_final.txt
```

2）任务

采用知识图谱中的语义信息,提升推荐系统性能,实现 TopN 推荐,并采用精度 (Precision)和召回率(Recall)来评测所实现的推荐系统。

2. 实例一参考解决方案

基于神经网络的多任务融合知识图谱的推荐系统 Python 参考源码如下：

```python
import argparse
import numpy as np
import tensorflow as tf
from sklearn.metrics import roc_auc_score
from abc import abstractmethod
LAYER_IDS = {}
# 导入数据
def load_data(args):
    n_user, n_item, train_data, eval_data, test_data = load_rating(args)
    n_entity, n_relation, kg = load_kg(args)
    print('data loaded.')
    return n_user, n_item, n_entity, n_relation,\
            train_data, eval_data, test_data, kg
def load_rating(args):
    # 读入推荐系统数据
    print('reading rating file ...')
    rating_file = 'ratings_final'
    rating_np = np.loadtxt(rating_file + '.txt', dtype = np.int32)
    n_user = len(set(rating_np[:, 0]))
    n_item = len(set(rating_np[:, 1]))
    train_data, eval_data, test_data = dataset_split(rating_np)
    return n_user, n_item, train_data, eval_data, test_data
def dataset_split(rating_np):
    print('splitting dataset ...')
    # 划分数据集,训练 train:验证 eval:测试 test = 8:1:1
    eval_ratio = 0.1
    test_ratio = 0.1
    n_ratings = rating_np.shape[0]
    eval_indices = np.random.choice(
        list(range(n_ratings)), size = int(n_ratings * eval_ratio), replace = False)
    left = set(range(n_ratings)) - set(eval_indices)
    test_indices = np.random.choice(
        list(left), size = int(n_ratings * test_ratio), replace = False)
    train_indices = list(left - set(test_indices))
    train_data = rating_np[train_indices]
    eval_data = rating_np[eval_indices]
    test_data = rating_np[test_indices]
    return train_data, eval_data, test_data
def load_kg(args):
    print('reading KG file ...')
```

```
# 读入知识图谱数据
kg_file = 'kg_final'
kg = np.loadtxt(kg_file + '.txt', dtype = np.int32)
n_entity = len(set(kg[:, 0]) | set(kg[:, 2]))
n_relation = len(set(kg[:, 1]))
return n_entity, n_relation, kg
```

以上代码将数据从文件导入到用户和物品推荐系统矩阵，存储在变量 data 中，同时将数据按照 8∶1∶1 的比例划分为训练集、验证集和测试集。

数据准备好后，开始搭建神经网络模型，参考代码如下：

```
# 模型分层
def get_layer_id(layer_name = ''):
    if layer_name not in LAYER_IDS:
        LAYER_IDS[layer_name] = 0
        return 0
    else:
        LAYER_IDS[layer_name] += 1
        return LAYER_IDS[layer_name]
class Layer(object):
    def __init__(self, name):
        if not name:
            layer = self.__class__.__name__.lower()
            name = layer + '_' + str(get_layer_id(layer))
        self.name = name
        self.vars = []
    def __call__(self, inputs):
        outputs = self._call(inputs)
        return outputs
    @abstractmethod
    def _call(self, inputs):
        pass
```

以上代码定义神经网络每一层的名称，接下来定义神经网络的 Dense 层、RS 与 KG 结合的 CrossCompressUnit 层，包括定义输入混合特征矩阵，定义权重和偏置，具体参考代码如下：

```
class Dense(Layer):
    def __init__(self, input_dim = 3, output_dim = 3, dropout = 0.0, act = tf.nn.relu, name =
None):
        super(Dense, self).__init__(name)
        self.input_dim = input_dim
        self.output_dim = output_dim
        self.dropout = dropout
        self.act = act
        with tf.variable_scope(self.name):
            self.weight = tf.get_variable(
                name = 'weight', shape = (input_dim, output_dim), dtype = tf.float32)
            self.bias = tf.get_variable(
                name = 'bias', shape = output_dim, initializer = tf.zeros_initializer())
```

```
            self.vars = [self.weight]
        def _call(self, inputs):
            x = tf.nn.dropout(inputs, 1 - self.dropout)
            output = tf.matmul(x, self.weight) + self.bias
            return self.act(output)
class CrossCompressUnit(Layer):
    def __init__(self, dim = 3, name = None):
        super(CrossCompressUnit, self).__init__(name)
        self.dim = dim
        with tf.variable_scope(self.name):
            self.weight_vv = tf.get_variable(
                name = 'weight_vv', shape = (dim, 1), dtype = tf.float32)
            self.weight_ev = tf.get_variable(
                name = 'weight_ev', shape = (dim, 1), dtype = tf.float32)
            self.weight_ve = tf.get_variable(
                name = 'weight_ve', shape = (dim, 1), dtype = tf.float32)
            self.weight_ee = tf.get_variable(
                name = 'weight_ee', shape = (dim, 1), dtype = tf.float32)
            self.bias_v = tf.get_variable(
                name = 'bias_v', shape = dim, initializer = tf.zeros_initializer())
            self.bias_e = tf.get_variable(
                name = 'bias_e', shape = dim, initializer = tf.zeros_initializer())
        self.vars = [self.weight_vv, self.weight_ev, self.weight_ve, self.weight_ee]
    def _call(self, inputs):
        #数据格式为[batch_size, dim]
        v, e = inputs
        #数据格式为[batch_size, dim, 1], [batch_size, 1, dim]
        v = tf.expand_dims(v, dim = 2)
        e = tf.expand_dims(e, dim = 1)
        #数据格式为[batch_size, dim, dim]
        c_matrix = tf.matmul(v, e)
        c_matrix_transpose = tf.transpose(c_matrix, perm = [0, 2, 1])
        #数据格式为[batch_size * dim, dim]
        c_matrix = tf.reshape(c_matrix, [-1, self.dim])
        c_matrix_transpose = tf.reshape(c_matrix_transpose, [-1, self.dim])
        #数据格式为[batch_size, dim]
        v_output = tf.reshape(tf.matmul(c_matrix, self.weight_vv) +
                        tf.matmul(c_matrix_transpose, self.weight_ev),
                        [-1, self.dim]) + self.bias_v
        e_output = tf.reshape(tf.matmul(c_matrix, self.weight_ve) +
                        tf.matmul(c_matrix_transpose, self.weight_ee),
                        [-1, self.dim]) + self.bias_e
        return v_output, e_output
```

定义神经网络的各层计算后，构建神经网络模型，本实例构建一个输入层、一个隐含层、一个输出层的单层神经网络，用于 RS 和 KG 两个任务的学习，参考代码如下：

```
#MKR 模型
class MKR(object):
    def __init__(self, args, n_users, n_items, n_entities, n_relations):
        self._parse_args(n_users, n_items, n_entities, n_relations)
```

```python
        self._build_inputs()
        self._build_model(args)
        self._build_loss(args)
        self._build_train(args)
    def _parse_args(self, n_users, n_items, n_entities, n_relations):
        self.n_user = n_users
        self.n_item = n_items
        self.n_entity = n_entities
        self.n_relation = n_relations
        # 计算 l2 损失
        self.vars_rs = []
        self.vars_kge = []
    def _build_inputs(self):
        self.user_indices = tf.placeholder(tf.int32, [None], 'user_indices')
        self.item_indices = tf.placeholder(tf.int32, [None], 'item_indices')
        self.labels = tf.placeholder(tf.float32, [None], 'labels')
        self.head_indices = tf.placeholder(tf.int32, [None], 'head_indices')
        self.tail_indices = tf.placeholder(tf.int32, [None], 'tail_indices')
        self.relation_indices = tf.placeholder(tf.int32, [None], 'relation_indices')
    def _build_model(self, args):
        self._build_low_layers(args)
        self._build_high_layers(args)
    def _build_low_layers(self, args):
        self.user_emb_matrix = tf.get_variable('user_emb_matrix', [self.n_user, args.dim])
        self.item_emb_matrix = tf.get_variable('item_emb_matrix', [self.n_item, args.dim])
        self.entity_emb_matrix = tf.get_variable('entity_emb_matrix', [self.n_entity, args
.dim])
        self.relation_emb_matrix = tf.get_variable('relation_emb_matrix', [self.n_
relation, args.dim])
        # 数据格式为 [batch_size, dim]
        self.user_embeddings = tf.nn.embedding_lookup(self.user_emb_matrix,
                                                      self.user_indices)
        self.item_embeddings = tf.nn.embedding_lookup(self.item_emb_matrix,
                                                      self.item_indices)
        self.head_embeddings = tf.nn.embedding_lookup(self.entity_emb_matrix,
                                                      self.head_indices)
        self.relation_embeddings = tf.nn.embedding_lookup(self.relation_emb_matrix,
                                                          self.relation_indices)
        self.tail_embeddings = tf.nn.embedding_lookup(self.entity_emb_matrix,
                                                      self.tail_indices)

        user_mlp = Dense()
        tail_mlp = Dense()
        cc_unit = CrossCompressUnit()
        self.user_embeddings = user_mlp(self.user_embeddings)
        self.item_embeddings, self.head_embeddings = cc_unit([self.item_embeddings,
                                                              self.head_embeddings])
        self.tail_embeddings = tail_mlp(self.tail_embeddings)
        self.vars_rs.extend(user_mlp.vars)
        self.vars_rs.extend(cc_unit.vars)
        self.vars_kge.extend(tail_mlp.vars)
        self.vars_kge.extend(cc_unit.vars)
```

```
    def _build_high_layers(self, args):
        # RS 推荐系统
        use_inner_product = True
        if use_inner_product:
            # 数据格式为[batch_size]
            self.scores = tf.reduce_sum(self.user_embeddings * self.item_embeddings,
                                axis = 1)
        self.scores_normalized = tf.nn.sigmoid(self.scores)
        # KGE 知识图谱
        # 数据格式为[batch_size, dim * 2]
        self.head_relation_concat = tf.concat([self.head_embeddings, self.relation_
embeddings], axis = 1)
        kge_pred_mlp = Dense(input_dim = args.dim * 2)
        # 数据格式为 [batch_size, 1]
        self.tail_pred = kge_pred_mlp(self.head_relation_concat)
        self.vars_kge.extend(kge_pred_mlp.vars)
        self.tail_pred = tf.nn.sigmoid(self.tail_pred)
        self.scores_kge = tf.nn.sigmoid(tf.reduce_sum(self.tail_embeddings * self.tail_
pred, axis = 1))
        self.rmse = tf.reduce_mean(
            tf.sqrt(tf.reduce_sum(tf.square(self.tail_embeddings - self.tail_pred),
                        axis = 1) / args.dim))
    def _build_loss(self, args):
        # RS 推荐系统
        self.base_loss_rs = tf.reduce_mean(
            tf.nn.sigmoid_cross_entropy_with_logits(labels = self.labels, logits = self
.scores))
        self.l2_loss_rs = tf.nn.l2_loss(self.user_embeddings) + tf.nn.l2_loss(self.item_
embeddings)
        for var in self.vars_rs:
            self.l2_loss_rs += tf.nn.l2_loss(var)
        self.loss_rs = self.base_loss_rs + self.l2_loss_rs * args.l2_weight
        # KGE 知识图谱
        self.base_loss_kge = - self.scores_kge
        self.l2_loss_kge = tf.nn.l2_loss(self.head_embeddings) + tf.nn.l2_loss(self.tail
_embeddings)
        for var in self.vars_kge:
            self.l2_loss_kge += tf.nn.l2_loss(var)
        self.loss_kge = self.base_loss_kge + self.l2_loss_kge * args.l2_weight
    def _build_train(self, args):
        self.optimizer_rs = tf.train.AdamOptimizer(args.lr_rs).minimize(self.loss_rs)
        self.optimizer_kge = tf.train.AdamOptimizer(args.lr_kge).minimize(self.loss_kge)
    def train_rs(self, sess, feed_dict):
        return sess.run([self.optimizer_rs, self.loss_rs], feed_dict)
    def train_kge(self, sess, feed_dict):
        return sess.run([self.optimizer_kge, self.rmse], feed_dict)
    def eval(self, sess, feed_dict):
        labels, scores = sess.run([self.labels, self.scores_normalized], feed_dict)
        auc = roc_auc_score(y_true = labels, y_score = scores)
        predictions = [1 if i >= 0.5 else 0 for i in scores]
        acc = np.mean(np.equal(predictions, labels))
```

```
            return auc, acc
    def get_scores(self, sess, feed_dict):
            return sess.run([self.item_indices, self.scores_normalized], feed_dict)
```

调用定义好的多任务 RS 和 KG 模块，训练网络，参考代码如下：

```
#多任务训练
def train(args, data, show_loss, show_topk):
    n_user, n_item, n_entity, n_relation = data[0], data[1], data[2], data[3]
    train_data, eval_data, test_data = data[4], data[5], data[6]
    kg = data[7]
    print(data)
    model = MKR(args, n_user, n_item, n_entity, n_relation)
    #top-K 推荐评估参数设置
    user_num = 5
    k_list = [10]
    train_record = get_user_record(train_data, True)
    test_record = get_user_record(test_data, False)
    user_list = list(set(train_record.keys()) & set(test_record.keys()))
    if len(user_list) > user_num:
        user_list = np.random.choice(user_list, size = user_num, replace = False)
    item_set = set(list(range(n_item)))
    with tf.Session() as sess:
        sess.run(tf.global_variables_initializer())
        #ax = [];ay = [];bx = [];by = []
        for step in range(args.n_epochs):
            #训练 RS 推荐系统模型
            np.random.shuffle(train_data)
            start = 0
            while start < train_data.shape[0]:
                _, loss = model.train_rs(sess, get_feed_dict_for_rs(
                    model, train_data, start, start + args.batch_size))
                start += args.batch_size
                if show_loss:
                    print(loss) #输出损失函数
            #训练 KGE 知识图谱表示模型
            if step % args.kge_interval == 0:
                np.random.shuffle(kg)
                start = 0
                while start < kg.shape[0]:
                    _, rmse = model.train_kge(
                        sess, get_feed_dict_for_kge(model, kg, start, start + args.batch_size))
                    start += args.batch_size
                    if show_loss:
                        print(rmse) #输出均方根误差
            #评估模型
            train_auc, train_acc = model.eval(
                sess, get_feed_dict_for_rs(model, train_data, 0, train_data.shape[0]))
            eval_auc, eval_acc = model.eval(
                sess, get_feed_dict_for_rs(model, eval_data, 0, eval_data.shape[0]))
            test_auc, test_acc = model.eval(
```

```
                    sess, get_feed_dict_for_rs(model, test_data, 0, test_data.shape[0]))
                print('epoch % d train auc: % .4f acc: % .4f eval auc: % .4f acc: % .4f test auc:
  % .4f acc: % .4f'
                    % (step, train_auc, train_acc, eval_auc, eval_acc, test_auc, test_acc))
            # 推荐结果 top - K 评估
            if show_topk:
                print(" -- TopN evaluation -- - ")
                print(k_list)
                precision, recall = topk_eval(
                    sess, model, user_list, train_record, test_record, item_set, k_list)
                print('precision: ', end = '')
                for i in precision:
                    print('% .4f\t' % i, end = '')
                print()
                print('recall: ', end = '')
                for i in recall:
                    print('% .4f\t' % i, end = '')
                print()
def get_feed_dict_for_rs(model, data, start, end):
    feed_dict = {model.user_indices: data[start:end, 0],
                model.item_indices: data[start:end, 1],
                model.labels: data[start:end, 2],
                model.head_indices: data[start:end, 1]}
    return feed_dict
def get_feed_dict_for_kge(model, kg, start, end):
    feed_dict = {model.item_indices: kg[start:end, 0],
                model.head_indices: kg[start:end, 0],
                model.relation_indices: kg[start:end, 1],
                model.tail_indices: kg[start:end, 2]}
    return feed_dict
```

实现 TopN 推荐函数，参考代码如下：

```
def get_user_record(data, is_train):
    user_history_dict = dict()
    for interaction in data:
        user = interaction[0]
        item = interaction[1]
        label = interaction[2]
        if is_train or label == 1:
            if user not in user_history_dict:
                user_history_dict[user] = set()
            user_history_dict[user].add(item)
    return user_history_dict
def topk_eval(sess, model, user_list, train_record, test_record, item_set, k_list):
    precision_list = {k: [] for k in k_list}
    recall_list = {k: [] for k in k_list}
    for user in user_list:
        print(user)  # 输出用户编号
        test_item_list = list(item_set - train_record[user])
        item_score_map = dict()
```

```
            items, scores = model.get_scores(sess, {model.user_indices: [user] * len(test_item
_list),
                                                    model.item_indices: test_item_list,
                                                    model.head_indices: test_item_list})
        for item, score in zip(items, scores):
            item_score_map[item] = score
        item_score_pair_sorted = sorted(item_score_map.items(), key = lambda x: x[1],
reverse = True)
        item_sorted = [i[0] for i in item_score_pair_sorted]
        print(item_sorted[0:10]) #输出物品编号
        for k in k_list:
            hit_num = len(set(item_sorted[:k]) & test_record[user])
            precision_list[k].append(hit_num / k)
            recall_list[k].append(hit_num / len(test_record[user]))
    precision = [np.mean(precision_list[k]) for k in k_list]
    recall = [np.mean(recall_list[k]) for k in k_list]
    return precision, recall
```

主程序首先设置网络的超参数，然后调用 load_data 函数导入数据，再调用训练函数，训练 RS 与 KG 的多任务神经网络模型迭代学习，最后显示系统精度与召回率，参考代码如下：

```
#主程序
if __name__ == '__main__':
    np.random.seed(555)
    parser = argparse.ArgumentParser()
    #参数设置
    parser.add_argument('-- n_epochs', type = int, default = 3, help = 'the number of epochs')
    parser.add_argument('-- dim', type = int, default = 3, help = 'dim of user and entity
embeddings')
    parser.add_argument('-- L', type = int, default = 1, help = 'number of low layers')
    parser.add_argument('-- H', type = int, default = 1, help = 'number of high layers')
    parser.add_argument('-- batch_size', type = int, default = 1024, help = 'batch size')
    parser.add_argument('-- l2_weight', type = float, default = 1e - 6, help = 'weight of l2
regularization')
    parser.add_argument('-- lr_rs', type = float, default = 1e - 3, help = 'learning rate of RS
task')
    parser.add_argument('-- lr_kge', type = float, default = 2e - 4, help = 'learning rate of KGE
task')
    parser.add_argument('-- kge_interval', type = int, default = 3, help = 'training inter of
KGE task')
    show_loss = False
    show_topk = True
    args = parser.parse_args()
    data = load_data(args)
    print(args)
    train(args, data, show_loss, show_topk)
```

主程序中的参数说明如下：

（1）迭代次数 n_epochs，类型为整型，默认为 3 次。

（2）用户嵌入表示的数据维度 dim，类型为整型，默认为 3 维。

（3）模型底层的层数 L，整型，默认为 1 层。

（4）模型高层的层数 H，整型，默认为 1 层。

（5）训练批处理参数 batch_size，整型，默认每次训练选择 1024 组样本数据。

（6）L2 权重参数 l2_weight，浮点型，默认为 1×10^{-6}。

（7）推荐系统学习率 lr_rs，浮点型，默认为 1×10^{-3}。

（8）知识图谱中知识表示学习率 lr_kge，浮点型，默认为 2×10^{-4}。

（9）多任务训练中知识表示学习训练间隔 kge_interval，整型，默认为 3，表示推荐系统训练 3 次，知识表示任务训练 1 次。

运行以上程序，结合 RS 和 KG 信息实现推荐，可以获得如图 17.5 所示的结果。

```
reading rating file ...
splitting dataset ...
reading KG file ...
data loaded.
Namespace(H=1, L=1, batch_size=1024, dim=3, kge_interval=3, l2_weight=1e-06, lr_kge=0.0002, lr_rs=0.001, n_epochs=3)
(1870, 3846, 9366, 60, array([[   0,   20,    1],
       [   0,   22,    1],
       [   0,   23,    1],
       ...,
       [1869,  280,    0],
       [1869,  358,    0],
       [1869, 2087,    0]]), array([[1235,  832,    1],
       [ 284, 3800,    0],
       [ 413, 1577,    0],
       ...,
       [1170,  132,    1],
       [1746,   79,    1],
       [ 551,  346,    1]]), array([[ 809,  363,    1],
       [ 533, 2445,    0],
       [ 361,  575,    0],
       ...,
       [1189,  275,    0],
       [  49, 3126,    0],
       [  87,  677,    1]]), array([[2086,    0, 3846],
       [1601,    1, 3847],
       [3355,    2, 3848],
       ...,
       [2080,    2, 8058],
       [2080,    1, 9361],
       [3102,    0, 5213]]))
epoch 0    train auc: 0.5908  acc: 0.5395    eval auc: 0.5755  acc: 0.5389    test auc: 0.5824  acc: 0.5533
epoch 1    train auc: 0.7847  acc: 0.6716    eval auc: 0.7432  acc: 0.6714    test auc: 0.7532  acc: 0.6747
epoch 2    train auc: 0.8577  acc: 0.7467    eval auc: 0.7856  acc: 0.7362    test auc: 0.7972  acc: 0.7379
--TopN evaluation---
[10]
415
[96, 46, 52, 74, 254, 55, 133, 87, 75, 79]
25
[96, 46, 52, 74, 254, 55, 133, 87, 79, 75]
163
[96, 46, 74, 55, 254, 133, 79, 87, 185, 75]
402
[96, 46, 52, 74, 55, 254, 133, 79, 87, 185]
1245
[96, 46, 52, 74, 55, 133, 254, 185, 79, 87]
precision: 0.0200
recall: 0.0667
```

图 17.5　程序运行结果

从以上程序结果可以看到，为 ID 为 415、25、163、402、1245 的 5 个用户推荐了最可能感兴趣的 10 个物品，推荐精度为 0.02，召回率为 0.0667。

17.4　习题

1. 推荐系统基于用户的历史数据形成个性化物品建议，有效地解决了大数据物联网时代的信息过量的选择困难问题。但是，推荐系统依然存在很多亟待解决的困难，请结合机器学习算法，分析推荐系统的新用户冷启动难题的解决策略。同时，随着推荐系统中用户和物品的数据量不断增大，目前推荐系统面临数据高维稀疏问题，请结合降维算法，分析推荐系统的数据转移相似性。最后，随着用户隐私意识的增强，推荐系统面临严峻的安全问题，请结合机器学习抗攻击模型，分析推荐系统存在的漏洞，简述提高推荐系统面对恶意攻击保护个人隐私的鲁棒性策略。

2. 基于关联规则的推荐算法 Apriori，采用逐层迭代搜索原理，使用候选项集来寻找频繁项集。算法分两步完成：第一步，根据最小支持度找到数据集中的频繁项目集；第二步，在频繁项集基础上，根据最小置信度产生关联规则。请简述算法原理流程，并基于 Python 实现一个简单的推荐系统，可采用如表 17.3 所示的数据集验证系统效果。在使用该数据集时注意以下概念：

表 17.3　数据集

交 易 编 号	交 易 商 品
001	可乐，鸡蛋，面包
002	可乐，尿布，啤酒
003	可乐，尿布，啤酒，面包
004	尿布，啤酒

（1）事务——数据集中有 4 条交易记录，称为 4 个事务。

（2）项集——交易的每一个物品称为项，例如可乐、鸡蛋等。包含零个或多个项的集合，称为项集，例如{可乐，鸡蛋，面包}等。项集中包含一个物品，例如{可乐}，称为 1-项集，{可乐，鸡蛋}称为 2-项集。

（3）支持度——一个项集出现在几个事务中，则支持度计数记为几，例如{尿布，啤酒}，出现在 002、003 和 004 中，则支持度计数为 3。支持度计数除以总的事务数，称为支持度，例如总事务数为 4，则{尿布，啤酒}的支持度为 $\frac{3}{4}=0.75$，说明有 75% 的人同时买了{尿布，啤酒}。

（4）频繁项集——支持度大于或等于某个阈值的项集称为频繁项集。例如设置阈值为 50% 时，则{尿布，啤酒}就是频繁项集。

（5）前后件——对于规则{尿布}→{啤酒}，其中{尿布}称为前件，{啤酒}称为后件。

（6）置信度——对于规则{尿布}→{啤酒}的置信度，等于{尿布，啤酒}的支持度计数除以前件{尿布}的支持度计数，则{尿布}→{啤酒}的置信度为 $\frac{3}{3}=1.0$。

（7）提升度——置信度与后件发生概率（后件的支持度计数除以总事务数）的比值，如果大于 1 则称为有效关联规则，等于 1 则表示前后件互相独立，小于 1 则表示无效关联规则。

（8）强关联规则：当规则大于或等于最小支持度阈值和最小置信度阈值时，称为强关联规则。关联分析的最终目标就是找出强关联规则。

专用符号和名词解释

A.1.1 标量(Scalar),只有大小、没有方向的一个实数,一般用小写字母变量表示,例如 alpha=0.01。

A.1.2 向量(Vector),一组实数有序排列,有大小有方向,一般用大写字母变量表示,一个 n 维向量表示如下:

$$X = \begin{bmatrix} x_1 \\ x_2 \\ \vdots \\ x_n \end{bmatrix}$$

向量可以用一维数组存储,可被看作空间中的点,每个元素表示不同坐标轴的坐标值。

A.1.3 向量加,假设 n 维向量 X 和 A,表示如下:

$$X = \begin{bmatrix} x_1 \\ x_2 \\ \vdots \\ x_n \end{bmatrix} \quad A = \begin{bmatrix} a_1 \\ a_2 \\ \vdots \\ a_n \end{bmatrix}$$

则定义向量加法操作如下:

$$X + A = \begin{bmatrix} x_1 + a_1 \\ x_2 + a_2 \\ \vdots \\ x_n + a_n \end{bmatrix}$$

A.1.4 标量乘向量,假设有标量 a,n 维向量 X,则标量和向量乘法表示如下:

$$aX = \begin{bmatrix} ax_1 \\ ax_2 \\ \vdots \\ ax_n \end{bmatrix}$$

A.1.5 全 0 向量(All zero vector),如果一个向量所有元素为 0,则称为全 0 向量,是坐标系的原点,也常表示为 $\vec{0}$。

A.1.6 全 1 向量(All one vector),如果一个向量所有元素为 1,则称为全 1 向量,也常

表示为 $\vec{1}$。

A.1.7　独热向量(One hot vector)，如果一个向量有且仅有一个元素为 1，其余元素均为 0，则称为独热向量，对应数字电路中的独热状态编码，即任意时刻有且仅有一位有效。

A.1.8　范数(Norm)，衡量向量大小的函数，定义如下

$$\ell_p = \| \boldsymbol{X} \|_p = \left(\sum_{i=1}^{n} | x_i |^p \right)^{\frac{1}{p}}$$

其中 $p \geqslant 0$，在机器学习中常用取值为 $1, 2, \pm\infty$。

所以，ℓ_1 范数为向量各个元素的绝对值之和，表示为 $\ell_1 = \| \boldsymbol{X} \|_1 = \sum_{i=1}^{n} | x_i |$。

ℓ_2 范数为向量各个元素的平方和的开方，表示为 $\ell_2 = \| \boldsymbol{X} \|_2 = \sqrt{\sum_{i=1}^{n} (x_i)^2}$。

ℓ_∞ 范数为向量各个元素的最大绝对值，表示为 $\ell_m = \| \boldsymbol{X} \|_\infty = \max\{ | x_1 |, | x_2 |, \cdots, | x_n | \}$。

$\ell_{-\infty}$ 范数为向量各个元素的最小绝对值，表示为 $\ell_{-\infty} = \| \boldsymbol{X} \|_{-\infty} = \min\{ | x_1 |, | x_2 |, \cdots, | x_n | \}$。

A.2.1　矩阵(Matrix)，由 m 个 n 维向量排列成矩形阵列，构成一个 n 行 m 列的 $n \times m$ 矩阵，表示如下：

$$\boldsymbol{W} = \begin{bmatrix} w_{11} & w_{12} & \cdots & w_{1m} \\ w_{21} & w_{22} & \cdots & w_{2m} \\ \vdots & \vdots & \ddots & \vdots \\ w_{n1} & w_{n2} & \cdots & w_{nm} \end{bmatrix}_{(n \times m)}$$

A.2.2　矩阵加，两个 $n \times m$ 的矩阵 $\boldsymbol{W}$ 和 $\boldsymbol{B}$ 相加得到一个 $n \times m$ 矩阵，其每个元素为矩阵 $\boldsymbol{W}$ 和 $\boldsymbol{B}$ 相应位置元素的代数和，可表示如下：

$$\boldsymbol{W} + \boldsymbol{B} = \begin{bmatrix} w_{11} + b_{11} & w_{12} + b_{12} & \cdots & w_{1m} + b_{1m} \\ w_{21} + b_{21} & w_{22} + b_{22} & \cdots & w_{2m} + b_{2m} \\ \vdots & \vdots & \ddots & \vdots \\ w_{n1} + b_{n1} & w_{n2} + b_{n2} & \cdots & w_{nm} + b_{nm} \end{bmatrix}_{(n \times m)}$$

常缩写为：

$$(\boldsymbol{W} + \boldsymbol{B})_{ij} = w_{ij} + b_{ij}$$

A.2.3　矩阵乘，两个矩阵相乘，仅当第一个矩阵的列数和第二个矩阵的行数相同，即 $k \times n$ 的矩阵 $\boldsymbol{K}$ 和 $n \times m$ 的矩阵 $\boldsymbol{W}$ 相乘，乘积为 $k \times m$ 的矩阵，乘积矩阵的第 i 行第 j 列的元素等于第一矩阵的第 i 行的元素与第二矩阵的第 j 列对应元素的乘积之和，表示如下：

$$(\boldsymbol{KW})_{ij} = \sum_{s=1}^{n} (k_{is} w_{sj})$$

矩阵乘法满足结合律和分配率，但是一般矩阵乘法不满足交换律。当矩阵行列数相等的方阵相乘，满足交换律。

一个标量与矩阵的乘积，为矩阵每个元素与标量的乘积，表示为 $(c\boldsymbol{W})_{ij} = cw_{ij}$。

一个向量可以看作列数为 1 的矩阵，符合矩阵加和乘运算规则。

A.2.4　矩阵转置，一个 $n \times m$ 的矩阵 $\boldsymbol{W}$ 的第 i 行第 j 列的元素，变为第 j 行第 i 列的

元素,称为矩阵的转置,记为 $\boldsymbol{W}^{\mathrm{T}}$,表示为:$(\boldsymbol{W}^{\mathrm{T}})_{ji} = w_{ij}$。

A.2.5 矩阵向量化,将一个 $n \times m$ 的矩阵,从第一列到最后一列首尾相连构成一个列向量,表示为:

$$\mathrm{vec}(\boldsymbol{W}) = \begin{bmatrix} w_{11} & w_{21} & \cdots & w_{n1} & w_{12} & w_{22} & \cdots & w_{n2} & \cdots & w_{1m} & w_{2m} & \cdots & w_{nm} \end{bmatrix}^{\mathrm{T}}$$

A.2.6 矩阵的逆,对一个 $n \times n$ 的方阵 $\boldsymbol{V}$,如果存在另一个 $n \times n$ 的方阵 $\boldsymbol{U}$,使得:$\boldsymbol{VU} = \boldsymbol{UV} = \boldsymbol{I}_n$,则矩阵 $\boldsymbol{U}$ 称为矩阵 $\boldsymbol{V}$ 的逆,记作 $\boldsymbol{V}^{-1}$。其中 $\boldsymbol{I}_n$ 为单位矩阵,其主对角线元素为 1,其余元素均为 0,即:

$$\boldsymbol{I}_n = \begin{bmatrix} 1 & 0 & \cdots & 0 \\ 0 & 1 & \cdots & 0 \\ \vdots & \vdots & \ddots & \vdots \\ 0 & 0 & \cdots & 1 \end{bmatrix}$$

A.2.7 正定矩阵(Positive definite matrix),对一个 $n \times n$ 的方阵 $\boldsymbol{V}$,如果对于所有的非 0 向量 $\boldsymbol{X}$ 都满足:$\boldsymbol{X}^{\mathrm{T}}\boldsymbol{VX} > 0$,则矩阵 $\boldsymbol{V}$ 为正定。如果 $\boldsymbol{X}^{\mathrm{T}}\boldsymbol{VX} \geqslant 0$,则矩阵 $\boldsymbol{V}$ 为半正定(Positive semidefinite matrix)。

A.2.8 正交矩阵(Orthogonal matrix),对一个 $n \times n$ 的方阵 $\boldsymbol{V}$,如果满足逆矩阵等于其转置,即 $\boldsymbol{V}^{-1} = \boldsymbol{V}^{\mathrm{T}}$,则称该矩阵正交。

A.2.9 矩阵奇异值分解(Matrix singular value decomposition),将一个矩阵表示为若干个比较简单的矩阵,称为矩阵分解。最常见的奇异值分解,即一个 $n \times m$ 的矩阵 $\boldsymbol{W}$,可以分解为:$\boldsymbol{W} = \boldsymbol{UDV}^{\mathrm{T}}$,其中 $\boldsymbol{U}$ 是一个 $n \times n$ 的方阵,$\boldsymbol{D}$ 是一个 $n \times m$ 的矩阵,$\boldsymbol{V}$ 是一个 $m \times m$ 的方阵,而且其中 $\boldsymbol{U}$ 和 $\boldsymbol{V}$ 是正交矩阵,$\boldsymbol{D}$ 为对角矩阵(注意:$\boldsymbol{D}$ 不一定为方阵)。其中对角矩阵,指的是除了主对角线之外的元素皆为 0 的矩阵。对角矩阵 $\boldsymbol{D}$ 的主对角线上的元素,称为矩阵 $\boldsymbol{W}$ 的奇异值(Singular value)。

A.2.10 广义逆矩阵(Generalized inverse),对一个 $n \times m$ 的矩阵 $\boldsymbol{W}$,存在另一个 $m \times n$ 的矩阵 $\boldsymbol{K}$,如果满足 $\boldsymbol{WKW} = \boldsymbol{W}$,则称矩阵 $\boldsymbol{K}$ 为矩阵 $\boldsymbol{W}$ 的广义逆矩阵。如果同时还满足,$\boldsymbol{KWK} = \boldsymbol{K}$,则称矩阵 $\boldsymbol{K}$ 为矩阵 $\boldsymbol{W}$ 的广义反身逆矩阵(Generalized reflexive inverse)。如果再满足 $(\boldsymbol{WK})^{\mathrm{T}} = \boldsymbol{WK}$ 和 $(\boldsymbol{KW})^{\mathrm{T}} = \boldsymbol{KW}$,则称矩阵 $\boldsymbol{K}$ 为矩阵 $\boldsymbol{W}$ 的摩尔-彭若斯广义逆矩阵(Moore-Penrose pseudoinverse),记作 $\boldsymbol{W}^{\dagger}$。

A.2.11 张量(Tensor),是将数据从标量、向量、矩阵,扩展到更高维度的一种表示形式。张量是现代机器学习的数据基础,随着 Tensorflow 的兴起而得到关注,是深度学习框架的核心组件。机器学习中定义的张量,是一种数据容器,如果放入一个标量数字,则称为 0 维张量;如果放入有方向有大小的一组标量,即向量,则称为 1 维张量;如果放入多个向量排列而成的矩阵,则称为 2 维张量;如果放入多个矩阵,则称为 3 维张量。例如一个图像可以用 3 维张量表示:(Width, Height, Depth),一个图像数据集可以用 4 维张量表示:(SampleSize, Width, Height, Depth)。

A.3.1 导数(Derivative),对于函数 $f(x)$,如果在 x 的取值范围内,存在一点 x_0,使得函数满足:$f'(x_0) = \lim\limits_{\Delta x \to 0} \dfrac{f(x_0 + \Delta x) - f(x_0)}{\Delta x}$,则称函数在 x_0 处可导,其中 $f'(x_0)$ 称为其导数,或者导函数。如果函数在其定义域内处处可导,记作 $f'(x)$,也称为一阶导函数,函数一阶可导,则函数一定连续(注意:连续函数不一定可导)。对导函数继续求导,称为二阶导数，记作 $f''(x)$。当函数有多个自变量 $f(x_1,x_2,\cdots,x_n)$，关于其中某一个变量的导数，称为偏导数（Partial derivative），记作 $\dfrac{\partial f}{\partial x_i}$，对偏导数再求导，称为二阶偏导数，记作 $\dfrac{\partial f^2}{\partial x_i \partial x_j}$。

对一个 n 维向量 $\boldsymbol{X}$ 的偏导数表示为 $\dfrac{\partial f(\boldsymbol{X})}{\partial \boldsymbol{X}} = \begin{bmatrix} \dfrac{\partial f(\boldsymbol{X})}{\partial x_1} \\[2mm] \dfrac{\partial f(\boldsymbol{X})}{\partial x_2} \\[2mm] \vdots \\[2mm] \dfrac{\partial f(\boldsymbol{X})}{\partial x_n} \end{bmatrix}$，向量的一阶导数，也称为梯度（Gradient）。

当多变量函数的值也为多个变量时，$(y_1,y_2,\cdots,y_m)=f(x_1,x_2,\cdots,x_n)$，表示为向量形式，即从 n 维向量 $\boldsymbol{X}$ 到 m 维向量 $\boldsymbol{Y}$ 的映射，其一阶偏导数构成矩阵，称为雅可比矩阵（Jacobian matrix），表示如下：

$$\frac{\partial f_{\boldsymbol{Y}}(\boldsymbol{X})}{\partial \boldsymbol{X}} = \begin{bmatrix} \dfrac{\partial f_{y_1}(\boldsymbol{X})}{\partial x_1} & \dfrac{\partial f_{y_2}(\boldsymbol{X})}{\partial x_1} & \cdots & \dfrac{\partial f_{y_m}(\boldsymbol{X})}{\partial x_1} \\[3mm] \dfrac{\partial f_{y_1}(\boldsymbol{X})}{\partial x_2} & \dfrac{\partial f_{y_2}(\boldsymbol{X})}{\partial x_2} & \cdots & \dfrac{\partial f_{y_m}(\boldsymbol{X})}{\partial x_2} \\[3mm] \vdots & \vdots & \ddots & \vdots \\[3mm] \dfrac{\partial f_{y_1}(\boldsymbol{X})}{\partial x_n} & \dfrac{\partial f_{y_2}(\boldsymbol{X})}{\partial x_n} & \cdots & \dfrac{\partial f_{y_m}(\boldsymbol{X})}{\partial x_n} \end{bmatrix}$$

对一个 n 维向量 $\boldsymbol{X}$ 的二阶偏导数构成方阵，称为海森矩阵（Hessian matrix），表示如下：

$$\frac{\partial f^2(\boldsymbol{X})}{\partial \boldsymbol{X}} = \begin{bmatrix} \dfrac{\partial f^2(\boldsymbol{X})}{\partial x_1 \partial x_1} & \dfrac{\partial f^2(\boldsymbol{X})}{\partial x_1 \partial x_2} & \cdots & \dfrac{\partial f^2(\boldsymbol{X})}{\partial x_1 \partial x_n} \\[3mm] \dfrac{\partial f^2(\boldsymbol{X})}{\partial x_2 \partial x_1} & \dfrac{\partial f^2(\boldsymbol{X})}{\partial x_2 \partial x_2} & \cdots & \dfrac{\partial f^2(\boldsymbol{X})}{\partial x_2 \partial x_n} \\[3mm] \vdots & \vdots & \ddots & \vdots \\[3mm] \dfrac{\partial f^2(\boldsymbol{X})}{\partial x_n \partial x_1} & \dfrac{\partial f^2(\boldsymbol{X})}{\partial x_n \partial x_2} & \cdots & \dfrac{\partial f^2(\boldsymbol{X})}{\partial x_n \partial x_n} \end{bmatrix}$$

A.3.2 链式法则（Chain rule），复合函数偏导数的运算常用法则，如果有函数 $Y=f(X)$ 和函数 $Z=g(Y)$，则 $\dfrac{\partial Z}{\partial X} = \dfrac{\partial Z}{\partial Y} \dfrac{\partial Y}{\partial X}$。

A.3.3 常用函数与导数，多项式（Polynomial），$f(x)=x^r$，其中 r 为非 0 实数，其导数表示为：$\dfrac{\partial f}{\partial x} = rx^{r-1}$。

指数（Exponential），$f(x)=\exp(x)=\mathrm{e}^x$，其导数表示为：$\dfrac{\partial f}{\partial x}=\exp(x)$。

对数（Logarithm），$f(x)=\mathrm{Ln}(x)=\mathrm{Log}_e x$，其导数表示为：$\dfrac{\partial f}{\partial x}=\dfrac{1}{x}$。

Sigmoid 函数，$f(x) = \dfrac{1}{1+\exp(-x)} = \dfrac{1}{1+e^{-x}}$，其导数为：$\dfrac{\partial f}{\partial x} = \dfrac{e^{-x}}{(1+e^{-x})^2} = f(x)(1-f(x))$。

Tanh 函数，$f(x) = \dfrac{\exp(x)-\exp(-x)}{\exp(x)+\exp(-x)} = \dfrac{e^x-e^{-x}}{e^x+e^{-x}}$，其导数为：$\dfrac{\partial f}{\partial x} = 1-(f(x))^2$。

Softmax 函数，是将向量映射到一个总合为1的概率分布。对一个 n 维向量 $\boldsymbol{X}$，函数可以表示为：

$$z_k = \mathrm{softmax}(x_k) = \frac{\exp(x_k)}{\sum\limits_{i=1}^{n}\exp(x_i)}, k=\{1,2,\cdots,n\}$$

同时，$z_k \in [0,1]$，$\sum\limits_{k=1}^{n} z_k = 1$。将 Softmax 函数表示为向量形式，则

$$\boldsymbol{Z} = \mathrm{softmax}(\boldsymbol{X}) = \begin{bmatrix} \dfrac{\exp(x_1)}{\sum\limits_{i=1}^{n}\exp(x_i)} \\ \dfrac{\exp(x_2)}{\sum\limits_{i=1}^{n}\exp(x_i)} \\ \vdots \\ \dfrac{\exp(x_n)}{\sum\limits_{i=1}^{n}\exp(x_i)} \end{bmatrix}$$

其导数为

$$\frac{\partial\,\mathrm{softmax}(\boldsymbol{X})}{\partial \boldsymbol{X}} = \mathrm{diag}(\mathrm{softmax}(\boldsymbol{X})) - \mathrm{softmax}(\boldsymbol{X})(\mathrm{softmax}(\boldsymbol{X}))^{\mathrm{T}}$$

其中，$\mathrm{diag}(\mathrm{softmax}(\boldsymbol{X})) = \exp(\boldsymbol{X})$。

A.4.1　欧氏距离(Euclidean distance)，两个 n 维向量 $\boldsymbol{X}$ 和 $\boldsymbol{A}$ 的相似程度称为距离，常用的闵科夫斯基距离，也简称闵氏距离定义如下：

$$d = \sqrt[p]{\sum_{k=1}^{n}|x_{1k}-a_{1k}|^p}$$

其中，$p=1$ 为曼哈顿距离(Manhattan distance)，即绝对值距离。

$p=2$ 为最常用的欧氏距离，即平方根距离。

$p=\infty$ 为切比雪夫距离，即最大逼近距离。

A.5.1　样本空间，一个随机实验的所有可能结果的集合，称为样本空间。样本空间中的每个实验结果称为样本点。例如，投掷硬币的样本空间就是 $\{0,1\}$，投掷骰子的样本空间是 $\{1,2,3,4,5,6\}$。随机实验也可以有多个样本空间，例如，随机抽取不包含大小王的扑克牌的样本空间，可以是数字 $\{1,2,\cdots,13\}$，也可以是不同花色 $\{1,2,3,4\}$。

A.5.2　随机变量，在随机实验中，样本空间的一个子集称为随机事件，随机事件以一定的概率发生，例如对机会均等的抛硬币实验，可以定义正面的随机事件，其概率为 0.5；反面的随机事件，其概率为 0.5；不是正面也不是反面，其概率为 0；不是正面就是反面的概率

为 1。一个随机事件中的样本点，称为随机变量。例如，投掷两个骰子的随机事件中，可以定义随机变量 X，为两个骰子的点数的和，也可以定义随机变量 Y，为两个骰子的点数的差的绝对值，表示如下：

$$X(i,j) := i + j, \quad x = 2,3,4,\cdots,12$$
$$Y(i,j) := |i - j|, \quad y = 0,1,2,3,4,5$$

其中 i,j 分别为两个骰子的点数，随机变量 X 可有 11 个整数值，而随机变量 Y 只有 6 个整数值。

当随机变量的取值为有限而且可枚举时，称为离散随机变量，表示为 $\{x_1, x_2, \cdots, x_n\}$。

为了解随机离散变量的规律，统计其每种可能取值的概率，表示如下：

$$P(X = x_i) = p(x_i), \quad i = \{1,2,\cdots,n\}$$

其中 $p(x_1), p(x_2), \cdots, p(x_n)$ 称为离散随机变量 X 的概率分布（Probability distribution）或者分布，且满足 $p(x_i) \geqslant 0, \sum_{i=1}^{n} p(x_i) = 1$。

当随机变量的取值由实数构成，且不可枚举，则称为连续随机变量，表示为：

$$\{x \mid a \leqslant x \leqslant b\}, \quad -\infty < a < b < +\infty$$

连续随机变量的值是不可数的，每一个具体值 x_i 的概率为 0，这与离散随机变量完全不同，因此连续随机变量的概率分布用概率密度函数（Probability Density Function，PDF）来描述，记作 $p(x)$，且满足 $\int_{-\infty}^{+\infty} p(x)\mathrm{d}x = 1, p(x) \geqslant 0$。

A.5.3 常见离散随机变量的分布。

伯努利分布（Bernoulli distribution）又称为 0-1 分布，如果一次实验中，结果为成功，则随机变量取值为 1，否则随机变量取值为 0，假设成功概率为 μ，失败的概率则为 $1-\mu$，离散随机变量的概率分布表示为：$p(x) = \mu^x (1-\mu)^{(1-x)}$。

二项分布（Binomial distribution），在 n 次独立的伯努利实验中，如果每次实验的成功概率为 μ，则 n 次实验得到 k 次成功结果的概率分布表示如下：

$$p(x = k) = \binom{n}{k} \mu^k (1-\mu)^{(n-k)}, \quad k = \{1,2,\cdots,n\}, \quad \binom{n}{k} = \frac{n!}{k!(n-k)!}$$

A.5.4 常见连续随机变量的分布。

均匀分布（Uniform distribution），均匀分布在区间 $[a,b]$ 上的连续随机变量，概率密度函数表示如下：

$$p(x) = \begin{cases} \dfrac{1}{b-a}, & a \leqslant x \leqslant b \\ 0, & x < a \text{ 或 } x > b \end{cases}$$

正态分布（Normal distribution）即高斯分布（Gaussian distribution），是自然界最常见的一种分布，常用于表示一个不确定分布的随机变量，其概率密度函数表示为：$p(x) = \dfrac{1}{\sigma\sqrt{2\pi}} \exp\left(-\dfrac{(x-\mu)^2}{2\sigma^2}\right)$，其中 $\sigma > 0$，称为尺度参数，μ 为位置参数，如果一个随机变量 x 服从正态分布，记作 $x \sim N(\mu, \sigma^2)$。常用的标准正态分布（Standard normal distribution），为 $\mu = 0, \sigma^2 = 1$。

A.5.5　随机向量，指一组随机变量构成的向量，一个 n 维随机向量表示为：

$$\boldsymbol{X} = \begin{bmatrix} x_1 & x_2 & \cdots & x_n \end{bmatrix}^{\mathrm{T}}$$

离散随机变量构成的向量称为离散随机向量，连续随机变量构成的向量称为连续随机向量。

A.5.6　离散随机向量的联合概率分布，离散随机向量的联合概率分布（Joint probability distribution），表示为 $P(\boldsymbol{X}) = p(x_1, x_2, \cdots, x_n)$。如果随机事件 x_i 的样本空间为 S_i，则联合分布满足：$p(x_1, x_2, \cdots, x_n) \geqslant 0, \forall x_1 \in S_1, x_2 \in S_2, \cdots, x_n \in S_n$，而且 $\displaystyle\sum_{x_1 \in S_1} \sum_{x_2 \in S_2} \cdots \sum_{x_n \in S_n} p(x_1, x_2, \cdots, x_n) = 1$。

多项分布（Multinomial distribution）是一种常见的离散向量概率分布，是二项分布在随机向量的推广。对 n 次独立的实验，其结果有 m 种，且每种结果发生的概率互斥且和为1，则记录每一次实验得到某种结果的次数，构成一个 m 维随机向量 $\boldsymbol{X}$，每次实验得到某种结果的概率，构成一个 m 维随机向量 $\boldsymbol{U}$，则联合概率分布表示如下：

$$P(\boldsymbol{X} \mid \boldsymbol{U}) = \frac{n!}{x_1! x_2! \cdots x_m!} \prod_{i=1}^{m} u_i, \quad \sum_{i=0}^{m} x_i = n, \quad \sum_{i=1}^{m} u_i = 1$$

A.5.7　连续随机向量的联合概率密度函数，连续随机向量的联合概率密度函数（Joint probability density function），表示为：

$$\int_{-\infty}^{+\infty} \int_{-\infty}^{+\infty} \cdots \int_{-\infty}^{+\infty} p(x_1, x_2, \cdots, x_n) \mathrm{d}x_1 \mathrm{d}x_2 \cdots \mathrm{d}x_n = 1, \quad P(\boldsymbol{X}) = p(x_1, x_2, \cdots, x_n) \geqslant 0$$

多元正态分布（Multivariate normal distribution）也称为多元高斯分布（Multivariate Gaussian distribution），常见的连续随机向量分布。一个 n 维随机向量 $\boldsymbol{X}$ 服从 n 元正态分布，其密度函数为：

$$P(\boldsymbol{X}) = \frac{1}{(2\pi)^{\frac{n}{2}} |\boldsymbol{M}|^{\frac{1}{2}}} \exp\left(-\frac{1}{2}(\boldsymbol{X} - \boldsymbol{U})^{\mathrm{T}} \boldsymbol{M}^{-1} (\boldsymbol{X} - \boldsymbol{U})\right)$$

其中 $\boldsymbol{U}$ 为 n 维位置向量，$\boldsymbol{M}$ 为 $n \times n$ 的半正定方阵，其中 $|\boldsymbol{M}|$ 为矩阵的行列式。

各项同性高斯分布（Isotropic Gaussian distribution），若将多元高斯分布的矩阵 $\boldsymbol{M}$ 简化为对角阵，表示为 $\boldsymbol{M} = \sigma^2 \boldsymbol{I}_n$，则随机向量的每个随机变量都独立，且有相同的尺度参数，称这样的多元高斯分布为各项同性高斯分布。

A.5.8　条件分布，两个相关的离散随机向量 $\boldsymbol{X}$ 和 $\boldsymbol{Y}$，在 $\boldsymbol{X} = x$ 的条件下，$\boldsymbol{Y} = y$ 的条件概率分布（Conditional probability），简称为条件分布，表示为：

$$P(\boldsymbol{Y} \mid \boldsymbol{X}) = P(\boldsymbol{Y} = y \mid \boldsymbol{X} = x) = \frac{p(x, y)}{p(x)}$$

两个相关的连续随机向量 $\boldsymbol{X}$ 和 $\boldsymbol{Y}$，在 $\boldsymbol{X} = x$ 的条件下，$\boldsymbol{Y} = y$ 的条件概率密度函数（Conditional probability density function），也简称为条件分布，表示为：

$$P(\boldsymbol{Y} \mid \boldsymbol{X}) = P(\boldsymbol{Y} = y \mid \boldsymbol{X} = x) = \frac{p(x, y)}{p(x)}$$

A.5.9　贝叶斯公式，两个相关的随机向量 $\boldsymbol{X}$ 和 $\boldsymbol{Y}$，在 $\boldsymbol{Y} = y$ 的条件下，$\boldsymbol{X} = x$ 的条件分布表示为：

$$P(\boldsymbol{X} \mid \boldsymbol{Y}) = P(\boldsymbol{X} = x \mid \boldsymbol{Y} = y) = \frac{p(x, y)}{p(y)}$$

所以，贝叶斯定理（Bayes' theorem）或者贝叶斯公式表示为：

$$P(\boldsymbol{Y} \mid \boldsymbol{X}) = \frac{P(\boldsymbol{X} \mid \boldsymbol{Y})p(y)}{p(x)}$$

A.5.10 独立与条件独立，对两个离散或者连续随机向量 $\boldsymbol{X}$ 和 $\boldsymbol{Y}$，如果其联合概率分布或联合概率密度函数，满足 $P(\boldsymbol{X}, \boldsymbol{Y}) = P(\boldsymbol{X})P(\boldsymbol{Y})$，则称 $\boldsymbol{X}$ 和 $\boldsymbol{Y}$ 相互独立（Independence），记作 $\boldsymbol{X} \perp \boldsymbol{Y}$。对 3 个离散或连续随机向量 $\boldsymbol{X}$、$\boldsymbol{Y}$ 和 $\boldsymbol{Z}$，如果条件分布满足 $P(\boldsymbol{X}, \boldsymbol{Y} \mid \boldsymbol{Z}) = P(\boldsymbol{X} \mid \boldsymbol{Z})P(\boldsymbol{Y} \mid \boldsymbol{Z})$，则称在条件 $\boldsymbol{Z}$ 下，$\boldsymbol{X}$ 和 $\boldsymbol{Y}$ 条件独立（Conditional independence），记作 $\boldsymbol{X} \perp\!\!\!\perp \boldsymbol{Y} \mid \boldsymbol{Z}$。

A.5.11 期望和方差，对离散随机向量 $\boldsymbol{X}$，其概率分布为 $p(x_1), p(x_2), \cdots, p(x_n)$，则定义 $\boldsymbol{X}$ 的期望或者均值为：$E(\boldsymbol{X}) = \sum_{i=1}^{n} x_i p(x_i)$。

对连续随机向量 $\boldsymbol{X}$，其概率密度函数为 $p(x)$，则定义 $\boldsymbol{X}$ 的期望为：$E(\boldsymbol{X}) = \int_{-\infty}^{+\infty} x p(x)\mathrm{d}x$。

随机向量 $\boldsymbol{X}$ 的方差用来表示其概率分布的离散程度，即 $\boldsymbol{X}$ 与期望的距离，定义为：

$$\mathrm{Var}(\boldsymbol{X}) = E((\boldsymbol{X} - E(\boldsymbol{X}))^2)$$

一个 n 维随机向量 $\boldsymbol{X}$ 和一个 m 维随机向量 $\boldsymbol{Y}$ 的概率分布之间的距离，定义为协方差（Covariance），表示如下：

$$\mathrm{Cov}(\boldsymbol{X}, \boldsymbol{Y}) = E((\boldsymbol{X} - E(\boldsymbol{X}))(\boldsymbol{Y} - E(\boldsymbol{Y}))^{\mathrm{T}})$$

协方差的值为 $n \times m$ 的矩阵也称为协方差矩阵，如果两个随机向量的协方差矩阵为对角阵，则称这两个随机向量是无关的。

A.5.12 大数定律，一个 n 维随机向量 $\boldsymbol{X}$，当 n 趋于无穷大时，$\frac{1}{n}\sum_{i=1}^{n} x_i = E(\boldsymbol{X})$。

A.5.13 马尔可夫过程，一组随机变量的集合称为随机过程。当一个随机过程，在给定当前状态以及所有过去状态的情况下，其未来状态的条件概率分布仅由当前状态决定，则称该随机过程具有马尔可夫性质（Markov property），具有马尔可夫性质的随机过程称为马尔可夫过程。常见的时间相关的随机过程有随机游走和马尔可夫过程，常见的空间相关随机过程也称为随机场，例如一张二维的图片像素就组成一个随机场。

时间离散的马尔可夫过程又称为马尔可夫链（Markov chain），马尔可夫链的条件概率分布表示如下：

$$P(\boldsymbol{X}_{t+1} = x_i \mid \boldsymbol{X}_t = x_j) = \boldsymbol{T}(x_i, x_j)$$

其中 $\boldsymbol{T}(x_i, x_j)$ 为状态转移矩阵，其中元素表示从状态 x_i 转移到 x_j 的概率。当状态转移矩阵 $\boldsymbol{T}$ 不随时间而改变时，称为时间同质的马尔可夫链（Time homogeneous Markov chains）。对于一个 n 维状态空间，如果存在概率分布向量 $\boldsymbol{\pi} = \begin{bmatrix} \pi_1 & \pi_2 & \cdots & \pi_n \end{bmatrix}^{\mathrm{T}}$，满足 $0 \leqslant \pi_i \leqslant 1$ 和 $\sum_{i=1}^{n} \pi_i = 1$，对于时间同质的马尔可夫链的转移矩阵，满足 $\boldsymbol{\pi} = \boldsymbol{T}\boldsymbol{\pi}$，则 $\boldsymbol{\pi}$ 称为该马尔可夫链的平稳分布（Stationary distribution）。

A.5.14 高斯过程，也是一种广泛应用的时间或空间上连续的随机过程。在一个随机过程中，每个状态点都是一个服从正态分布的随机变量，这些随机变量的每个有限集合都服从多元正态分布，称该随机过程为高斯过程。高斯过程的分布是所有随机变量的联合分布。在机器学习中,常利用高斯过程来对函数分布直接建模,称为高斯过程回归(Gaussian process regression),高斯回归是一种非参数机器学习模型。

　　A.5.15　拉格朗日乘子,数学优化问题(Mathematical optimization)也称为最优化问题,是在一定的约束条件下,求解目标函数的极值问题。当目标函数和约束函数均为线性函数,则该问题为线性规划问题(Linear programming);反之,如果目标函数或约束函数中的任何一个为非线性函数,则该问题为非线性规划问题(Nonlinear programming)。优化问题一般通过迭代的方式求解,通过一个初始值,不断迭代产生新的猜测,直到收敛到期望的最优解。优化算法的迭代方法有线性搜索和置信域,其中机器学习中常用的线性搜索方法包括梯度下降法和牛顿法。对很多非线性优化问题,存在若干个局部最小值,一般求局部最小值很容易,但是局部最小值不一定为全局最优值。对线性规划或者非线性优化中的凸优化问题(Convex programming),局部最优值就是全局最优值。

　　对于约束优化问题,可以表示如下:

$$\min_x f(x)$$
$$\text{s. t.} \quad \begin{aligned} &h_i(x)=0, i=1,2,\cdots,m \\ &g_i(x)\leqslant 0, i=1,2,\cdots,n \end{aligned}$$

其中 $h_i(x)$ 为等式约束函数,$g_i(x)$ 为不等式约束函数,则可以通过构造拉格朗日乘子(Lagrange multiplier)把约束项添加到原函数中,构造新的函数,以便于求导。

　　A.5.16　最大似然估计(Maximum likelihood estimation),对给定样本取值,当模型已定,而参数未知,通过观测数据的分布,来推测该样本最有可能来自何种参数取值时的观测结果。对 n 个观测样本,表示为 $x_1,x_2,\cdots,x_n$,定义似然函数如下:

$$\text{Like}(\theta|x_1,x_2,\cdots,x_n)=f_\theta(x_1,x_2,\cdots,x_n)$$

其中 f_θ 是在参数为 θ 时,观测到采样值的概率分布或概率密度函数,在 θ 的所有可能取值中,找到一个值使得似然函数取得最大值,此时的参数 θ 为最大似然估计。

　　A.6.1　交叉熵,某一个随机事件发生的概率越大,则提供的信息越少;反之,如果某一个随机事件发生的概率越小,则提供的信息越多。信息熵(Entropy)用来描述一个随机事件信息量的均值,在机器学习中常用到交叉熵(Cross entropy),定义如下:

$$H(\boldsymbol{X},\boldsymbol{Y})=-\sum_{i=1}^{n}p(x_i)\log p(y_i)$$

其中 $\boldsymbol{X}$ 和 $\boldsymbol{Y}$ 为两个 n 维离散随机向量,$p(x)$ 是向量 $\boldsymbol{X}$ 的概率分布,$p(y)$ 是向量 $\boldsymbol{Y}$ 的概率分布,当交叉熵越小,则两个随机向量的分布越接近,反之,交叉熵越大,两个随机向量的分布越远离。

　　相对熵也称为散度,定义如下:

$$H(\boldsymbol{X}\parallel\boldsymbol{Y})=\sum_{i=1}^{n}p(x_i)\log\frac{p(x_i)}{p(y_i)}$$

　　一般 $H(\boldsymbol{X}\parallel\boldsymbol{Y})\neq H(\boldsymbol{Y}\parallel\boldsymbol{X})$,散度越小,则两个随机向量的分布越接近;反之,散度越大,两个随机向量的分布越远离。

　　A.7.1　算法复杂度,指的是算法在某个计算模型(例如计算机、单片机等)运行时所需要的计算资源。时间和空间是最重要的两项资源,其中定义算法输入变量的长度为 n,算法运行时间与 n 的函数关系称为算法的时间复杂度(Time complexity),记作 $\text{TO}(f(n))$。算法的空间复杂度（Space complexity），与时间复杂度相似，定义为运行该算法所耗费的存储空间，也是算法规模 n 的函数，记作 $\mathrm{SO}(f(n))$。

如果在多项式时间内，对一个算法问题能够得到确定唯一的最优解，则该问题为 P 类问题。如果在多项式时间内，对一个算法问题能够得到不确定是否最优的解，则该问题为 NP 问题。NP 困难问题，指的是在多项式时间内，所有 NP 问题都可以转换到这个问题，则该问题称为 NP 困难问题，但是 NP 困难问题未必在多项式时间内求得确定解，即 NP 困难问题不一定是 NP 问题。如果一个 NP 问题又是 NP 困难问题，则称该问题为 NP 完全问题。

A.8.1 上溢和下溢，当在计算模型（例如计算机、单片机）上实现连续数学计算的时候，基于计算模型对数据的表示形式不同，尤其对浮点数会采用近似表示，从而造成误差的累积，当数据非常小接近 0 时会被四舍五入为 0，如果该数据恰好在分数的分母上，就会造成被 0 除的错误，这种因为数据过小而引起的舍入误差称为下溢（Underflow）。当计算结果是一个非常大的数据，超出了计算模型的表示能力，从而破坏了计算模型的正确表示形式产生错误的结果，这种因为数据过大而引起的错误称为上溢（Overflow）。

A.9.1 物联网（Internet of Things），是指在互联网基础上扩展的物与物互联的网络，终端设备从计算机扩展到所有物体。物联网的部署涉及多种技术，例如处理器、网络协议、嵌入式系统、无线通信、传感器技术、射频识别技术。未来的物联网智能化主要依靠嵌入式系统提供计算平台。嵌入式系统（Embedded system）是一种专用的微型实时计算机集成系统，常由微处理器（Microprocessor）和外围设备构成。在实际应用中，嵌入式系统常被集成到单一芯片的集成电路中，也称为片上系统（System on Chip，SoC）。常见的 SoC 通过专用集成电路（Application Specific Integrated Circuit，ASIC）和现场可编程逻辑门阵列（Field Programmable Gate Array，FPGA）来实现。

A.9.2 微处理器 ARM，是一种低成本、高性能、低功耗的微处理器架构，广泛应用在嵌入式系统的设计中，覆盖智能手机、游戏机、多媒体播放器、路由器、导弹的弹载嵌入式系统等应用领域。目前 ARM Cortex-A 系列处理器主要为低成本智能手机和数字机顶盒等应用提供解决方案；ARM Cortex-R 系列处理器主要为高可靠和容错能力、实时响应的嵌入式系统提供解决方案；ARM Cortex-M 系列处理器向上兼容，为未来的物联网应用而设计，支持智能测量，汽车电子控制、医疗器械等终端应用。

A.9.3 可编程逻辑门阵列 FPGA，是专用集成电路中的一种半定制电路，相对于 ARM 等专用集成电路速度要慢，但是内部逻辑可以被反复修改，方便灵活，便于算法的更新和错误的修正，可以很好地满足物联网日新月异的需求。尤其深度学习模型需要大量数据和并行计算能力，相对于体积大价格昂贵的图形处理单元（GPU）以及人工智能专用芯片的架构一旦制成不能修改的不足*，FPGA 为飞速发展的人工智能技术在未来的物联网应用，提供了一个可灵活编程的折中解决方案。为适应物联网时代的应用细分，目前 ARM＋FPGA 的混合设计在物联网设备的智能化中成为趋势。

A.9.4 云计算，是一个用于海量数据处理的计算平台。在物联网时代的云计算，面对物联网产生的海量数据，必须将云计算中心的部分服务迁移到位于网络边缘的物联网嵌入

---

* 人工智能芯片，即 AI 芯片，一般对特定算法或场景进行加速，制成后不能更改，存在不够灵活的缺点。

式设备上,也称为边缘计算。尤其面对深度学习模型在物联网中的广泛部署,常采用的计算模式为:深度模型的训练在云计算中心的高速服务器集群完成,模型运行在嵌入式设备上,也称为分布式智能计算。在物联网边缘的嵌入式设备,实现边缘计算智能化的优势在于:当无网络服务时可直接提供智能计算,避免网络传输的延时问题,能更好地保障终端数据的安全和隐私。

　　A.9.5　5G 通信,通信技术分为有线和无线两种,在实体物质上传输信号,则称为有线通信,实体物质也称为有线介质,通常采用光纤、双绞线和同轴电缆等。在自由空间中非接触的传输信号称为无线通信,短距离通信标准有 Wi-Fi、ZigBee、蓝牙、红外、NFC 和 RFID等,中长距离通信有传统的 2G/3G/4G 和现代的 5G 通信。5G 是指未来高速的移动通信标准,有高数据传输速率、低网络延迟的优势。5G 网络让物联网传感器采集、传输和储存数据更加快捷,为机器学习模型的云端计算和边缘运行,协同训练,以及模型嵌入化、分布化和并行化提供了高质量的网络环境。

机器学习资源列表

1. 机器学习 UCI 数据集，网址：http://archive.ics.uci.edu/ml/index.php

2. 机器学习竞赛 Kaggle 数据集，Python 学习，网址：https://www.kaggle.com/

3. 手写数字识别数据集，网址：http://yann.lecun.com/exdb/mnist/

4. MATLAB 机器学习例程，网址：

https://www.mathworks.com/help/stats/examples.html? category＝index&s_tid＝CRUX_lftnav_example_index

5. Octave 开源软件下载，网址：http://www.gnu.org/software/octave/download.html

6. Python 安装包下载，网址：https://www.python.org/downloads/

7. Xilinx Vivado 2018，Vivado HLS 安装包下载，网址：https://www.xilinx.com/

8. Python 机器学习 Sklearn 库，网址：https://scikit-learn.org/stable/

9. C/C++机器学习 Dlib 库，网址：http://dlib.net/

10. 台湾大学林智仁支持向量机 LIBSVM 库，网址：https://www.csie.ntu.edu.tw/~cjlin/

11. 清华大学开源知识表示学习平台，网址：http://139.129.163.161//

12. 机器学习和深度学习网站汇总，网址：https://github.com/mlhub123/mlhub123

13. 台湾大学林轩田机器学习在线课程，网址：https://www.csie.ntu.edu.tw/~htlin/

14. 斯坦福大学机器学习课程 CS229，网址：http://cs229.stanford.edu/

15. 加州大学伯克利分校人工智能课程 CS188，网址：http://ai.berkeley.edu/home.html

数学推导 BPTT 算法

循环神经网络 RNN 是基于时序数据的神经网络模型,因此传统的 BP 算法并不完全适合 RNN 模型的训练。简单的 RNN 一般由输入层、隐含层、输出层构成,其中隐含层采用反馈机制,从而使得 RNN 具有记忆能力,为减少模型参数,保证泛化性能,RNN 与 CNN 相似,引入权重参数共享,RNN 每个时刻的网络参数共享。

对有 n 个样本的训练数据集,一个简单 RNN 模型,第 i 个输入层神经元,在 t 时刻的样本特征输入表示为 $x_i^{(t)}$,第 j 个隐含层神经元,在 $t-1$ 时刻的输出表示为 $h_j^{(t-1)}$,在 t 时刻的输出表示为 $h_j^{(t)}$,第 k 个输出层神经元,在 t 时刻预测输出表示为 $y_k^{(t)}$,则 RNN 模型表示如下:

$$h_j^{(t)} = f(\mathrm{net}_j^{(t)})$$

$$\mathrm{net}_j^{(t)} = \sum_i^n w_{ji} x_i^{(t)} + \sum_s^m u_{js} h_s^{(t-1)} + b_j$$

$$y_k^{(t)} = \sum_j^m v_{kj} h_j^{(t)} + b_k$$

其中激活函数 $f(\mathrm{net}) = \dfrac{1}{1+\mathrm{e}^{-\mathrm{net}}}$,$b$ 为网络偏置参数,取常数,m 为隐含层神经元数。

定义 RNN 的代价函数为:

$$L = \frac{1}{2} \sum_p^n \sum_k^o (d_{pk} - y_{pk})^2$$

其中 n 为训练数据集样本数,o 为输出层神经元数,d 为标签值,y 是 RNN 网络预测值,根据梯度下降,RNN 模型参数更新公式如下所示:

$$\theta := \theta - \alpha \frac{\partial L}{\partial \theta} \quad (\theta: \boldsymbol{V}, \boldsymbol{W}, \boldsymbol{U})$$

其中 α 为学习率。根据链式规则(Chain rule)计算 3 个权重参数矩阵的变化,公式如下所示。

首先,代价函数对输出权重参数 $\boldsymbol{V}$ 的变化如下:

$$\frac{\partial L}{\partial v_{kj}} = \frac{\partial L}{\partial y_{pk}} \cdot \frac{\partial y_{pk}}{\partial v_{kj}} = -(d_{pk} - y_{pk}) \cdot \sum_j^m h_j^{(t)}$$

定义 $\delta_{pk} = (d_{pk} - y_{pk})$ 为输出残差(Error for output)。则,$\dfrac{\partial L}{\partial v_{kj}} = -\delta_{pk} \cdot \sum_j^m h_j^{(t)}$

其次，代价函数对输入权重参数 $\boldsymbol{W}$ 的变化如下：

$$\frac{\partial L}{\partial w_{ji}} = \left[\sum_k^m \left(\frac{\partial L}{\partial y_{pk}} \cdot \frac{\partial y_{pk}}{\partial h_{pj}} \right) \right] \cdot \frac{\partial h_{pj}}{\partial \mathrm{net}_{pj}} \cdot \frac{\partial \mathrm{net}_{pj}}{\partial w_{ji}}$$

$$= \left[\sum_k^m \left(-(d_{pk} - y_{pk}) \cdot v_{kj} \right) \right] \cdot f'(\mathrm{net}_{pj}) \cdot \sum_i^n x_i^{(t)}$$

定义 $\varphi_{pj} = \left[\sum_k^m \left((d_{pk} - y_{pk}) \cdot v_{kj} \right) \right] \cdot f'(\mathrm{net}_{pj}) = \left[\sum_k^m (\delta_{pk} \cdot v_{kj}) \right] \cdot f'(\mathrm{net}_{pj})$ 为隐含残差（Error for hidden）。则

$$\frac{\partial L}{\partial w_{ji}} = -\varphi_{pj} \cdot \sum_i^n x_i^{(t)}$$

最后，代价函数对隐含层权重参数 $\boldsymbol{U}$ 的变化如下：

$$\frac{\partial L}{\partial u_{js}} = \left[\sum_k^m \left(\frac{\partial L}{\partial y_{pk}} \cdot \frac{\partial y_{pk}}{\partial h_{pj}} \right) \right] \cdot \frac{\partial h_{pj}}{\partial \mathrm{net}_{pj}} \cdot \frac{\partial \mathrm{net}_{pj}}{\partial u_{js}}$$

$$= \left[\sum_k^m \left(-(d_{pk} - y_{pk}) \cdot v_{kj} \right) \right] \cdot f'(\mathrm{net}_{pj}) \cdot \sum_s^m h_s^{(t-1)}$$

根据输出残差和隐含残差定义，则

$$\frac{\partial L}{\partial u_{js}} = -\varphi_{pj} \cdot \sum_s^m h_s^{(t-1)}$$

所以，权重参数更新公式如下：

$$\begin{cases} \Delta v_{kj} = \alpha \sum_p^n \left(\delta_{pk} \sum_j^m h_{pj}^{(t)} \right) \\[2mm] \Delta w_{ji} = \alpha \sum_p^n \left(\varphi_{pj} \sum_i^n x_{pi}^{(t)} \right) \\[2mm] \Delta u_{js} = \alpha \sum_p^n \left(\varphi_{pj} \sum_s^m h_{ps}^{(t-1)} \right) \end{cases}$$

最后，均方误差代价函数常用于回归。对不同的代价函数，例如：

模型输出服从高斯分布，则代价函数可以用高斯均方误差：

$$L = -\sum_p^n \sum_k^o \frac{(d_{pk} - y_{pk})^2}{2\sigma^2}$$

其中 σ 为高斯分布常数。

模型输出 1 和 0 离散二分类，则代价函数可以用交叉熵：

$$L = \sum_p^n \sum_k^o \left(d_{pk} Ln(y_{pk}) + (1 - d_{pk}) Ln(1 - y_{pk}) \right)$$

模型输出 1-of-n 离散多分类，则代价函数可以用概率代价函数：

$$L = \sum_p^n \sum_k^o \left(d_{pk} Ln(\mathrm{softmax}(\mathrm{net}_k)) \right)$$

其中 $\mathrm{softmax}(\mathrm{net}_k) = \dfrac{\mathrm{e}^{\mathrm{net}_k}}{\sum\limits_q \mathrm{e}^{\mathrm{net}_k}}$，$q$ 为遍历所有输出神经元。

以上代价函数的 BPTT 算法实现，均可参考相关文献推导。在机器学习算法的实际工程应用中，可调用机器学习算法库函数，数学推导过程仅作为理解算法原理的参考。

参 考 文 献

［1］ MOHSSEN M，MUHAMMAD B K，EIHAB B M B. *Machine Learning：Algorithms and Applications*［M］. Boca Raton：CRC Press Taylor & Francis Group，2017.

［2］ PHIL K. *MATLAB Deep Learning-with Machine learning，Neural Networks and Artificial Intelligence*［M］. New York：Apress，2017.

［3］ IAN G，YOSHUA B，AARON C. *Deep learning*［M］. Cambridge：MIT Press，2016.

［4］ DAVID L P，ALAN K M. *Artificial Intelligence：Foundations of Computational Agents*［M］. 2nd ed. Oxford：Cambridge University Press，2017.

［5］ CHRISTOPHER M B. *Pattern Recognition and Machine Learning*［M］. Berlin：Springer，2007.

［6］ ABHIJIT S P，ROBERT B M. *Pattern Recognition with Neural Networks in C++*［M］. Boca Raton：CRC Press，1995.

［7］ PETER H. *Machine Learning in Action*［M］. Greenwich：Manning Publications，2012.

［8］ MICHAEL B. *Machine Learning in Python-Essential Techniques for Predictive Analysis*［M］. New Jersey：John Wiley & Sons，2015.

［9］ ANDREW NG. Machine Learning［EB/OL］. http://openclassroom. stanford. edu/MainFolder/CoursePage. php？course＝MachineLearning.

［10］ 李航. 统计学习方法［M］. 北京：清华大学出版社，2012.

［11］ 周志华. 机器学习［M］. 北京：清华大学出版社，2016.

［12］ 邱锡鹏. 深度学习与神经网络［EB/OL］. https://nndl. github. io/.

［13］ CORINNA C，VLADIMIR V. Support-Vector Networks［J］. *Machine Learning*，1995，1995（20）：273-297.

［14］ COVER T M，HART P E. Nearest Neighbor Pattern Classification［J］. *IEEE Transactions on Information Theory*，1967，13（1）：21-27.

［15］ TAPAS K，DAVID M M，NATHAN S N，et al. An Efficient K-Means Clustering Algorithm：Analysis and Implementation［J］. *IEEE Transactions on Pattern Analysis and Machine Intelligence*，2002，24（7）：881-892 .

［16］ LUCA S，MICHAEL F，THOMAS B M，et al. Mclust 5：Clustering，Classification and Density Estimation Using Gaussian Finite Mixture Models［J］. 2016，*The R journal*，8（1）：289-317.

［17］ ALEIX M M，AVINASH C K. PCA versus LDA［J］. *IEEE Transactions on Pattern Analysis and Machine Intelligence*，2001，23（2）：228-233.

［18］ LAWRENCE R，BIJINGHWANG J. An Introduction to Hidden Markov Models［J］. *IEEE ASSP Magazine*，1986，3（1）：4-16.

［19］ RICHARD S S，ANDREW G B. *Reinforcement Learning：An Introduction*［M］，2nd ed. Cambridge：MIT Press，2015.

［20］ OLCAY T Y，ETHEM A. Omnivariate Decision Trees［J］. *IEEE Transactions on Neural Networks*，2001，12（6）：1539-1546.

［21］ JOHN J G. Optimization of Control Parameters for Genetic Algorithms［J］. *IEEE Transactions on Systems，Man，and Cybernetics*，1986，16（1）：122-128.

[22] SWAGATAM D, PONNUTHURAI N S. Differential Evolution：A Survey of the State-of-the-Art [J]. *IEEE Transactions on Evolutionary Computation*，2011，15(1)：4-31.

[23] DERVIS K, BAHRIYE A. A Comparative Study of Artificial Bee Colony Algorithm [J]. *Applied Mathematics and Computation*，2009，214(1)：108-132.

[24] LECUN Y, BOSER B, DENKER J S，et al. Backpropagation Applied to Handwritten Zip Code Recognition [J]. *Neural Computation*，1989，1(5)：541-551.

[25] WANG Q, MAO Z D, WANG B，et al. Knowledge Graph Embedding：A Survey of Approaches and Applications [J]. *IEEE Transactions on Knowledge and Data Engineering*，2017，29(12)：2724-2743.

[26] 刘知远,孙茂松,林衍凯,等.知识表示学习研究进展 [J]. 计算机研究与发展，2016，53(2)：247-261.

图书资源支持

感谢您一直以来对清华大学出版社图书的支持和爱护。为了配合本书的使用，本书提供配套的资源，有需求的读者请扫描下方的"书圈"微信公众号二维码，在图书专区下载，也可以拨打电话或发送电子邮件咨询。

如果您在使用本书的过程中遇到了什么问题，或者有相关图书出版计划，也请您发邮件告诉我们，以便我们更好地为您服务。

我们的联系方式：

教学资源·教学样书·新书信息

地　　址：北京市海淀区双清路学研大厦 A 座 701

邮　　编：100084

电　　话：010-83470236　010-83470237

人工智能科学与技术
人工智能|电子通信|自动控制

资料下载·样书申请

资源下载：http://www.tup.com.cn

客服邮箱：tupjsj@vip.163.com

QQ：2301891038（请写明您的单位和姓名）

书圈

用微信扫一扫右边的二维码，即可关注清华大学出版社公众号。